John Bernhard Stallo

Die Begriffe und Theorien der modernen Physik

John Bernhard Stallo

Die Begriffe und Theorien der modernen Physik

ISBN/EAN: 9783955622206

Auflage: 1

Erscheinungsjahr: 2013

Erscheinungsort: Bremen, Deutschland

bremen
university
press

DIE
BEGRIFFE UND THEORIEEN
DER
MODERNEN PHYSIK.

VON

J. B. STALLO.

NACH DER 3. AUFLAGE DES ENGLISCHEN ORIGINALS

ÜBERSETZT UND HERAUSGEGEBEN VON

DR. HANS KLEINPETER.

MIT EINEM VORWORT

VON

ERNST MACH.

LEIPZIG, 1901.
VERLAG VON JOHANN AMBROSIUS BARTH.

J B Stallo

Vorwort zur deutschen Ausgabe.

Wie ich dazu komme, zu diesem Buch ein Vorwort zu schreiben? Durch ein Citat bei B. A. W. RUSSEL in dessen Schrift: „The Foundations of Geometry" (Cambridge 1897) wurde ich auf STALLO's „The Concepts and Theories of modern Physics" aufmerksam, und interessierte mich natürlich lebhaft für den Mann, dessen wissenschaftliche Ziele mit den meinigen sich so nahe berührten. In England wusste mir niemand über STALLO Auskunft zu geben, nur Professor A. SCHUSTER in Manchester sprach die Vermutung aus, dass STALLO ein Amerikaner sein möchte. Durch die Güte des Herrn Dr. P. CARUS in Lasalle, Ill. U. S. A., erhielt ich endlich die Adresse STALLO's, der sich nach Florenz zurückgezogen hatte, wo er in Erfüllung seines Jugendtraumes in anregendem Verkehr seiner Neigung für Kunst und Wissenschaft lebte. Nun war mir endlich die Möglichkeit geboten einen Schriftentausch und einen Briefwechsel einzuleiten. Letzterer war leider nur von kurzer Dauer, da demselben erst durch meine schwere Erkrankung, dann durch STALLO's Tod ein baldiges Ziel gesetzt wurde.

Es ist mir nun ein Herzensbedürfnis nach meinen Kräften dazu beizutragen, dass der Mann und seine Werke auch in deutschen Kreisen nach Verdienst bekannt und gewürdigt werde. In Amerika und England sind ja die „Concepts" recht verbreitet. Dass das Buch nach Gebühr von den Fachmännern geschätzt wird, könnte man nach manchen Anzeichen wohl bezweifeln. Die französische Ausgabe ist sogar mit einer Einleitung versehen worden, der man kaum eine andere Absicht zuschreiben kann, als die, die Wirkung des Buches abzuschwächen. Seinem eigentlichen Publikum, den philosophisch und naturwissenschaftlich gebildeten deutschen Lesern, ist das Buch wohl kaum bekannt geworden. Es hat mich deshalb ungemein gefreut, dass Professor Dr. Kleinpeter die eben nicht leichte Arbeit der Übersetzung und die Firma J. A. Barth den Verlag übernommen hat.

Doch zuvor einige Worte über den Mann! Auf meine Bitte sandte mir Stallo in einem Brief vom 11. August 1899 folgende biographische Skizze:

„Ich bin am 16. März 1823 zu Sierhausen im Oldenburgischen geboren. Mein Vater war ein armer Landschullehrer, der nicht einmal die Mittel besass, mich auf ein Gymnasium zu schicken. Er unterrichtete mich daher selbst in der Mathematik und liess mir von zwei Geistlichen eines benachbarten Ortes (die beide Schüler meines Grossvaters gewesen waren), Unterricht in den alten Sprachen geben. Da ich keine Aussicht hatte, eine Universität beziehen zu können, beschloss ich in meinem 17. Jahre, nach Amerika auszuwandern. Nicht lange nach meiner Ankunft in Cincinnati kamen französische und belgische Jesuiten dahin, um ein seit mehreren Jahren bestehendes Lyceum, das ‚Athenäum', in ein sogenanntes College umzuwandeln. Sie suchten einen Lehrer der deutschen Sprache, und ich meldete mich mit dem Anerbieten, den deutschen Unterricht zu übernehmen, wenn mir Gelegenheit geboten würde, meine Studien besonders in der Mathematik und im Griechischen fortzusetzen. So war ich denn von 1840 bis 1844 halb Schüler, halb Lehrer an dem neuen Institut, an dem ich in den beiden letzten Jahren statt der deutschen Sprache besonders

Mathematik lehrte. Im Herbst 1844 wurde ich als Lehrer der Mathematik und Physik an das St. JOHNS College in New-York berufen, wo ich nach drei Jahren auf den Rat eines Freundes den Beschluss fasste, Jurist zu werden. Zu diesem Zweck besuchte ich im Winter 1847 eine sogenannte Law-School, setzte dann meine juridischen Studien auf dem Bureau eines alten Advokaten fort, und machte schon Ende 1848 mein Examen. Nach vier Jahren wurde ich vom Gouverneur des Staates als Richter des Common Pleas Gerichtes in Cincinnati ernannt, und im Herbst 1852 vom Volke für diese Stelle gewählt, die ich indes 1855 vor Ablauf meines Amtstermins niederlegte, um mich von neuem der juristischen Praxis zu widmen, der ich dann bis zum Jahre 1885 ohne Unterbrechung obgelegen habe. Im letztgenannten Jahre schickte mich der Präsident CLEVELAND als Gesandten der Vereinigten Staaten nach Rom. Im Jahre 1889 kamen die „Republikaner" wieder ans Ruder und damit hatte meine Mission ein Ende. Um aber nicht von neuem Juristerei treiben zu müssen, zog ich nach Florenz und werde auch wohl hier meine Tage beschliessen."

Wenige Monate nachdem STALLO diese Zeilen geschrieben hatte, machte eine kurze Krankheit seinem Leben ein Ende. Er starb am 6. Januar 1900 mit Hinterlassung einer schwer leidenden Witwe und zweier Kinder, des Fräuleins HULDA STALLO in Florenz und des Herrn EDMUND K. STALLO, Advokaten in Cincinnati. Ausführlichere biographische Daten finden sich in dem Buche des mit STALLO befreundeten Ex-Gouverneurs GUSTAV KÖRNER: „The German Element in America", und eine vortreffliche Charakteristik gibt TH. J. MC. CORMACK in seinem Artikel JOHN BERNARD STALLO, American Citizen, Jurist, and Philosopher (The Open Court, May 1900). Schätzen die Amerikaner STALLO als einen ihrer ausgezeichnetsten Bürger, so freuen wir uns, ihn zugleich als einen der edelsten Söhne deutschen Stammes kennen zu lernen.

Das vorliegende Buch ist nicht das einzige, welches Stallo publiziert hat. Den grössten Leserkreis unter den Deutsch-Amerikanern möchten wohl die „Abhandlungen, Reden und Briefe“ gefunden haben, welche zu New-York bei E. Steiger (1893) in einem stattlichen Bande erschienen sind. Hier lernt man nun alle Seiten Stallo's kennen. Überall zeigt sich grosse allgemeine, historische und philosophische Bildung. Tiefer historischer und politischer Blick, scharfe psychologische Charakteristik der Personen, Völker und Racen offenbaren sich in den Essays über Jefferson, Humboldt, über das Negerstimmrecht. Die Art, wie Stallo in dem Artikel über „das Bibellesen in den Staatsschulen“ gegenüber den Protestanten für die Rechte der Katholiken, der Juden und der Ungläubigen eintritt, geben Zeugnis von seinem edlen religiösen Freisinn, von seiner Begeisterung für Gewissens- und Gedankenfreiheit. Der feine schalkhafte Humor, der sich auch mit philosophischer Gedankentiefe verbinden darf, blickt in seinen Schriften oft hervor, so namentlich in den Versuchen über „die englische Sprache“ und über den „Materialismus“. In den bemerkenswerten Sängerfestreden gibt er seiner Hoffnung auf die Zukunft Amerikas, und seinem Glauben an die Bedeutung des deutschen Kulturelementes für dieselbe, freudigen Ausdruck, wobei seine Rede zu einem Strom von mächtiger Gewalt anschwillt.

Der Inhalt dieses Buches ist zu reich, um in einem Vorwort gewürdigt zu werden. Es sei mir jedoch erlaubt, einige Stellen wörtlich anzuführen.

„Was auch aus Amerika werden möge: die Schicksale der südamerikanischen Staaten belehren uns, dass die Geschichte der neuen Welt nicht an das Mittelalter, sondern an die letzten Jahrhunderte anknüpft, und dass zur Lösung des Problems, mit welchem die Völker erst in der neueren Zeit mit Bewusstsein gerungen, hier ein entscheidender Versuch gemacht werden wird. So gewinnt denn die Frage nach dem künftigen Verlauf des deutschen Lebens in den Vereinigten Staaten die Form: sind die Deutschen kraft ihrer historischen Begabung berufen, zu dem hier erstehenden Gebäude der Kultur einen notwendigen Baustein zu liefern, wenn auch nicht Grundstein zu werden — sind sie bestimmt, in dem hier von freien Menschen aufzuführendem Chor als wesentlicher Ton, wenn auch nicht als Dominante, sich vernehmbar zu machen?" S. 155. — „Aber im grossen und allgemeinen ist es nicht zu verkennen, dass die Kulturbestrebungen der Deutschen mehr nach innen, die der Engländer nach aussen gerichtet sind." S. 162. — „Man pflegt auf die sogenannten Freiheitskriege zu Anfang des gegenwärtigen Jahrhunderts als auf eine grosse nationale That hinzuweisen; allein am Ende dieser Kriege hatte Deutschland 34 Fürsten, 34 Staaten, 34 Kerker für still duldende und stumm denkende Menschen. Wenn man die innere Kulturarbeit der Deutschen mit ihrer äusseren Geschichte vergleicht, so wird alle Logik, die man bei der Betrachtung der Lebensverläufe anderer Völker anzuwenden pflegt, zu Schanden. Für die ganze deutsche Geschichte ist die Thatsache charakteristisch, dass mitten unter den Gräueln des dreissigjährigen Krieges ein Ratsherr und späterer Bürgermeister der Stadt Magdeburg, in der an einem Schreckenstage, am 30. Mai 1631, dreissigtausend Männer, Frauen und Kinder gemordet wurden, sich mit der Erfindung der Luftpumpe beschäftigte. Gegen Ende des letzten Jahrhunderts verkaufen deutsche Fürsten vor den Augen des deutschen Volkes Tausende seiner Söhne an eine fremde Macht als Kanonenfutter im Kampfe gegen die Freiheit; das ist im Beginn der sogenannten klassischen Periode, wo GOETHE, SCHILLER, WIELAND leben, wo KANT seine Kritik der reinen Vernunft schreibt, wo HAYDN und MOZART die Flut der Töne aus ungeahnten Tiefen des deutschen Gemütes hervorquellen lassen; die Augen der Deutschen strahlen im Glanze des neuen Gedankenlichts, aber für die vorüberziehenden Hessen und Braunschweiger haben sie keinen Blick; sie überhören keinen Ton aus den neuen Oratorien und Symphonien, aber für den Chor der wehklagenden Frauen, denen die rohe Gewalt eben ihre Söhne und Gatten entreisst, haben sie kein Ohr." S. 163 bis 164. — „Amerika ist meines Erachtens das Land der Freiheit in viel höherem Sinne, als in dem, dass es nicht das Joch eines fremden Gewalthabers trägt, und dass keiner seiner Bewohner sich den Knecht eines Herrn oder den Herrn eines Knechtes nennt. Es gibt eine Knechtschaft, in der wir gefesselt sind, nicht durch äussere Bande, sondern durch den Zwang unserer eigenen Vergangenheit, — in der wir uns beschränkt fühlen durch die uns von allen Seiten her umengenden Formen der eigenen Entwicklung und gebannt sind durch den Zauber veralteter Bedingungen unseres physischen und geistigen Werdens. Es gibt eine Befangenheit des Geistes und eine Sklaverei der Seele, die dem Menschen schwerere Frohndienste auferlegt, als die Zwingherrschaft eines Fürsten. Diese Knechtschaft zu zerstören, diesen Bann zu lösen, ist die grösste der Aufgaben, denen wir auf dem Boden der neuen Welt gegenüber stehen. Diese Aufgabe wird zum grossen Teil dem deutschen Gedanken zufallen, der sich aber vergebens bemühen wird, sie zu bewältigen, wenn er nicht die Macht des deutschen Gemütes zu Hilfe nimmt. Der Verstand hat noch nie die Welt erlöst, ausgenommen, wenn er auftrat im Bunde mit dem Herzen. Ich halte daher die Pflege der Kunst, besonders der Musik, durch welche ja die Herrschaft des Gefühlslebens in edelster Form zur Geltung kommt, für mindestens eben so wichtig, wie die Pflege der Wissenschaft" S. 172.[1])

Welch edle Freude STALLO über den nationalen Aufschwung Deutschlands empfand, davon geben seine in der Turnhalle zu Cincinnati am 7. Dezember 1870 gesprochenen Worte Zeugnis. So objektiv, so frei von jeder Überhebung, von Unterschätzung des Besiegten, so frei von jedem unedlen Rachegefühl, habe ich nur noch R. Virchow, fast ein Jahr später, auf der Naturforscherversammlung zu Rostock sprechen gehört.

Noch viel Wichtiges über allgemeine und amerikanische Fragen findet sich in den „Reden, Abhandlungen und Briefen". Möchten dieselben auch von den Deutschen Europas gelesen werden! Möchten sich diese daran erfreuen, zu sehen, wie ein Spross deutschen Stammes sich in freier Luft entwickelt hat!

Vermöge seiner eigentümlichen Lebensverhältnisse musste STALLO fast ganz Autodidakt sein; er liess sich bei seinen naturwissenschaftlichen Studien nur durch die Schriften der

---

[1]) Um STALLO keine Ungerechtigkeit gegen andere Völker zu imputieren, müssen wir beachten, dass seine Worte unter gesteigertem Heimatsgefühl, fern von der Heimat, bei einem deutschen Fest gesprochen wurden. Er würde wohl unbedenklich zugegeben haben, dass der Geist eines GALILEI, NEWTON, LAGRANGE keinen Vergleich zu scheuen hat. Den Männern, welche die französische Revolution vorbereitet und ins Werk gesetzt haben, hätte er grosse Gemütstiefe nicht abgesprochen, ebensowenig wie seinen anglo-amerikanischen Mitbürgern, welche idealen menschlichen Aufgaben beispiellos grosse Opfer bringen. Anderseits würde er die lieben Fürsten, die gleich Negerhäuptlingen ihre Unterthanen verkauften, kaum zu den gemütvollen Deutschen gezählt haben. Die Grösse der individuellen Variationen innerhalb eines Volkes setzt eben jeden Vergleich der Völker nach Einzelerscheinungen gar zu sehr der Gefahr des Zufalls aus. Zur Gewinnung brauchbarer Mittelwerte von Verstand und Gemüt eines Volkes fehlt aber ausser der Klarheit der Massbegriffe derzeit noch vor allem die zuverlässige statistische Methode.

grossen Forscher alter und neuer Zeit leiten. Ohne persönliche Führung eines Lehrers, war er darauf angewiesen, seine Zweifel durch stilles anhaltendes Nachdenken zu lösen. So gewann er die Eigenartigkeit und Selbständigkeit, welcher der orthodoxe Jünger der modernen physikalischen Schule fast befremdet und betroffen gegenüber steht. Die „Concepts", die im November 1881 in erster Auflage erschienen, sind eine späte aber reife Frucht seines Denkens. STALLO hatte damals schon das 58. Jahr überschritten. Die Arbeiten aber, durch welche die Entwicklung der in den „Concepts" gebotenen Einsichten vorbereitet wurden, reichen viele Jahre zurück. Spuren derselben finden sich schon in dem noch ganz in HEGEL'schen Bahnen sich bewegenden Buche: „General Principles of the Philosophy of Nature", welches STALLO 1848 zu Boston publizierte, als er eben die Lehrstellung am St. Johns College aufgegeben hatte. Bezeichnet auch STALLO selbst später diese Arbeit als eine Jugendverirrung, so war sie doch für seine Entwicklung gewiss nicht gleichgiltig. Die Erfahrung, dass man mit blossen Abstraktionen und logischer Ordnung, ohne greifbare Bausteine, keinen wirklichen soliden Bau ausführen kann, möchte für ihn nicht ohne Folgen geblieben sein, und dürfte seinen Blick für die metaphysisch-spekulativen Schwächen der vermeintlich ganz auf positiven Grundlagen ruhenden modernen Physik sehr geschärft haben. Mehrere Stellen des vorliegenden Buches, namentlich die Äusserungen über Hegel (S. XVIII, 159, 160) sprechen für diese Auffassung. — Deutlicher treten STALLO's selbsterworbene Ansichten schon hervor in den Artikeln über „Materialismus" (1855) und „die Naturwissenschaft und ihre Grundlagen" (1865) — beide abgedruckt in „Reden, Abhandlungen" — sowie in seinen Aufsätzen von 1873 und 1874 (The Popular Science Monthly, New-York).

Durch seine philosophischen und historischen Studien

war STALLO in die Lage gesetzt, in den gegenwärtig verbreiteten physikalischen Ansichten Züge und Elemente der Anschauungen vergangener Zeiten zu erkennen, welche die modernen Physiker im allgemeinen wohl für längst überwunden halten, und welche sie in unverhüllter Form kaum als die ihrigen anerkennen würden. Er spricht sich hierüber (in den Reden, Abhandlungen u. s. w.) folgendermassen aus:

„Denn die Erkenntnis jedes Zeitalters hat die Erkenntnis aller früheren Zeitalter in zweifacher Weise zur Voraussetzung: einmal, indem der Weg zu jeder Wahrheit über eine Reihe früher erkannter Wahrheiten führt, indem die Höhe jeder Erkenntnis nur auf der Leiter anderer Erkenntnisse erklommen werden kann, indem jede ins Universum blickende Generation auf den Schultern der ihr vorhergehenden steht; dann aber auch, indem jedes Zeitalter dem nachfolgenden seine Erkenntnis nicht nur als Erkenntnis, sondern auch als Anlage und Fähigkeit zu höherer Erkenntnis vererbt. Mit anderen Worten: jede spätere Generation hat für ihre Geistesblicke nicht nur einen höheren Standpunkt und einen weiteren Horizont, sondern auch ein helleres Auge." S. 107—108. — An einer anderen Stelle heisst es:

„Bündig gefasst wird also die Entwicklung der Erkenntnis bedingt:

I. durch die Weite des Horizonts an dem jedesmaligen Standorte der Kultur und die Mannigfaltigkeit der Erscheinungen innerhalb dieses Horizonts — geographisches Moment;

II. durch innere, unbewusste Überlieferung der Erkenntnis;

1. in der Organisation, indem die Thätigkeit sich in Anlage, das Denken in Geist verwandelt — ethnologisches und psychologisches Moment;

2. in der Sprache die, wie wir später sehen werden,

immer eine ganze Philosophie enthält, welche denen, die sich der Sprache bedienen, wohl zu Gute, aber selten zum Bewusstsein kommt — sprachliches Moment;

III. durch bewusste Überlieferung in religiösen Vorstellungen, philosophischen Begriffen und wissenschaftlichen Kenntnissen — kulturgeschichtliches Moment." S. 120.

Indem STALLO die moderne Physik unter Leitung dieser Gesichtspunkte durchforschte, musste er die scholastisch-metaphysischen Elemente erschauen, welche dieselbe überall durchsetzen. Die allmähliche gänzliche Befreiung der Wissenschaft von dieser überlieferten, oft primitiv-barbarischen Denkweise erscheint nach dieser Erkenntnis nur als eine notwendige Consequenz der Weiterentwickelung, Verfestigung und kritischen Klärung der Physik. Nicht in allen Punkten kann ich mich STALLO vollkommen anschliessen; so kann ich an dessen allseitiger scharfer Opposition gegen die sogenannten metageometrischen Untersuchungen nicht teilnehmen. Aber in dem Streben „to eliminate from science the latent metaphysical elements" stimme ich mit ihm vollständig überein, und seine Arbeiten bieten mir eine wertvolle und willkommene Ergänzung der meinigen. Als wichtigere Punkte der Übereinstimmung möchte ich noch besonders hervorheben die Abweisung der mechanisch-atomistischen Theorie, nicht als Hilfsmittel der physikalischen Forschung und Darstellung, sondern als allgemeine Grundlage der Physik und als Weltansicht. Gemeinsam ist ferner die Auffassung physikalischer Begriffe, wie Masse, Kraft u. s. w. nicht als besonderer Realitäten, sondern als blosser Relationen, Beziehungen gewisser Elemente der Erscheinungen zu anderen Elementen. Durch die Annahme der Relativität aller physikalischen Eigenschaften und Bestimmungen, darunter der räumlichen und zeitlichen, ergiebt sich endlich notwendig auch die Übereinstimmung in Abweisung aller Aussagen über das Weltall. Meine Schriften wenden sich, wie dies durch meine Erziehung, meine Anlage und meinen Beruf bedingt ist, an jene Physiker, welche der logischen Klärung und philosophischen Vertiefung ihrer Wissenschaft nicht abgeneigt sind. Dem entsprechend suche ich die wissenschaftlichen Mängel und Inkonsequenzen zunächst im Einzelnen auf, um von hier aus allgemeinere Gesichtspunkte zu gewinnen. STALLO hingegen schlägt den umgekehrten Weg ein. Von sehr allgemeinen Betrachtungen ausgehend wendet er die gefundenen Sätze auf die Physik an. Er spricht vorzugsweise zu den naturwissenschaftlich gebildeten Philosophen. Beide Wege führen fast immer zu übereinstimmenden Ansichten. Ich kann hier nur wiederholen, was ich schon anderwärts gesagt habe: Es wäre mir, als ich um die Mitte der sechziger Jahre meine kritischen Arbeiten begann, sehr ermutigend und förderlich gewesen, von den verwandten Bemühungen eines Genossen wie STALLO Kenntnis zu haben.

Das Buch selbst, dem ich nun den besten Erfolg wünsche, mag das weitere sagen. Der STALLO'sche Text wurde überall aufrecht erhalten. Derselbe ist überall interessant und belehrend, auch an den wenigen Stellen, wo er durch die Entwicklung der Wissenschaft überholt sein möchte. Durch das freundliche Entgegenkommen des Herrn Verlegers konnte dem Buch ein Porträt STALLO's beigegeben werden.

Wien im Juni 1901.

E. MACH.

Vorwort des Verfassers.

Der Zweck des vorliegenden Werkes ist nicht der, einen Beitrag zur Physik oder gar zur Metaphysik zu liefern, sondern der eines solchen zur Theorie unserer Erkenntnis. Seinen Inhalt bildet das Ergebnis einer einigermassen sorgfältigen Untersuchung des wahren Verhältnisses der physikalischen Wissenschaften zum allgemeinen Fortschritte menschlichen Wissens. Die allgemeine Anschauung der zeitgenössischen Physiker geht dahin, dass zu jener Zeit, wo sich der menschliche Geist von den antik-mittelalterlichen Überlieferungen über die Erscheinungen der Natur und deren Bedeutung abwandte und statt dessen die Aufeinanderfolge und Verknüpfung derselben zu betrachten begann, wie sich dieselbe durch Beobachtung und Experimente ergibt, ein vollständiger Bruch in der Stetigkeit der Entwicklung menschlichen Wissens eingetreten sei, und von da ab die Aufrichtung jenes Baues, der in Ermangelung eines besseren Wortes noch immer mit dem Namen „Philosophie" bezeichnet werden mag, auf ganz andern Grundlagen erfolgt sei, als es jene waren, die ihn vor den Tagen GALILEI's und BACON's zu stützen hatten. Nach dieser Ansicht wäre BACON's Forderung (in der Einleitung zu seinem Novum Organum), dass „die gesamte Geistesarbeit von neuem zu beginnen habe" — ut opus mentis universum de integro resumatur — vollständig erfüllt worden und NEWTON's Warnung an die Physiker, „sich vor der Metaphysik zu hüten" — to beware of metaphysics — wirklich beachtet worden. Ganz allgemein geht der Glaube dahin, dass die moderne physikalische Wissenschaft sich nicht nur den Nebelregionen metaphysischer Spekulation entrungen und deren Methoden verlassen, sondern auch sich von der Kontrolle ihrer Grundvoraussetzungen freigemacht habe.

Meine Überzeugung ist es nun, dass dieser Glaube den Thatsachen nicht völlig entspricht und dass die überhandnehmenden falschen Begriffe über die logisch-psychologischen Voraussetzungen der Wissenschaft eine Quelle von Irrtümern bilden, deren Einwirkung auf den Charakter und die Richtung moderner Gedankenbildung von Tag zu Tag offenkundiger wird. Die seichte Halbweisheit des Materialismus — ich denke hier natürlich nur an seine rein intellektuelle und nicht an die ihm zugeschriebene ethische Bedeutung — die einige Zeit hindurch sich wie ein Mehlthau selbst auf die alten Hochländer des Denkens am europäischen Kontinent legte und deren Atmosphäre zu vergiften drohte, erhebt den Anspruch, für ein System blosser Thatsachen und Schlüsse aus allgemein giltig erkannten Prinzipien der Physik angesehen zu werden. Es bildet einen Teil meines Unternehmens, diesem Anspruch durch eine Prüfung der Grundbegriffe und Haupttheorien jenes Zweiges der Naturwissenschaft entgegenzutreten, welcher im gewissen Sinne Grundlage und Stütze aller übrigen ist, — der Physik. Es wird sich zugleich, selbst bei einem ganz flüchtigen Blick auf eines der folgenden Kapitel, herausstellen, dass es in keiner Weise meine Absicht war, in offener oder versteckter Weise eine Rückkehr zu metaphysischen Methoden und Zielen anzustreben; sondern dass im Gegenteil seine ganze Tendenz durchaus darauf gerichtet ist, aus der Wissenschaft jene versteckten metaphysischen Elemente zu eliminieren, den Geist experimenteller Forschung zu stärken und nicht zu unterdrücken, die grossen Anstrengungen, welche die wissenschaftliche Forschung unternimmt, um einen sicheren Halt auf festem empirischen Boden zu gewinnen, auf welchen die wirklichen Data der Erfahrung ohne alle ontologischen Vorurteile zurückgeführt werden können, zu rechtfertigen und zu beglaubigen, nicht aber in Misskredit zu bringen. Eine aufmerksame Prüfung dieser Seiten wird es, denke ich, klar machen, dass diese Bemühungen stetig durchkreuzt werden durch das Eindringen alten metaphysischen Geistes in die Denkweise der Männer der Wissenschaft. Sobald einmal diese Thatsache festgestellt war, lag es an mir, nach Möglichkeit deren Gründen nachzuforschen und soweit dies innerhalb der engen mir gesteckten Grenzen möglich war, deren Folgen zu entwickeln. Zur Vollführung dieser Aufgabe wurde es — zumal ich mich auch an Leser wende, die mit den Gesetzen der Logik nicht vollkommen vertraut sind — notwendig, eine Exkursion in das Gebiet der Logik zu unternehmen und in Kürze die Theorie des Begriffes auseinanderzusetzen. Diese Erörterung ist notgedrungen ziemlich oberflächlich gehalten; doch hoffe ich, dass auch jene, welche mit dem Gegenstande vertraut sind, dieselbe nicht ohne Interesse finden werden. Die mechanische Atomtheorie, welche man als die einzig und allein ausreichende Grundlage der Physik ansieht, ist ferner verknüpft worden mit einigen bemerkenswerten Spekulationen über die Natur des Raumes oder hat vielmehr diese selbst im Gefolge gehabt; und dies zwingt zu einer zweiten Exkursion in das Gebiet der Mathematik, um die Giltigkeit jener Doktrin zu prüfen, die unter dem Namen „Transcendentalgeometrie" mit ihren Hypothesen eines nicht homaloïden Raumes und eines Raumes von mehr als drei Dimensionen bekannt geworden ist.

Was hier geboten wird, ist natürlich nicht eine neue Theorie des Universums, oder ein neues System der Philosophie. Ich habe es nicht unternommen, alle oder einen Teil der Probleme der Erkenntnistheorie aufzulösen, sondern nur zu zeigen, dass einige derselben von neuem aufgestellt werden müssen, um sie zu vernünftigen zu gestalten, wenn nicht um sie zu vertiefen. Es ist eine alte, wenn auch nur allzu oft ausseracht gelassene Wahrheit, dass zahlreiche Fragen der Wissenschaft wie der Philosophie unbeantwortet bleiben, nicht aus Unzulänglichkeit unserer Kenntnisse, sondern weil deren Aufstellung auf irrtümliche Voraussetzungen gegründet wurde und sie nun eine Beantwortung in ebenso vernunftwidrigen Ausdrücken erheischen. Die gänzliche Zerfahrenheit, welche bekanntermassen in der Erörterung sogenannter letzter wissenschaftlicher Fragen überhand genommen hat, zeigt zur Genüge, dass eine Bestimmung der der wissenschaftlichen Forschung gegenüber ihrem Gegenstande zukommenden Stellung eines der dringendsten geistigen Bedürfnisse unserer Zeit ist, so wie sie auch zu allen Zeiten eine unerlässliche Vorbedingung wahren geistigen Fortschrittes bedeutet hat. Und solch eine, wenn auch nur unvollständige Bestimmung bedeutet an und für sich einen entscheidenden Fortschritt auf dem Wege unserer berechtigten, auf Erkenntnis gerichteten Bestrebungen. „Ein Problem richtig vorlegen," sagt WHEWELL, „ist kein zu verachtender Schritt zu seiner Lösung." Oder um mit KANT zu reden: „Es ist schon ein grosser und nötiger Beweis der Klugheit und Einsicht zu wissen, was man vernünftigerweise fragen solle." Oder wie sich BACON in seiner kernigen Weise ausdrükt: „Prudens interrogatio quasi dimidium scientiae."

Meine Ansichten bezüglich des gegenwärtigen Standes der physikalischen Wissenschaft und des Wertes zahlreicher ihrer geläufigsten theoretischen Ideen stehen ohne Zweifel im Widerspruch mit den Grundsätzen vieler ausgezeichneter Männer der Wissenschaft. Dass ich dessenungeachtet ihnen unerschrocken Ausdruck gegeben habe, wird, ich will es hoffen, nicht als ein Mangel an Wertschätzung der Verdienste jener aufgefasst werden, deren Bemühungen die moderne Kultur ihr Dasein verdankt und die in deren Interesse thätige wissenschaftliche Forschung ihre praktischen

Erfolge. Und wenn dies auch als ein Zeichen von Dünkel aufgefasst werden sollte, will ich es doch heraussagen, dass zahlreiche der hier citierten Äusserungen berühmter Männer die Möglichkeit eines Zweifels an manchen ihrer wissenschaftlichen Glaubensartikel hindurchschimmern lassen. Ich habe im Verlaufe meiner Entwicklungen oft die Gelegenheit ergriffen, auf diese Eingebungen anzuspielen, um so zu zeigen, dass meine Gedanken nach all dem bloss die unvermeidliche Folge der Bestrebungen der modernen Wissenschaft gewesen sind und somit vielmehr „partus temporis quam ingenii."

Zum Schlusse möchte ich die Bemerkung nicht unterlassen, dass diese Abhandlung in keinem Sinne als eine weitere Ausführung der Lehren eines Buches („The Philosophy of Nature", Boston, Crosby & Nichols, 1848) aufgefasst werden möchte, das ich vor mehr als einem drittel Jahrhundert veröffentlicht habe, zu einer Zeit, wo ich mich noch unter dem Banne der ontologischen Träumereien HEGEL's befunden habe, jung an Jahren war und noch ernstlich an der metaphysischen Krankheit gelitten habe, welche zu den unvermeidlichen Kinderkrankheiten unseres Geistes zu gehören scheint. Die auf jene Schrift verwandte Mühe war übrigens nicht völlig verloren, und es stehen Dinge in derselben, deren ich mich noch heute nicht zu schämen brauche; doch bedaure ich aufrichtig deren Veröffentlichung und hoffe dieselbe bis zu einem gewissen Grade durch den Inhalt des gegenwärtig vorliegenden Bandes gesühnt zu haben.

Es mag noch bemerkt werden, dass Teile des 7. und 11. Kapitels dieses Buches und einige Sätze aus den andern in der Zeitschrift „The Popular Science Monthly" im Oktober, November, Dezember 1873 und Januar 1874 erschienen sind.

J. B. STALLO

Inhalt.

I.

Einleitung.

Die moderne physikalische Wissenschaft strebt nach einer mechanischen Erklärung aller Erscheinungen der Natur, die sie alle auf Masse und Bewegung zurückzuführen trachtet, indem sie alle Verschiedenheiten und Veränderungen als blosse Unterschiede und Änderungen in der Verteilung und Ansammlung letzter unveränderlicher Teile im Raume aufzufassen sucht. Natürlicherweise hat sich das Übergewicht der Mechanik zuerst auf jenen Gebieten der Wissenschaft geltend gemacht, die von der sichtbaren Bewegung sinnenfälliger Massen handeln — der Astronomie und der Physik der Massen; aber die Anerkennung desselben ist nun in sämtlichen Naturwissenschaften allgemein geworden; nicht nur in der Molekularphysik und Chemie, sondern auch auf solchen Gebieten der wissenschaftlichen Forschung, die sich mit den Erscheinungen des organischen Lebens befassen.

Man sagt, dass die theoretischen Fortschritte der Naturwissenschaften während der drei letzten Jahrhunderte nicht minder wie die praktischen ein Werk der Mechanik gewesen seien, welche nicht nur die zu erfolgreichen wissenschaftlichen Forschungen notwendigen Instrumente geschaffen, sondern ausserdem noch ihre Prinzipien und Methoden beigesteuert habe. Es ist in der That unzweifelhaft, dass der Versuch einer beständigen Anwendung mechanischer Prinzipien eine neue Epoche in der Geschichte der Wissenschaft bezeichnet. Die Begründer der modernen Physik sind von der stillschweigenden, wenn nicht ausdrücklichen Voraussetzung ausgegangen, dass jede wirkliche Erklärung einer Naturerscheinung eine mechanische sein müsse. Dass dies nicht sofort ausdrücklich hervorgehoben worden ist, findet seine Erklärung einerseits in der Thatsache, dass sich die Prinzipien zuerst in Gedanken und in ihrer Wirkungsweise äussern, ehe sie in bestimmter Form ausgedrückt werden können, und andererseits in dem Umstande, dass die Wissenschaft so lange Zeit gezwungen war, unter dem Schatten der Metaphysik und Theologie zu blühen. Doch es war nicht lange nach den Tagen STEVIN's, FERMAT's und GALILEI's, als die Lehre, dass jeder physikalische Vorgang mechanischer Natur sei, ausdrücklich formuliert wurde. Noch zu Lebzeiten GALILEI's — ein Jahr vor seinem Tode — verkündete DESCARTES, dass alle Veränderungen der Materie, wie alle Verschiedenheit ihrer Formen von Bewegung abhängig seien.[1]) Und neun Jahre vor dem Erscheinen von Newton's Prinzipien erklärte THOMAS HOBBES, dass „eine Veränderung (nämlich eine physikalische) notwendigerweise nichts anderes sein könne, als eine Bewegung der Teile des veränderten Körpers", [2]) gleichzeitig noch hinzufügend, dass „es keine andere Ursache von Bewegung in einem Körper geben könne als einen zweiten benachbarten und bewegten Körper". [3]) Noch zuversichtlicher sprach sich LEIBNIZ aus, der den in Frage stehenden Satz nicht nur als eine experimentelle, sondern als eine selbstverständliche Wahrheit hinstellte. „Alles in der Natur," sagte er, „geht in mechanischer Weise vor sich — ein Prinzip, dessen man sich durch die Vernunft allein und niemals durch Experimente,

---

[1]) „Omnis materiae variatio sive omnium ejus formarum diversitas pendet a motu." CARTES., Princ. Phil. II, 23.

[2]) „Necesse est ut mutatio aliud non sit praeter partium corporis mutati motum." HOBBES, Philosophia prima, pars secunda, IX, 9.

[3]) „Causa motus nulla esse potest in corpore nisi contiguo et moto."

so gross auch deren Zahl sein möge, vergewissern kann".[4]) Er bestand auch darauf, dass alle Bewegung durch Stoss verursacht sei. „Ein Körper bewegt sich von Natur niemals ausser durch einen andern Körper, welcher ihn berührt und drückt."[5]) In ähnlicher Weise drückt sich HUYGENS, LEIBNIZ' und NEWTON's grosser Zeitgenosse, dahin aus, „dass in der wahren Philosophie die Ursachen aller Wirkungen in mechanischer Weise begriffen werden, und seiner Ansicht nach auch begriffen werden müssten, wofern wir nicht jede Hoffnung auf Verständnis der Physik aufgeben wollten".[6]) Und in dem ersten umfassenden Handbuch der Physik, das publiziert worden ist, dem von MUSSCHENBROEK, ist es als ein Axiom hingestellt, „dass keine Veränderung in den Körpern vor sich gehen kann, deren Ursache nicht Bewegung wäre".[7])

Seinen bestimmtesten Ausdruck hat indessen der Satz, dass der wahre Endzweck und der Gegenstand jeder physi-

---

[4]) „Tout se fait mécaniquement dans la nature, principe qu'on peut rendre certain par la seule raison et jamais par les expériences, quelque nombre qu'on en fasse." LEIBNIZ, Nouveaux Essais, Opp. ed. ERDMANN, p. 383.

[5]) „Un corps n'est jamais mû naturellement que par un autre corps qui le presse en le touchant." Fünfter Brief an CLARKE, ERDMANN, S. 767. Daher auch WOLFF, der dogmatisierende Ausleger der Leibnizschen Philosophie, erklärt: „Corpus non agit in alterum, nisi dum in ipsum impingit." WOLFF, Cosmologia gen., 129.

[6]) „. . . in vera philosophia, in qua omnium effectuum causae concipiuntur per rationes mechanicas: id quod meo judicio fieri debet nisi velimus omnem spem abjicere aliquid in physicis intelligendi." Hugenii Opp. reliqua, Amst., 1728, vol. I (Tract. de lumine), p. 2.

[7]) „Nulla autem corporibus inducitur mutatio, cujus causa non fuerit motus, sive excitatus, sive minutus, aut suffocatus; omne enim incrementum vel decrementum, generatio, corruptio, vel qualiscunque alteratio, quae in corporibus contingit, a motu pendet." P. v. MUSSCHENBROEK, Introd. ad philos. naturalem, vol. I., cap. 1, § 18 (ed. Patov., 1768).

kalischen Wissenschaft eine Zurückführung der Naturerscheinungen auf ein zusammenhängendes mechanisches System sei, in den wissenschaftlichen Schriften der zweiten Hälfte des 19. Jahrhunderts gefunden, seit der Zeit der Entdeckungen, die in der organischen Chemie mit Hilfe der Atomtheorie gemacht worden sind, seit der Entdeckung der Spektralanalyse, seit der Aufstellung der Lehre von der Erhaltung der Energie und der Ausbreitung der mechanischen Wärmetheorie mit ihrer Ergänzung, der kinetischen Gastheorie. So sagte KIRCHHOFF, einer der Begründer der Theorie der Spektralanalyse, in seiner Prorektoratsrede, Heidelberg 1865: „Das höchste Ziel, welches die Naturwissenschaften zu erstreben haben, aber niemals erreichen werden, ist die Ermittelung der Kräfte, welche in der Natur vorhanden sind und des Zustandes, in dem die Materie in einem Augenblick sich befindet, mit einem Worte, die Zurückführung aller Naturerscheinungen auf die Mechanik." Zu demselben Schlusse kam auch HELMHOLTZ in seiner Antrittsrede vor der Naturforscherversammlung in Innsbruck im Jahre 1869: „Das Endziel der Naturwissenschaften ist, die allen Veränderungen zu Grunde liegenden Bewegungen und deren Triebkräfte zu finden, also sich in Mechanik aufzulösen." [8]) Nicht weniger deutlich lauten die Worte CLERK MAXWELL's: „Wenn eine Naturerscheinung als eine Veränderung in der Configuration und in dem Bewegungszustande eines materiellen Systems beschrieben werden kann, muss man ihre Erklärung als vollendet ansehen; denn wir können keine weitere Erklärung als notwendig, wünschenswert oder möglich finden, da, sobald wir auf den Sinn der Worte Konfiguration, Masse und Kraft achten, wir alsbald sehen, dass die durch dieselben bezeichneten Begriffe so elementarer Natur sind, dass sie nicht durch Hilfe anderer erklärt werden können." [9])

[8]) Pop. Wiss. Vorträge, I., S. 93.

Solche Citate, wie diese, aus den Schriften unserer hervorragendsten Physiker, könnten leicht ins Unbegrenzte vermehrt werden. Und wenn wir uns von den Physikern zu den Physiologen wenden, stossen wir auf Erklärungen von derselben Deutlichkeit. „So oft nun," heisst es bei LUDWIG 1852, „eine Zergliederung der leistungserzeugenden Einrichtungen des tierischen Körpers geschah, so oft stiess man schliesslich auf eine begrenzte Zahl chemischer Atome, die Gegenwart des Licht-(Wärme-)Äthers und diejenige der elektrischen Flüssigkeiten. Dieser Erfahrung entsprechend zieht man den Schluss, dass alle vom tierischen Körper ausgehenden Erscheinungen eine Folge der einfachen Anziehungen und Abstossungen sein möchten, welche an jenen elementaren Wesen bei einem Zusammentreffen derselben beobachtet werden."[10]) In einem ähnlichen Sinne äusserte sich WUNDT 25 Jahre später: „Die jetzt zur Herrschaft gelangte Auffassung dagegen, die man als physikalische oder mechanische zu bezeichnen pflegt, ist aus der in den verwandten Zweigen der Naturwissenschaft schon länger zur Geltung gekommenen kausalen Naturansicht entsprungen, welche die Natur als einen einzigen Zusammenhang von Ursachen und Wirkungen ansieht, wobei als letzte Gesetze, nach denen die natürlichen Ursachen wirken, sich stets die Grundgesetze der Mechanik ergeben. Die Physiologie erscheint daher

---

9) „When a physical phenomenon can be completely described as a change in the configuration and motion of a material system, the dynamical explanation of that phenomenon is said to be complete. We can not conceive any further explanation to be either necessary, desirable, or possible, for as soon as we know what is meant by the words configuration, mass and force, we see that the ideas which they represent are so elementary that they can not be explained by means of anything else." „On the Dynamical Evidence of the Molecular Constitution of Bodies." Nature, 4. u. 11. März 1875.

10) LUDWIG, Lehrbuch der Physiologie des Menschen, Bd. 1, Einl., S. 2.

als ein Zweig der angewandten Naturlehre. Ihre Aufgabe erkennt sie darin, die Lebenserscheinungen auf die allgemeinen Naturgesetze, also schliesslich auf die Grundgesetze der Mechanik zurückzuführen." [11]) Und noch handgreiflicher äusserte sich HAECKEL: „Die allgemeine Entwicklungslehre . . . nimmt an, dass in der ganzen Natur ein grosser, einheitlicher, ununterbrochener und ewiger Entwicklungsvorgang stattfindet, und dass alle Naturerscheinungen ohne Ausnahme, von der Bewegung der Himmelskörper und dem Fall des rollenden Steines bis zum Wachsen der Pflanze und zum Bewusstsein des Menschen, nach einem und demselben grossen Kausalgesetze erfolgen, dass alle schliesslich auf Mechanik der Atome zurückzuführen sind." [12]) Diese Theorie erklärt HAECKEL für die einzig mögliche: „Der Monismus, die universale Entwicklungstheorie, oder die monistische Progenesistheorie ist die einzige wissenschaftliche Theorie, welche das Weltganze vernunftgemäss erklärt, und das Kausalitätsbedürfnis unserer menschlichen Vernunft befriedigt, indem sie alle Naturerscheinungen als Teile eines einheitlichen grossen Entwicklungsprozesses in mechanischen Kausalzusammenhang bringt." [13]) Im gleichen Sinne spricht HUXLEY von „jener rein mechanischen Anschauung, welche die moderne Physiologie anstrebt". [14])

Eine äusserst klare und vollständige Auseinandersetzung der Ziele moderner physikalischer Wissenschaft ist in folgender Stelle aus einem der letzten Vorträge von EMIL DU BOIS-REYMOND enthalten, — eines Mannes, gleich berühmt als Physiker wie als Physiologe: „Naturerkennen — genauer gesagt, naturwissenschaftliches Erkennen oder Erkennen der Körperwelt mit Hilfe und im Sinne der theoretischen Natur-

---

[11]) WUNDT, Lehrbuch der Physiologie des Menschen, 4. Aufl., S. 2.

[12]) HAECKEL, Freie Wissenschaft und freie Lehre, S. 9 u. 10.

[13]) c. l., S. 11.

[14]) Lay Sermons, Addresses and Reviews (Appleton's ed.) p. 331.

wissenschaft — ist Zurückführen der Veränderungen in der Körperwelt auf Bewegungen von Atomen, die durch deren von der Zeit unabhängige Zentralkräfte bewirkt werden, oder Auflösung der Naturvorgänge in Mechanik der Atome. Es ist physiologische Erfahrungsthatsache, dass dort, wo solche Auflösung gelingt, unser Kausalitätsbedürfnis vorläufig sich befriedigt fühlt. Die Sätze der Mechanik sind mathematisch darstellbar, und tragen in sich dieselbe apodiktische Gewissheit wie die Sätze der Mathematik. Indem die Veränderungen in der Körperwelt auf eine konstante Summe potentieller und kinetischer Energie, welche einer konstanten Menge von Materie anhaftet, zurückgeführt werden, bleibt in diesen Veränderungen selber nichts zu erklären übrig."

„KANT's Behauptung in der Vorrede zu den ‚Metaphysischen Anfangsgründen der Naturwissenschaft', dass in jeder besonderen Naturlehre nur so viel eigentliche Wissenschaft angetroffen werden könne, als darin Mathematik anzutreffen sei', ist also vielmehr noch dahin zu verschärfen, dass für Mathematik Mechanik der Atome gesetzt wird. Sichtlich dies meinte er selber, als er der Chemie den Namen einer Wissenschaft absprach, und sie unter die Experimentallehren verwies. Es ist nicht wenig merkwürdig, dass in unsere Zeit die Chemie, indem sie durch die Entdeckung der Substitution gezwungen wurde, den elektrochemischen Dualismus aufzugeben, sich von dem Ziel, eine Wissenschaft in diesem Sinne zu werden, scheinbar wieder weiter entfernt hat. D e n k e n w i r u n s a l l e V e r ä n d e r u n g e n i n d e r K ö r p e r w e l t i n B e w e g u n g e n v o n A t o m e n a u f g e l ö s t , d i e d u r c h d e r e n k o n s t a n t e Z e n t r a l k r ä f t e b e w i r k t w e r d e n , s o w ä r e d a s W e l t a l l n a t u r w i s s e n s c h a f t l i c h e r k a n n t." [15])

---

15) EMIL DU BOIS-REYMOND „Über die Grenzen des Naturerkennens", S. 2 ff.

Mit wenigen Ausnahmen sehen die heutigen Männer der Wissenschaft die Annahme, dass jeder physikalische Vorgang mechanischer Natur sei, für ein Axiom an, das sich entweder von selbst versteht oder doch wenigstens als eine Induktion aus aller vergangenen Erfahrung betrachtet werden kann. Und sie halten die mechanische Erklärung einer Naturerscheinung nicht nur für eine unbezweifelbare, sondern auch für eine endgiltige und einzig mögliche. Sie sehen deren Giltigkeit für eine unbedingte, weder durch den gegenwärtigen Stand der menschlichen Intelligenz, noch durch die Natur und Ausdehnung der Erscheinungen, die sich als Gegenstände wissenschaftlicher Forschung darstellen, beschränkte an. Denkende Männer wie du Bois-Reymond haben zuweilen daran gedacht, dass sie nicht unbeschränkt ist; aber die einzigen Grenzen, welche sie ihr zuschrieben, waren die des menschlichen Erkenntnisvermögens überhaupt. Obwohl sie einräumen, dass es so eine Gruppe von Erscheinungen gibt — nämlich die des organischen Lebens — welche, was ihre charakteristischen Seiten betrifft, unter alleiniger Verwendung mechanischer Prinzipien völlig unverständlich bleiben, so halten sie doch eben diese Prinzipien für den allein brauchbaren Führer auch auf diesem Gebiete und zählen die der Erklärung widerstehenden Erscheinungen zu jener endlosen Reihe von Thatsachen, an denen alle Hilfsmittel wissenschaftlicher Erkenntnis fruchtlos sich abmühen. Es ist behauptet worden, dass, wenn es theoretisch unmöglich ist, einen lebenden Organismus aus Molekeln und Atomen, sowie aus mechanischen Kräften unter Beachtung des Energieprinzipes, der Gesetze der elektrischen und magnetischen Anziehung, der 2 Hauptsätze der Thermodynamik u. s. w. herzustellen, der Versuch zur Aufstellung einer Theorie des Lebens in Übereinstimmung mit den Gesetzen der unorganischen Natur vollständig aufgegeben werden müsse. Eine solche Behauptung hätte meiner Ansicht nach nicht früher aufgestellt werden sollen, bevor nicht die Gründe, auf denen sie ruht, einer sorgsamen Prüfung unterzogen worden wären. Es ist daher meine Absicht, auf den nachfolgenden Seiten zu untersuchen, ob die Giltigkeit der mechanischen Theorie des Weltalls in ihrer gegenwärtigen Form und mit ihren gewöhnlichen Annahmen in der That eine unbedingte innerhalb der Grenzen des menschlichen Erkenntnisvermögens ist oder nicht und zu diesem Zwecke womöglich die Natur dieser Theorie sowie ihre logisch-psychologische Wurzel darzulegen. Offenbar ist die erste Frage, die sich uns bei der Untersuchung der Giltigkeit der Theorie entgegenstellt, die, ob dieselbe frei ist von Widersprüchen mit sich selbst und den Thatsachen, die sie zu erklären vorgibt, oder nicht. Unsere erste Aufgabe wird es sein, auf diese Frage eine Antwort zu finden.

II.

Die Grundprinzipien der mechanischen Weltanschauung.

Die mechanische Weltanschauung unternimmt es, alle physikalischen Erscheinungen dadurch zu erklären, dass sie dieselben als Änderungen in der Struktur und Konfiguration materieller Systeme beschreibt. Sie ist bestrebt, alle Verschiedenheit in der materiellen Körperwelt durch Unterschiede in der Gruppierung von Ureinheiten der Masse, alle Veränderungen der Erscheinungswelt durch Bewegung unveränderlicher Elemente begreiflich zu machen und auf diese Weise die augenscheinlichste qualitative Verschiedenheit als eine bloss quantitative hinzustellen. Im Lichte dieser Theorie erscheinen Masse[1]) und Bewegung als die letzten von einander durchaus verschiedenen Elemente wissenschaftlicher Analyse. In diesem Sinne besteht Masse unabhängig von Bewegung und ist gegen diese indifferent. Sie bleibt die gleiche, mag sie sich bewegen oder ruhen. Bewegung kann von einer Masse auf eine andere übertragen werden, ohne die Identität einer derselben zu zerstören.

Die erste Forderung aller Wissenschaft ist die, dass es etwas Unveränderliches gebe inmitten all des Wechsels der Erscheinungswelt. Wissenschaft ist lediglich möglich auf Grund der Voraussetzung, dass alle Veränderung ihrer Natur

[1]) Es ist kaum nötig zu bemerken, dass ich absichtlich Masse und nicht, wie es gewöhnlich geschieht, Materie als Korrelat der Bewegung wähle. Wenn ein Körper in Gedanken all' jener Eigenschaften entblösst wird, die zufolge der Lehren der modernen Wissenschaft Bewegungszustände sind, bleibt als Rest nicht Materie, sondern Masse übrig.

nach nur eine Transformation sei. Ohne diese Voraussetzung könnte sie sich nie ihrer beiden grossen Aufgaben entledigen, aus dem gegenwärtigen Stande der Dinge einerseits die Zukunft, andererseits die Vergangenheit zu erschliessen, indem sie erstere als notwendige Folge, letztere als notwendig vorausgehend darstellt. Es ist klar, dass die Berechnungen der Wissenschaft durch das plötzliche Verschwinden eines oder mehrerer Elemente oder dureh das unvermutete Auftauchen neuer durchaus vereitelt würden. Wenn somit die wissenschaftliche Analyse Masse und Bewegung für ihre letzten nicht weiter zurückführbaren Grundbegriffe hält, die bei allen möglichen Umformungen bestehen bleiben, so folgt daraus, dass beide quantitativ unveränderlich sind. Demgemäss fordert die mechanische Naturanschauung die Erhaltung sowohl der Masse wie der Bewegung. Masse kann umgeformt werden durch eine Anhäufung oder Scheidung ihrer Teile; aber bei allen diesen Umformungen bleibt sie ein und dieselbe. In ähnlicher Weise kann auch Bewegung unter eine grössere oder kleinere Zahl von Masseneinheiten verteilt werden; sie kann übertragen werden von einer Masseneinheit auf eine beliebige andere Zahl von Masseneinheiten, wenn nur ihre Geschwindigkeit im Verhältnis zur Zahl dieser Einheiten vermindert wird; die Summe der Bewegungen mehrerer Einheiten bleibt dessenungeachtet stets gleich der Bewegung einer Einheit. Sie kann sich ändern ihrer Richtung und Form nach; eine gradlinige Bewegung kann krummlinig werden, eine fortschreitende sich in eine schwingende umsetzen, eine Massen- in eine Molekurlarbewegung; doch, während all' dieser Wandlungen vermehrt sie sich weder, noch vermindert sie sich oder geht verloren. Die Erhaltung der Masse (oder wie man sich gewöhnlich, aber ungenau ausdrückt, die Erhaltung oder Unzerstörbarkeit der Materie) ist lange ein ständiges Axiom der physikalischen Wissenschaft gewesen.

Das Gesetz der Erhaltung der Bewegung (d. i. der Energie, was, wie später gezeigt werden wird, zufolge der mechanistischen Anschauung dasselbe ist) wird, wiewohl es erst kürzlich als ausdrückliches Prinzip der Wissenschaft formuliert worden ist, nun allgemein als von gleicher Evidenz und der gleichen axiomatischen Bedeutung wie sein älterer Partner angesehen. Und in der That lässt sich sagen, dass, während die Chemie auf das Prinzip der Erhaltung der Materie[2]) gegründet worden ist, der neuere Fortschritt der theoretischen Physik hauptsächlich darin bestanden habe, dieselbe auf die Grundlage des Energieprinzipes aufzubauen. Die Physik umfasst ausser den allgemeinen Gesetzen der Dynamik und deren Anwendungen auf feste, flüssige und gasförmige Körper die Theorie jener Agentien, welche früher als Imponderabilien bezeichnet zu werden pflegten, des Lichtes, der Wärme, der Elektrizität und des Magnetismus u. s. w.; und all' diese wurden nun als Arten von Bewegung aufgefasst, als verschiedene Äusserungen der nämlichen Grundeigenschaft der Energie, die nur Gesetzen unterworfen sind, welche in blossen Folgerungen aus deren Erhaltungsgesetze bestehen. Die einzige augenscheinliche Ausnahme bildet der zweite Hauptsatz der Thermodynamik, von dem indessen auch eine Zurückführung auf das Prinzip der kleinsten Wirkung oder vielmehr auf die von Hamilton gegebene Ausdehnung desselben, das Prinzip der variierenden Wirkung, von Boltzmann und Clausius versucht worden ist, während andere (unter ihnen Rankine, Szily und Eddy) den Satz aus dem Prinzip der Erhaltung der Energie abzuleiten versucht hatten.

---

[2]) Nach und nach bricht sich die Erkenntnis Bahn, dass die Erhaltung der Energie ein ebenso wichtiges Prinzip der Chemie ist, wie das der Erhaltung der Masse; doch nimmt bisher die chemische Zeichensprache nur auf die Massenverhältnisse und nicht auch auf die umgesetzten Energiemengen Rücksicht.

Es ist auf diese Weise ersichtlich, dass die Theorie, derzufolge die Ursache aller Erscheinungen und aller Verschiedenheiten Bewegung, und jeder scheinbare qualitative Unterschied in Wirklichkeit bloss ein quantitativer ist, drei Annahmen einschliesst, die in folgender Form aufgestellt werden können:

I. Die Urelemente aller Naturerscheinungen — die letzten Ergebnisse wissenschaftlicher Analyse — sind Masse und Bewegung.

II. Masse und Bewegung sind disparat. Die Masse besteht für sich ohne Rücksicht auf die Bewegung, die ihr mitgeteilt, oder ganz genommen werden kann durch eine Übertragung derselben von einer Masse auf eine andere. Die Masse bleibt dieselbe, mag sie sich in Ruhe oder Bewegung befinden.

III. Sowohl Masse wie Bewegung sind unveränderlich.

Unter den Folgerungen, die aus der ersten und zweiten dieser Annahmen gezogen werden können, gibt es zwei, die ebenso klar wie wichtig sind, nämlich die der Trägheit und Gleichförmigkeit der Masse. Da Masse und Bewegung von einander durchaus verschieden sind, ist es klar, dass Masse nicht Bewegung noch Ursache von Bewegung werden kann — d. h. sie ist träge. Und die Masse an sich kann nicht ungleichförmig sein, denn Ungleichförmigkeit bedeutet einen Unterschied, und jeder Unterschied ist durch Bewegung bedingt.

Die hier ausgesprochenen Annahmen liegen der ganzen mechanistischen Naturanschauung zu Grunde. Sie finden allgemeine Zustimmung unter den Physikern der Gegenwart und können als Grundsätze der ganzen modernen Wissenschaft gelten.

Zu diesen Annahmen tritt indessen nach der allgemein herrschenden Anschauungsweise der Physiker und Chemiker noch die der molekularen oder atomistischen Zusammensetzung der Körper hinzu, derzufolge die Masse nicht kontinuierlich, sondern diskret zusammengesetzt ist aus unveränderlichen und in diesem Sinne wenigstens einfachen Einheiten. Diese Annahme führt zu vier anderen Sätzen, welche in Verbindung mit den Prinzipien der Erhaltung von Masse und Bewegung die Grundlagen der mechanischen Atomtheorie ausmachen. Sie lauten:

1. Die Ureinheiten der Masse sind einfach und in jeder Beziehung unter einander gleich. Das ist offenbar nichts weiter als die Behauptung der Homogeneität der Materie gemäss der Hypothese ihrer molekularen oder atomistischen Zusammensetzung.

2. Die Ureinheiten der Masse sind absolut hart und unelastisch — eine notwendige Konsequenz ihrer Einfachheit, welche jede Bewegung von Teilen und somit jede Veränderung der Gestalt ausschliesst.

3. Die Ureinheiten der Masse sind absolut träge und somit rein passiv; infolgedessen kann zwischen ihnen keine andere Art von Einwirkung möglich sein, als ihre gegenseitige Verschiebung, verursacht durch einen Anstoss von aussen.

4. Die ganze sogenannte potentielle Energie ist in Wirklichkeit eine kinetische. Da Masse und Bewegung von einander völlig verschieden und gegenseitig in einander nicht verwandelbar sind, und die Masse in was immer für Lage absolut träge ist, kann Bewegung nicht anders entstehen und durch nichts anderes verursacht sein, als wieder durch Bewegung. Eine Energie der Lage ist somit unmöglich.

Es ist nun notwendig, diese Sätze gesondert der Reihe nach zu betrachten und sich zu vergewissern, ob und bis zu welchem Grade sie mit den Thatsachen der wissenschaftlichen Erfahrung übereinstimmen und zu deren Erklärung dienen.

III.

Der Satz von der Gleichheit der Ureinheiten der Masse.

Wenn alle Verschiedenheit in der Natur durch Bewegung verursacht wird, muss die Masse als Substrat dieser Bewegung völlig homogen sein. Dies ist so klar, dass gleich bei der ersten bestimmten Ankündigung der mechanischen Theorie diese zwei Sätze — das Prinzip und seine Folge — Hand in Hand neben einander gingen. Daher ist die obcitierte Äusserung DESCARTES' [1]) von der Erklärung begleitet, dass die in der Welt vorhandene Materie überall eine und dieselbe sei. [2]) Es ist allerdings richtig, dass DESCARTES nicht die absolute Gleichheit der einzelnen materiellen Urbestandteile behauptet hat, weil er nur zwei Grundeigenschaften der Materie anerkannt hat, Ausdehnung und Beweglichkeit, und infolgedessen die atomistische Konstitution der Materie geleugnet hat. Als aber diese mit der Zeit eine der Hauptlehren der modernen Physik wurde, nahm die Forderung der grundsätzlichen Homogeneität der Masse notwendigerweise die Form der Behauptung einer absoluten Gleichheit ihrer Urelemente an. Aus Gründen, die gleich ihre Erörterung finden werden, zeigen die Physiker und insbesondere die Chemiker unserer Zeit die Neigung, diese wesentliche Eigentümlichkeit der mechanischen Theorie zu ignorieren; doch unter denen, welche es be-

---

[1]) Siehe oben S. 2.

[2]) „Materia itaque in toto universo una et eadem existit." Cart., Princ. Phil. II, 23.

greifen, dass schliesslich alle wissenschaftlichen Theorieen zum mindesten unter einander in Übereinstimmung sein müssen, hat es ihr an direkter oder impliciter Anerkennung nicht gefehlt. „Die abweichenden Eigenschaften der Materie," erklärt Professor WUNDT, „verlegt die Chemie noch jetzt in eine ursprüngliche qualitative Verschiedenheit der Atome. Nun geht offenbar die ganze Entwicklung der physikalischen Atomistik darauf aus, alle qualitativen Eigenschaften der Materie aus den Bewegungsformen der Atome abzuleiten. Die Atome selbst bleiben so notwendig als vollkommen qualitätslose Elemente zurück."[3]) Von gleicher Bedeutung sind die Worte HERBERT SPENCER's: „Die Eigenschaften der verschiedenen Elemente ergeben sich aus Unterschieden der Anordnung letzter, homogener Ureinheiten."[4]) Selbst in den Schriften ausgezeichneter Chemiker herrscht kein Mangel an Äusserungen, aus denen deutlich hervorgeht, wie sehr die logische Notwendigkeit die modernen Physiker dazu drängt, auf der grundsätzlichen Gleichheit der materiellen Elemente zu bestehen. „Es ist denkbar," sagt THOMAS GRAHAM, „dass die verschiedenen Arten der Materie, die jetzt unter dem Namen verschiedener Elemente bekannt sind, eine und dieselbe letzte, atomistische Molekel besitzen, die in verschiedenen Bewegungszuständen auftritt. Die dem Wesen nach gleichförmige Beschaffenheit der Materie ist eine Hypothese, die in schöner Übereinstimmung mit der gleichen Wirkung der Schwerkraft auf alle Körper steht. Wir kennen die Behutsamkeit, mit der dieser Punkt von NEWTON erforscht worden ist und die Sorgfalt, die er darauf verwendete, sich zu überzeugen, dass jede Art von

---

[3]) „Die Theorie der Materie," Deutsche Rundschau, Dezember, 1875, S. 381.

[4]) „The properties of the different elements result from differences of arrangement, arising by the compounding and recompounding of ultimate homogeneous units." Contemporary Review, June, 1872.

Substanz, Metalle, Steine, Hölzer, Getreidekörner, Salz, thierische Stoffe u. s. w. beim Falle dieselbe Beschleunigung erleiden und daher gleich schwer sind.“

„Im Gaszustande ist die Materie zahlreicher und mannigfacher Eigenschaften beraubt, die ihr in flüssiger oder fester Form zukommen. Dem Gase verbleiben nur einige wenige und einfache Eigenschaften, die abhängen mögen von der Bewegung seiner Atome oder Molekeln. Denken wir uns nun, dass bloss eine Art von Substanz existiert — die ponderable Materie; und ferner, dass die Materie in letzte Atome zerlegbar ist, die der Gestalt und dem Gewichte nach gleich sind. Wir werden dann eine Substanz und ein gemeinsames Atom haben. Würde dieses Atom sich im Ruhezustande befinden, so wäre die Gleichförmigkeit der Materie eine vollkommene. Das Atom besitzt jedoch immer mehr oder weniger Bewegung, die es, wie man annehmen muss, einem ursprünglichen Anstoss verdankt. Durch diese Bewegung entsteht sein Volumen. Je rascher die Bewegung, desto grösser ist der vom Atom eingenommene Raum, etwa so wie die Bahn eines Planeten mit der Grösse der Wurfgeschwindigkeit wächst. Die Materie unterscheidet sich also lediglich durch ihre Dichte. Da die Eigenbewegung eines Atoms unveränderlich ist, kann die leichte Materie nicht mehr in schwere verwandelt werden. Kurz, Materie verschiedener Dichte bildet verschiedene Substanzen, d. h. verschiedene nicht mehr in einander verwandelbare Elemente.“

„Diese mehr oder weniger sich bewegenden, leichtere oder schwerere Formen der Materie haben indessen noch eine besondere Beziehung zur Volumsgleichheit. Gleiche Volumen können sich mit einander verbinden, können ihre Bewegungen vereinen und eine neue Atomgruppe bilden, welche das Ganze, die Hälfte oder irgend eine andere Verhältniszahl der ursprünglichen Bewegung und somit auch des Volums besitzt. Dies nennt man eine chemische Verbindung. Sie ist direkt verknüpft mit dem Volumen, indirekt mit dem Gewichte. Die sich vereinigenden Gewichtsmengen sind verschieden, weil die atomistischen wie die molekularen Dichten verschieden sind.“ [5])

Ganz analoge Ansichten wurden auch von C. R. A. WRIGHT geäussert, welcher die Behauptung aufstellt, dass es nur eine Art von Urmaterie gebe und alle sogenannten Elemente und Verbindungen nur allotropische Modifikationen derselben vorstellen, die sich von einander nur durch den verschiedenen auf eine Masseneinheit entfallenden Betrag latenter Energie unterscheiden. [6]) Und wiewohl PROUT's Vermutung, dass die verschiedenen chemischen Elemente in Wirklichkeit nur Verbindungen oder allotropische Modifikationen des Wasserstoffs seien, längst verlassen worden ist (selbst von DUMAS und einigen anderen, welche zu verschiedenen Zeiten auf sie zurückzugreifen versucht haben), da sich die Annahme, dass die Atomgewichte aller Elemente genaue Multipla jenes von Wasserstoff seien, als unhaltbar erwiesen hatte, ist in letzter Zeit doch wieder die Aufmerksamkeit auf die Thatsache gelenkt worden, dass sich spektroskopische Anzeichen für das Vorherrschen einiger weniger gasförmiger Elemente, wie des Wasserstoffs und des Stickstoffs, auf gewissen Nebelflecken ergeben haben, die das früheste Stadium planetarischer oder stellarischer Entwicklung darzubieten scheinen, sowie solche von einer fortschreitenden Zunahme metallischer und anderer Substanzen bei entwickelteren Formen — mit anderen Worten, von einer fortschreitenden Differenzierung der Materie, einem allmählichen Fortschritt von der Homogeneität zur Heterogeneität in den aufeinanderfolgenden Stadien der Entwicklung der Himmelskörper. [7])

---

[5]) „Speculative Ideas respecting the Constitution of Matter,“ Phil. Mag., 4th ser., vol. XXVII, p. 81 s.

[6]) Chemical News, October 31, 1873.

Während nun aber auf diese Weise die absolute Gleichheit der Urelemente der Masse ein wesentliches Bestandstück der wahren Fundamente der mechanischen Theorie bildet, ist die gesamte moderne Chemie auf einem Grundsatz aufgebaut, der diese Gleichheit geradezu umstösst, — einem Grundsatz, von dem jüngst gesagt worden ist, dass „er in der Chemie dieselbe Rolle einnimmt wie das Gesetz der Gravitation in der Astronomie“. [8]) Dies Prinzip ist bekannt unter dem Namen des Gesetzes von AVOGADRO oder AMPÈRE. Es sagt aus, dass gleiche Rauminhalte aller Substanzen, sobald sie sich im Gaszustande und unter gleichen Druck- und Temperaturverhältnissen befinden, gleiche Anzahlen von Molekeln besitzen — was zur Folge hat, dass die Molekulargewichte dem spezifischen Gewichte der Gase proportional sind; so zwar, dass wenn diese verschieden sind, es auch die Molekulargewichte sind, und da die Molekeln gewisser Elemente einatomig sind, während die Molekeln verschiedener anderer Substanzen die gleiche Zahl von Atomen enthalten, dasselbe auch von den Atomgewichten solcher Stoffe gilt.

Obwohl das Gesetz von AVOGADRO, wie alle physikalischen Theorien, eine Hypothese ist, wird es doch für die einzig mögliche Annahme gehalten, welche im Stande ist, die bekannte indirekte Proportionalität zwischem dem Volumen eines Gases und seinem Druck (Gesetz von BOYLE-MARIOTTE) und die direkte mit der Temperatur (Gesetz von CHARLES), sowie auch das Gesetz der einfachen Volumverhältnisse (GAY-LUSSAC) bei einer chemischen Verbindung zu erklären. Es hat auch als Grundlage für unzählige Ableitungen bei der Bildung und Umformung chemischer Ver-

---

[7]) Vgl. J. W. CLARKE „Evolution and the Spectroscope“, Popular science Monthly, January 1873, p. 320 seq. LOCKYER's neueste Forschungen haben diesen Ansichten grössere Bedeutung verschafft.

[8]) J. P. COOKE, The New Chemistry, p. 13.

bindungen gedient, welche bisher stets durch das Experiment bestätigt worden sind.

Dass dieses Grundprinzip der modernen Chemie in äusserstem, unversöhnlichem Widerspruch mit dem ersten Satze der mechanischen Atomtheorie steht, ist auf den ersten Blick offenkundig. Gewiss ist auch eine Lösung desselben mit Hilfe der von GRAHAM gemachten Annahme unmöglich. Denn diese erklärt die Unterschiede der Dichte dadurch, dass sie den gleichen Uratomen ungleiche Volumina zuschreibt, welche eine Folge der ungleichen Geschwindigkeiten sind, die in unabänderlicher Weise an die verschiedenen Arten der Atome gebunden sind. Auf diese Weise liessen sich wohl Ungleichheiten des Volums gleicher Massen, nicht aber Ungleichheiten der Masse in gleichen Volumen erklären, ausser man nehme eine zweite neue Hypothese hinzu, welche durch die erste allerdings einigermassen gestützt wird, und darin besteht, dass einige, wenn nicht alle Molekeln Gruppen von verschiedenen Graden der Kompliziertheit bilden. Zwei Massen oder Molekeln von gleichem Volumen können verschiedene Dichten oder Gewichte haben, bloss wenn die Zahl der in einer enthaltenen Einheiten verschieden ist von der in der anderen. AVOGADRO's Gesetz zwingt jedoch die Chemiker anzunehmen, dass die Molekeln verschiedener Elemente, ungeachtet der Verschiedenheit ihrer Gewichte, aus der gleichen Anzahl von Atomen bestehen. So werden Wasserstoff und Chlor, deren Molekulargewichte beziehungsweise 2 und 71 betragen, beide als zweiatomig betrachtet. In dem Falle von Elementen einer Valenz, wie der eben erwähnten, ist der Grund, auf dem diese Annahme beruht, sehr einfach. Ein Volumen Wasserstoff verbindet sich mit einem Volumen Chlor und bildet zwei Volumen Chlorwasserstoff. Jedes Volumen der Verbindung enthält gemäss dem Gesetze von AVOGADRO, ebenso viel Molekeln, als ein Volumen des beitragenden einen Elementes vor der Verbindung; die zwei Elemente der Verbindung enthalten demnach doppelt so viel Molekeln als jedes Volumen der zusammensetzenden Gase. In jedem Molekel der Verbindung sind aber sowohl Chlor wie Wasserstoff anwesend, woraus folgt, dass jedes Molekel von Wasserstoff ebenso wie auch jedes von Chlor wenigstens ein Atom zu jedem Molekel Chlorwasserstoff beigesteuert und daher aus mindestens zwei Atomen bestanden haben muss.

Die Beweisführung in dem Falle zwei- oder mehrwertiger Elemente (wie Sauerstoff, Schwefel, Selen u. a.) ist, wiewohl weniger einfach, doch in gleichem Grade zwingend auf Grund des AVOGADRO'schen Gesetzes.

Man könnte einwenden, dass das in Frage stehende Gesetz lediglich die geringst mögliche Zahl von Atomen in einem jeden Molekel bestimmt und das Maximum derselben unbestimmt lässt, so dass trotz alldem die schwereren Molekeln von entsprechend grösserer Kompliziertheit sein mögen. Doch hier stossen wir auf ein Hindernis, das uns ein Zweig der mechanischen Theorie bietet, — die Thermodynamik. Die moderne Wissenschaft betrachtet Wärme als eine Form der Energie, die in einer lebhaften Bewegung der kleinsten Teilchen eines Körpers besteht; und zum mindesten im Falle gasförmiger Körper unterscheidet sie zwischen jenem Theile der Energie, der in der Form von Temperatur sich äussert und einer fortschreitenden Bewegung der Molekeln, oder vielmehr deren Massenmittelpunkten zugeschrieben wird, und einem anderen Teil — der sogenannten inneren Energie — die als abhängig von der schwingenden oder drehenden Bewegung der zusammensetzenden Atome betrachtet wird. Es ist nun durch Experimente erwiesen, dass sich das Verhältnis der spezifischen Wärme eines Gases bei konstantem Druck zu jener bei konstantem Volumen [9]) nahezu gleich ergibt dem durch die

---

[9]) Die spezifische Wärme (d. h. die zur Temperaturerhöhung

Theorie auf Grund der Voraussetzung berechneten Werte, dass die gesamte einem Gase zugeführte Wärme zur Erzeugung fortschreitender Bewegung verwandt wird, mag diese sich nun in Ausdehnung oder vermehrtem Drucke oder nach beiden Richtungen hin äussern; und dass die noch vorhandene Differenz durch die Annahme gerechtfertigt wird, dass ein Teil der Wärme sich in intramolekulare Bewegung verwandelt, d. h. in Bewegungen von Teilen innerhalb eines Molekels, welche dessen Lage oder Wirkungsweise als ganzes nicht zu verändern vermögen. Nun ist leicht einzusehen und von CLAUSIUS, BOLTZMANN, MAXWELL u. a. gezeigt worden, dass die für intramolekulare Bewegung aufgebrauchte Energie in dem Masse wachsen muss wie die Kompliziertheit der molekularen Konstitution; es würde somit ins Unermessliche gehen, wenn ein Molekel aus einer so grossen Zahl von Atomen bestehen würde, als hinreichend wäre um die Unterschiede in den Molekulargewichten der Elemente zu rechtfertigen. Das Molekulargewicht des Chlors ist z. B. 35·5 mal so gross als das des Wasserstoffs; und wenn nun diese Gewichte proportional der in jedem Molekel enthaltenen Zahl von Atomen wären, müsste man, selbst wenn zugegeben wird, dass der Wasserstoff nur zweiatomig ist, annehmen, dass das Chlormolekel nicht weniger als 71 Atome enthalte. Wenn aber diese Annahme richtig wäre, müsste fast die gesamte dem Chlor zugeführte Wärme absorbiert, d. h. in innere Energie verwandelt werden, und die berechnete spezifische Wärme müsste weit den durch das Experiment sich ergebenden Betrag übersteigen.

---

der Masseneinheit einer Substanz um einen Grad erforderliche Wärmemenge) eines Gases bei konstantem Druck, unter dem die Ausdehnung erfolgt, ist notwendigerweise grösser als jene bei konstantem Volumen, da ja im ersteren Falle ein Teil der Wärme zur Leistung der mechanischen Arbeit der Ausdehnung verwandt werden muss.

Hier liegen also Schwierigkeiten nicht spekulativer, sondern rein physikalischer und chemischer Natur vor, die eine unbegrenzte Vervielfältigung der Atome innerhalb eines Molekels behufs Erklärung der Verschiedenheit der Molekulargewichte unmöglich machen. Von mehreren Elementen ist es bekannt, dass sie dem AVOGADRO'schen Gesetze nur unter der Voraussetzung ihrer Einatomigkeit Folge leisten. Zu diesen gehört Quecksilber, dessen Molekulargewicht mit dem Atomgewicht übereinstimmt, wie es sich bei Anwendung aller möglichen chemischen Methoden, einschliesslich des Gesetzes von DULONG und PETIT ergibt. Und nun ist durch KUNDT und WARBURG[10]) gezeigt worden, dass das Verhältnis der spezifischen Wärmen des Quecksilberdampfes bei konstantem Druck und konstantem Volumen, wie es sich durch das Experiment ergibt, genau gleich dem Werte ist, der auf Grundlage der absoluten Einfachheit des Quecksilbermolekels und des Nichtabsorbierens eines Teiles der Wärme für intramolekulare Bewegungen berechnet worden ist.

Angesichts all' dieser Thatsachen erscheint der Schluss unausweichlich, dass der Anspruch, demzufolge die moderne Wissenschaft durchaus eine teilweise und fortschreitende Lösung des Problems vorstellt, alle physikalischen Erscheinungen auf Mechanik der Atome zurückzuführen, durch den gegenwärtigen Zustand der theoretischen Chemie in höchst unvollkommener Weise gestützt wird, sowie auch, dass diese Wissenschaft, welche sich speziell mit den Atomen und deren Bewegungen befasst, auf Annahmen beruht, welche die einzige wahre Grundlage zerstören, auf der ein in sich zusammenhängender Aufbau der Mechanik der Atome aufgerichtet werden kann. Und dass diese Annahmen bald verlassen werden, dazu scheint wenig Hoffnung zu sein;

---

[10]) Pogg. Ann., Bd. 157, S. 353.

denn nach der Ansicht der ausgezeichnetsten Chemiker der Gegenwart würde ein solcher Verzicht die Masse experimenteller Thatsachen, die in mühsamer Weise durch Experiment und Beobachtung ermittelt worden sind — unter mindestens teilweiser Beihilfe der fraglichen Annahmen — in einen Zustand hoffnungsloser vorwissenschaftlicher Verwirrung zurückversetzen.

Von den Spekulationen jener, welche die spezifischen Unterschiede zwischen den letzten Einheiten der Masse von Unterschieden ihnen zugeschriebener, unwandelbarer Geschwindigkeiten oder ihnen zukommender verschiedener Beträge an latenter Energie herzuleiten suchen, ist zu sagen, dass sie nicht nur eine Lösung der Schwierigkeiten der theoretischen Chemie bei den unerbittlichen Anforderungen der mechanischen Theorie nicht erreichen, sondern auch, dass eine Verleihung unzerstörbarer Energie oder Bewegung an eine gegebene Masse der Grundvoraussetzung der absoluten Unvergleichbarkeit von Masse und Bewegung widerspricht. Helmholtz und andere haben die Bedingungen der Wirbelbewegung in einer vollkommen homogenen, unzusammendrückbaren und reibungslosen Flüssigkeit untersucht, welche, wie Maxwell gezeigt hat, notwendigerweise kontinuierlich sein muss und nicht molekular oder atomistisch zusammengesetzt sein kann. Wenn diese Bedingungen verwirklicht werden könnten, hätten wir zwar unveränderliche, aber nicht unterscheidbare Volumina einer sogenannten stetig homogenen Flüssigkeit vor uns, der unveränderliche Quantitäten unzerstörbarer Bewegung zukommen würden. Es kann aber keine Energie oder Bewegung von einander verschiedenen oder getrennten Massen (Molekeln oder Atomen) anhaften, wenn, wie die mechanische Theorie annimmt, Masse und Bewegung disparat sind, wenn die Masse dieselbe bleibt in Ruhe und Bewegung, und wenn die Bewegung von einer Masse auf eine andere übertragbar ist. Dies ist ein Punkt, den SIR ISAAK NEWTON, der grösste unter den Gründern der mechanischen Theorie, ausdrücklich hervorgehoben hat. Er unterscheidet zwischen zwei Arten von Kraft — der Kraft der Trägheit (vis inertiae) und der sogenannten vis impressa. Die erste allein ist nach ihm eine vis insita, d. h. eine der Materie anhaftende Kraft; während er von der anderen ausdrücklich sagt, „dass diese Kraft in der Wirkung allein besteht und nach derselben nicht im Körper verbleibt“.[11])

[11]) „Consistit haec vis in actione sola, neque post actionem permanet in corpore.“ Phil. Nat. Princ. Math., def. IV.

IV.

Der Satz von der absoluten Härte und Unelasticität der Ureinheiten der Masse.

Aus der wesentlichen Verschiedenheit von Masse und Bewegung und der Einfachheit der Ureinheiten der Masse ergibt sich die vollkommene Härte und Unelasticität derselben. Denn die Elasticität bedingt Bewegung von Teilen gegen einander und kann somit nicht eine Eigenschaft wahrhaft einfacher Atome sein. „Der Begriff ‚elastisches Atom',“ bemerkt Professor WITTWER mit Recht, „ist eine contradictio in adjecto, da die Elasticität immer wieder Teile voraussetzt, die sich einander nähern, die sich von einander entfernen können“. [1])

Die ersten Begründer der mechanischen Theorie betrachteten die absolute Härte der die Materie zusammensetzenden Teile als einen wesentlichen Grundzug der Naturordnung. „Es scheint mir wahrscheinlich,“ sagt SIR ISAAK NEWTON, „dass Gott zu Beginn die Materie in festen, dichten, harten, undurchdringlichen, beweglichen Teilen von solcher Gestalt und solchen anderen Eigenschaften und in solchem Verhältnis zum Raume geschaffen hat, wie es dem von ihm angestrebten Endzweck am besten entsprach; und dass diese Urteilchen fest und unvergleichlich härter als irgend ein aus ihnen zusammengesetzter Körper, ja selbst so hart waren, um sich niemals abnützen oder in Stücke brechen

---

[1]) Beiträge zur Molekularphysik, Schlömilch's Zeitsch. f. Math. u. Phys., 15. Bd., S. 114.

zu lassen; denn keine gewöhnliche Kraft ist im Stande, das zu scheiden, was Gott selbst geschaffen hat.“ [2])

Seltsam genug begegnet die Forderung der absoluten Starrheit der Ureinheiten der Masse, die nicht weniger gebieterisch auftritt als die ihrer unbedingten Einfachheit, einer gleich bezeichnenden Verleugnung von Seite der modernen Physik. Die berühmteste unter den Hypothesen, welche seit der allgemeinen Annahme der modernen Theorieen der Wärme, des Lichtes, der Elektricität und des Magnetismus und der Aufstellung der Lehre von der Erhaltung der Energie ersonnen worden sind, um einen sicheren Grund für die mechanische Deutung physikalischer Erscheinungen zu geben, ist unter dem Namen der kinetischen Gastheorie bekannt. Im Lichte dieser Theorie erscheint ein Gas als ein Schwarm von unzähligen, festen Teilen, die sich unaufhörlich mit verschiedenen Geschwindigkeiten nach allen Richtungen hin geradlinig fortbewegen, wobei sich die Geschwindigkeiten und Richtungen infolge der gegenseitigen Zusammenstösse in Zwischenräumen ändern, die kurz im Vergleich zu unseren gewöhnlichen Zeitmassen, aber unendlich lang im Vergleich zu der Dauer eines solchen Zusammenstosses sind. Es ist leicht einzusehen, dass diese Bewegungen bald ein Ende finden würden, wenn die Teile vollkommen unelastisch oder nur unvollkommen elastisch wären; denn in diesem Falle würde bei einem jeden Zusammenstoss ein Verlust an Bewegung stattfinden. Die vorausgesetzte unaufhörliche Dauer der Bewegung der Teilchen zwingt also zur Annahme ihrer vollkommenen Elasticität. Diese Notwendigkeit geht nicht nur aus den besonderen Erfordernissen der kinetischen Gastheorie, sondern auch aus dem Prinzip der Erhaltung der Energie in seiner allgemeinen Anwendung auf die letzten Bestandteile der sinnlich wahrnehmbaren

---

[2]) Optics, 4. Aufl., S. 375.

Massen hervor, wenn diese als in Bewegung befindlich vorausgesetzt werden. In dem Falle des Zusammenstosses gewöhnlicher unelastischer oder nur teilweise elastischer Körper findet ein Verlust an Bewegung statt, welcher auf Rechnung einer Verwandlung derselben in die Bewegung kleiner Teile der zusammenstossenden Körper gesetzt wird. Bei Atomen und Molekeln, welche keine solchen Teile mehr besitzen, ist aber eine solche Verwandlung unmöglich, und sind wir daher zur Annahme gezwungen, dass die letzten Molekeln eines Gases absolut elastisch sind.

Die Notwendigkeit, vollkommene Elasticität den Atomen oder Molekeln zuzuschreiben, ist von den Begründern der kinetischen Gastheorie ausdrücklich anerkannt worden. „Die Gase," sagt KROENIG,[3]) „bestehen aus Atomen, die sich wie feste, vollkommen elastische Kugeln mit bestimmten Geschwindigkeiten durch den leeren Raum bewegen." Diese Anschauung ist von CLAUSIUS[4]) übernommen und von MAXWELL mit besonderem Nachdruck betont worden, der dem ersten Teil seiner Abhandlung „Illustration of the Dynamical Theory of Gases" die Überschrift „Von den Bewegungen und Zusammenstössen vollkommen elastischer Kugeln" gegeben hat.[5]) Die höchsten wissenschaftlichen Autoritäten sind in der Behauptung einig, dass die Hypothese der atomistischen oder molekularen Zusammensetzung der Materie im Widerspruch mit der Lehre von der Erhaltung der Energie steht, sofern man nicht die Atome oder Molekeln als vollkommen elastisch ansieht. „Die moderne Lehre von der Erhaltung der Energie," sagt Lord KELVIN (SIR WILLIAM THOMSON), „verbietet uns, den letzten Elementen der Materie Starrheit oder einen beschränkten Grad von Elasticität zuzuschreiben."[6])

---

[3]) Pogg. Ann., Bd. 99, S. 316.

[4]) Ib., Bd. 100, S. 353.

[5]) Phil. Mag., 4 th ser., vol. 19, p. 19.

Natürlicherweise haben hervorragende Verteidiger der kinetischen Theorie ihren Scharfsinn an der Aufsuchung von Methoden versucht, um die mechanische Theorie aus diesem Dilemma zu befreien. Die berühmteste dieser Bemühungen ist die von Lord KELVIN unternommene, der auf seine Hypothese durch die Untersuchungen von HELMHOLTZ [7]) über die Eigenschaften der rotierenden Bewegung in einer absolut homogenen, unzusammendrückbaren, vollkommenen Flüssigkeit, von denen schon im vorigen Kapitel die Rede war, geführt worden ist. Lord KELVIN nimmt die Allgegenwart dieser Flüssigkeit an und definiert die Atome als Wirbelringe, die durch drehende Bewegung in derselben entstehen. Diese Ringe würden beständig und von unveränderlichem Volumen sein, welches sie einer unwandelbaren Menge an Bewegung verdanken, und dabei doch einer grossen Mannigfaltigkeit der Form fähig sein; sie würden im Stande sein, sich selbst zu verketten oder mit anderen Wirbelringen zu verbinden, ohne aber im freien Zustande bestehen zu können; sie wären endlich ausser Stande sich zu durchdringen oder mit einander zu verschmelzen, und ihre gegenseitigen Annäherungen würden ebenso mit dem Zurückprallen endigen, wie es beim Stosse vollkommen elastischer Körper der Fall ist.

Gerne zollen wir unsere Bewunderung dem Scharfsinn, der darauf verwandt wurde, die mechanische Theorie aus einer ihrer verhängnisvollsten Verlegenheiten zu befreien; andererseits aber ist zu fürchten, dass der Erfolg dieser Anstrengung ein illusorischer ist. Denn es scheint klar zu sein, dass eine Bewegung in einem vollkommen homogenen und daher kontinuierlichen Mittel keine sinnenfällige Bewegung sein kann. Jede Teilung einer solchen Flüssigkeit ist nur in Gedanken ausführbar; trotz der Verdrängung

[6]) Ib., vol. 45, p. 321.

[7]) Crelle's Journal f. reine u. ang. Math., 55 Bd., S. 25.

eines Teiles derselben durch einen andern enthält ein gegebener Raum in jedem Augenblick die gleiche Menge von Materie, die von der in einem früheren Augenblick vorhanden gewesenen in keiner Weise unterscheidbar ist. Es entsteht also keine Veränderung, kein Unterschied in der Erscheinung. Eine Flüssigkeit, der jede Möglichkeit einer Veränderung abgeht, ist aber ein ebenso unmöglicher Träger einer wirklichen Bewegung, wie der leere Raum; sie ist ebenso unnütz für die Erklärung der Erscheinungen materieller Einwirkungen, wie es das „materielle" Medium ohne Trägheit gewesen ist, von dem ROGER COTES sagte, dass es vom leeren Raum nicht zu unterscheiden war. [8])

Überdies würden, wie MAXWELL bemerkt hat, [9]) die Wirbelringe der wesentlichen Eigenschaft der Materie entbehren: der Trägheit. Denn solche Atome würden nicht aus der Substanz des überall vorhandenen Fluidums, sondern bloss in den Bewegungen desselben bestehen. Von diesen müssten die Erhaltungsgesetze der Masse und Energie gelten und von diesen müsste die Bildung der Massen mitsamt all' den Erscheinungen, welche die sinnlich wahrnehmbare Materie zeigt, abgeleitet werden können. Dies ist aber unmöglich. Die Bewegung kann in Folge ihrer Natur nicht wieder Träger ihrer Bewegung werden, noch kann sie durch sich selbst das Moment der Bewegung erzeugen, da dasselbe ein Produkt zweier durchaus verschiedener Faktoren ist und durch die Unterdrücknng des einen Faktors ganz verschwinden müsste. Auf dem Boden der mechanischen Theorie kann der fundamentale Gegensatz zwischen Masse

---

[8]) Qui coelos materia fluida repletos esse volunt, hanc vero non inertem esse statuunt, hi verbis tollunt vacuum, re ponunt. Nam cum hujusmodi materia fluida ratione nulla secerni possit ab inani spatio, disputatio tota fit de rerum nominibus, non de naturis. Praef. in Newtoni Phil. Nat. Princ. Math., ed. Le Soeur et Jacquier, p. 25.

[9]) Encycl. Brit., 9th ed., „Atom".

und Bewegung, Trägheit und Energie nicht aufgehoben werden, ohne alle Unterschiede in unseren Grundbegriffen über die Natur physikalischer Vorgänge zu verwischen.

Ein anderer Versuch, sich von der Notwendigkeit zu befreien, den Uratomen Elastizität beilegen zu müssen, der in einiger Beziehung an den von Lord KELVIN erinnert, rührt von A. SECCHI her. Dieser berühmte Physiker und Astronom leitet das Abprallen der letzten Teilchen ebenfalls von deren rotierenden Bewegung her; nur sind seine Atome ungleich denen von Lord KELVIN wirkliche Körper, die von einander durch grosse Zwischenräume geschieden sind, und nicht blosse Bewegungen in einem kontinuierlichen und unzusammendrückbaren Äther. SECCHI begreift sehr wohl die Unmöglichkeit, den letzten einfachen Atomen Elastizität beizulegen. „Es ist klar," schreibt er,[10]) „dass, während es möglich ist, Elastizität in einem zusammengesetzten Molekel anzunehmen, das gleiche nicht auch bei einem einfachen Atom der Fall ist. In der That setzt ja die Elastizität in dem gebräuchlichen Sinne des Wortes leere Räume im Innern eines Molekels voraus, dessen Form durch den Druck derart geändert wird, dass sie nach Aufhören des Druckes wieder die ursprüngliche wird. Nun betrachten wir aber ein Atom als undurchdringlich und nicht als eine Gruppe von festen Körpern, somit kann dasselbe nicht leere Räume einschliessen, welche eine Ausdehnung oder Zusammenziehung gestatten."

„In der That ist das, was wir ein Molekel eines einfachen, d. i. eines chemisch nicht mehr weiter zerlegbaren Gases nennen, kein einfaches Atom oder muss es zum mindesten nicht sein. Insofern als dieses Gasmolekel ein Aggegrat wirklicher Atome ist, kann es ganz gut sein, dass es innere Poren und allgemein gesprochen eine Reihe von

---

[10]) L'unité des forces physiques, 2. Aufl., S. 47 ff.

Eigenschaften besitzt, welche den es zusammensetzenden Atomen nicht zukommen; es ist somit nicht absurd, es als elastisch anzusehen. Huygens hat diese Annahme für den Äther gelten lassen. Seiner Meinung nach waren die Teile des Äthers aus kleineren zusammengesetzt. Bei näherer Prüfung sieht man jedoch, dass dies mehr ein Verschieben als ein Lösen der Schwierigkeit ist. Wir hoffen zeigen zu können, dass es keineswegs notwendig ist, solch' eine Elasticität als ursprüngliche Kraft anzunehmen und dass das scheinbare Abprallen der Atome und ihre gegenseitigen Zusammenstösse einfach auf eine geeignete Bewegungsform zurückgeführt werden können, zu welchem Zwecke es hinreichend ist, sie als in Drehung befindlich anzunehmen. Lasst uns dies beweisen!"

„Unter den schönen Sätzen Poinsot's über den Stoss drehender Körper findet sich einer, der sich auf die Reflexion von einer widerstehenden Wand bezieht. Er lehrt uns, dass in Folge der Rotation allein ein harter und unelastischer Körper ganz so wie ein vollkommen elastischer zurückgeworfen werden kann; ja noch mehr: es kann geschehen, dass ein solcher gegen ein festes Hindernis geworfener Körper mit einer grösseren Geschwindigkeit zurückkehrt. Der tiefsinnige Mathematiker zeigt, wie dieses auf den ersten Blick paradox erscheinende Ergebnis durch die Umwandlung eines Teiles der drehenden Bewegung in fortschreitende zustande kommt, wodurch die Geschwindigkeit des Schwerpunktes eine grössere wird. Nach den gewöhnlichen Theorieen des Stosses, bei denen keine Rücksicht auf die drehende Bewegung genommen wird, erscheint dieser Satz absurd und trotzdem ist er vollkommen begründet. So stellen sich neben die Fälle der gewöhnlichen Reflexion die der „fortschreitenden"; man kann sie unter Benutzung eines Poinsot'schen Ausdruckes als ‚negative Reflexionen' bezeichnen."

„Bei der negativen Reflexion kehrt nach dem Stosse der Schwerpunkt des Körpers mit einer grösseren Geschwindigkeit, als er vordem besessen, zurück. Diese Fragen bilden einen ganz neuen und sehr interessanten Zweig der Mechanik; sie lassen sich leicht erledigen durch Betrachtung der fortschreitenden uud drehenden Bewegung in Bezug auf die Mittelpunkte der Schwere, der Rotation und des Stosses; und wir sehen leicht ein, dass sich allgemein sagen lässt: ein Stoss kann, mag er wie immer sein, niemals in einem Körper die drehende und fortschreitende Bewegung zugleich vernichten; denn, wenn der Stoss ein exzentrischer ist, kann er die drehende, aber nicht die fortschreitende Bewegung zerstören, und wenn die Richtung des Stosses durch den Schwerpunkt geht, kann derselbe die fortschreitende, aber nicht die drehende Bewegung aufheben. Auf diese Weise wird die auf der einen Seite verlorene Bewegungsgrösse auf der andern wieder gewonnen; die Drehung mag entweder ihren Sinn ändern oder bloss beschleunigt werden je nach der Lage des gestossenen Punktes des Körpers; daher der Begriff „Mittelpunkt des Stosses". Beispiele für die Reflexion nach Art des Stosses drehender Körper finden sich bei den Bewegungen von Wurfscheiben, Spinnmaschinen u. s. f. Billardspieler wissen sehr wohl, wie die Drehung der Bälle die Gesetze des Stosses elastischer Körper, wie sie aus den elementaren Leitfäden bekannt sind, abändert." [11])

---

[11]) Die Sätze, auf die sich SECCHI bezieht, finden sich in der letzten von einer Reihe von Abhandlungen (Questions Dynamiques sur la Percussion des Corps), die POINSOT zu LIOUVILLE's Journal der reinen und angewandten Mathematik beigesteuert hat (II. sér., t. II (1857), p. 281 ff., und t. IV (1859), p. 421 ff.). Diese bemerkenswerte Abhandlung ist von dem achtzigjährigen Geometer kurz vor seinem Tode veröffentlicht und wahrscheinlich auch geschrieben worden; der letzte Teil ist in der That nach seinem Tode in derselben Nummer

Unglücklicherweise findet die hier vorgetragene Theorie wenig Stütze an den Sätzen POINSOT's. SECCHI behauptet, dass der Stoss eines rotierenden Körpers, falls er excentrisch ist, „die drehende aber nicht die fortschreitende Bewegung zerstören kann," und wenn er ein zentraler ist, „die fortschreitende aber nicht die drehende Bewegung zu nichte machen kann," so dass in jedem Falle die auf der einen Seite verlorene Bewegungsgrösse auf der andern gewonnen wird."[12]) Aus einem sorgfältigen Studium von POINSOT's Abhandlung ergibt sich jedoch, dass nach dem Zusammenstosse rotierender unelastischer Körper nur in gewissen speziellen Fällen deren Rotation oder fortschreitende Bewegung oder beide erhalten bleiben oder das Wachstum, die Verminderung oder der Verlust der einen durch die Verminderung, den Zuwachs oder Gewinn der anderen ausgeglichen wird. POINSOT[13]) zeigt, dass, wenn ein rotierender unelastischer Körper auf ein festes Hindernis stösst, es von der Entfernung des augenblicklichen Mittelpunktes der Drehung vom Schwerpunkte abhängt, ob der Körper mit einer in Bezug auf den Anfangszustand grösseren oder gleichen Geschwindigkeit zurückgeworfen wird, oder aber seine Geschwindigkeit in progressiver Richtung verliert. Im ersteren Falle gibt es stets zwischen dem Schwerpunkt und dem Mittelpunkt des Stosses „zwei Punkte derart, dass, wenn der rotierende Körper das Hindernis in der Richtung des einen derselben trifft, sein Schwerpunkt mit vergrösserter Geschwindigkeit zurückgeworfen wird."[14]) Im zweiten Falle

---

von LIOUVILLE's Journal erschienen, welche die bei seinem Leichenbegängnisse gehaltenen Reden von BERTRAND und MATTHIEU enthält.

[12]) SECCHI spricht fortwährend von dem Gewinn oder Verlust an „Bewegungsgrösse", doch verlangt seine Beweisführung, dass dies als Verlust oder Gewinn an „Energie" gedeutet werde. Ob dies auch seine eigene Meinung ist, wage ich nicht zu entscheiden.

[13]) LIOUVILLE Journal, 2. sér., t. 2, p. 288 seq.

„gibt es stets in jedem sich fortbewegenden Körper zwei Punkte vollkommener Reflexion, d. i. zwei Punkte von der Art, dass, wenn der Körper ein Hindernis in der Richtung des einen trifft, er mit einer ganz gleichen Geschwindigkeit zurückgeworfen wird,“ [15]) so zwar, dass der Schwerpunkt des Körpers so zurückgeworfen wird, als ob der Körper vollkommen elastisch wäre.“ Doch verliert, wenn dies geschieht, der Körper in dem einen Falle ein Drittel, im zweiten zwei Drittel seiner Winkelgeschwindigkeit. [16]) Endlich drittens, „wenn sich das Hindernis im Schwerpunkt oder im Mittelpunkte des Stosses entgegenstellt, wird die Geschwindigkeit in fortschreitender Richtung in beiden Fällen in gleicher Weise zerstört, nur mit dem Unterschiede, dass im ersten Falle die Winkelgeschwindigkeit nicht geändert, im zweiten aber zugleich mit der progressiven Geschwindigkeit vernichtet wird.“ [17])

Die Wahrheit ist also, dass bloss in den von POINSOT besonders angeführten Fällen vollkommener Reflexion ein durch kein Wachstum der translatorischen Bewegung ausgeglichener Verlust von ein oder zwei Drittel der rotierenden Bewegung auftritt, während es Fälle gibt, in denen sowohl die translatorische wie die drehende Bewegung zugleich verschwinden. [18])

---

14) L. c., p. 304.

15) L. c., p. 305.

16) L. c., p. 307.

17) L. c., p. 308.

18) Wiewohl ich seit langem Prioritätsfragen und Ansprüchen gegenüber höchst gleichgiltig geworden bin, mag es vielleicht doch nicht unschicklich erscheinen, zu sagen, dass die vorhergehenden Seiten geschrieben worden waren, ehe ich die sehr tüchtige Schrift von Dr. C. ISENKRAHE „Das Rätsel von der Schwerkraft“ (Braunschweig, Vieweg u. Sohn, 1879) gesehen hatte, mit dem ich mich insoweit übereinzustimmen glücklich schätze, als es sich um die

Dass SECCHI es für möglich gehalten hätte, die Erfüllung des Erhaltungsgesetzes der Energie beim Zusammenstosse der Atome auf die Rotation als einen Ersatz für die „geheimnisvolle Eigenschaft" vollkommener Elasticität zu übertragen, erscheint äusserst unglaubwürdig, wenn wir die Art und Weise des Gebrauches betrachten, den er von seiner eigenen Theorie macht. Diese Theorie dient ihm zufolge zur Erklärung einer Menge von Thatsachen, worunter sich die Bildung molekularer Aggregate aus einfachen Atomen und die Erscheinungen der Gravitation befinden. Die Zusammenballung der Atome behufs Bildung zusammengesetzter Molekeln erklärt er auf folgende Weise:[19]) „Setzen wir einen extremen Fall voraus, nämlich den Zusammenstoss zweier Atome von bloss fortschreitender Geschwindigkeit, oder aber den Fall des Zusammenstosses, bei dem keine Reflexion stattfindet (was geschehen würde, wenn die rotierenden Atome in der Richtung ihrer Drehungsaxen auf einander stossen würden). „Offenbar werden die Atome in derselben Weise vereint bleiben, wie die sogenannten „harten" Körper der Mechaniker, und sie werden ein System bilden, das jene translatorische Bewegung besitzt, die sich aus den zwei anderen Bewegungen ergibt. Dieses System wird im

---

Giltigkeit des Versuches von SECCHI handelt, die Eigentümlichkeit vollkommener Reflexion aus der Rotation unelastischer Körper mit Hilfe der POINSOT'schen Theorie abzuleiten, während ich im übrigen seiner eigenen Theorie der Gravitation nicht beistimmen kann. Es gibt noch andere Übereinstimmungen — und das sind übrigens die interessantesten, weil sie unzweifelhaft ganz zufällig sind — und zwar zwischen der in dieser Schrift enthaltenen Kritik SPILLER'scher Spekulationen und meiner Beurteilung derselben, die zuerst in „The Popular Science Monthly", Jänner 1874, erschienen ist. Es ist zu bedauern, dass ISENKRAHE vor der Veröffentlichung seiner Schrift nicht WILLIAM B. TAYLOR'S hier später citierte bedeutsame Publikation über „Kinetic Theories of Gravitation" gesehen hatte.

[19]) L'unité, p. 51 seq.

Stande sein, wie ein einziger Körper von einfacher, doppelter, dreifacher oder überhaupt so vielfacher Masse zu wirken, als Atome in demselben vereint sind. Hier haben wir ein deutliches Beispiel einer Verkettung von Atomen, die nicht durch irgend eine Anziehungskraft, sondern durch die einfache Trägheit an einander gebunden sind." Nach dieser Stelle zu urteilen, konnte SECCHI kaum sich in Unkenntnis der Thatsache befunden haben, dass der Zusammenstoss drehender unelastischer Körper nicht immer zu einem scheinbar elastischen Abprall führt. In den Anwendungen auf die Gravitationserscheinungen kehrt sich die Theorie einfach gegen ihre eigenen Grundlagen. Sie sucht dieselben durch die Annahme zu begründen, dass die Dichte des Äthermediums, welches die ponderablen Körper oder Molekeln umgibt, mit der Entfernung von deren Mittelpunkte wächst; [20]) und diese Zunahme der Dichte wird als eine Folge der fortschreitenden Umwandlung der drehenden in eine translatorische Bewegung der Ätherteilchen hingestellt, so dass dieselben ununterbrochen von den „Herden der

---

[20]) Diese Annahme ist identisch mit der von Sir ISAAK NEWTON, der in seinem Briefe an BOYLE (NEWTON's Works, ed. HORSLEY, vol. IV, p. 385 seq.) über die „Ursachen der Schwerkraft" spekulierend sagt: „Ich will den Äther als aus Teilen bestehend annehmen, die sich von einander durch unendlich kleine Grade ihrer Feinheit in der Weise unterscheiden, dass von den höchsten Luftschichten an bis zur Oberfläche der Erde, und von der Oberfläche der Erde bis zum Mittelpunkte derselben der Äther unmerklich feiner und feiner wird. Denken wir uns nun einen Körper in der Luft oder auf der Erde liegend und den Äther der Annahme gemäss gröber in den höheren als in den tieferen Teilen des Körpers und diesen gröberen Äther weniger geeignet zum Eindringen in die Poren des Körpers als den feineren, so wird derselbe trachten, den Körper zu verlassen und dem feineren Äther der Unterseite den Weg frei zu machen, was nicht anders geschehen kann, als wenn der Körper herabfällt und so darüber Raum geschaffen wird zum Eindringen des Äthers."

Bewegung“ weg nach aussen getrieben werden. „Offenbar vermag,“ sagt SECCHI,[21]) „ein Herd der Bewegung, selbst wenn er allein dasteht, wofern er nur durch genügend lebhafte und dauernde Bewegung ausgezeichnet ist, die Bewegung eines unbegrenzten Mediums zu bestimmen und so zu gestalten, dass die Dichte im Mittelpunkte den kleinsten Wert besitzt und von da aus im Verhältnis zur Annäherung an den Umfang wächst.“ SECCHI gibt keinen Grund an, weshalb ein stetiges Wachstum der fortschreitenden Bewegung der Ätherteilchen auf Kosten ihrer drehenden Bewegung stattfinden, und warum stets oder doch im allgemeinen nur eine Umwandlung der drehenden in eine fortschreitende Bewegung und nicht auch eine solche in entgegengesetzter Richtung vor sich gehen sollte; auch gibt er keine Quelle jener „lebhaften und dauerhaften Bewegung“ im Mittelpunkte an, welche eine unaufhörliche Bewegung des grenzenlosen Ätherraumes erzeugen sollte; so zwar, dass diese Erklärung der Erscheinungen der Gravitation von sehr zweifelhaftem Werte ist. Aber auch abgesehen davon ist es sicher, dass, wenn die drehende Bewegung der harten Partikeln nach und nach in eine fortschreitende umgewandelt wird, dies einmal ein Ende nehmen muss, und wir abermals vor dem ungelösten Probleme stehen, den fortdauernden Stoss einfacher, harter und somit unelastischer Körper mit der Erhaltung ihrer ursprünglichen Energie in Einklang zu bringen.

Die Schwierigkeit bleibt also bestehen und erscheint unlösbar. Es gibt keine bekannte Methode in der Physik, welche uns befähigen würde, auf die Annahme vollkommener Elasticität der Partikel wägbarer Körper und ihrer hypothetischen imponderablen Hüllen zu verzichten, wiewohl diese Annahme im klaren Widerspruch zu einer der wesentlichsten Forderungen der mechanischen Theorie steht.

---

[21]) L. c., p. 538.

V.

Der Satz von der absoluten Trägheit der Ureinheiten der Masse.

Da Masse und Bewegung gegenseitig in einander nicht verwandelbar sind, ist die Masse absolut träg. Sie kann Bewegung in einer andern Masse nur dadurch verursachen, dass sie ihre eigene Bewegung teilweise oder gänzlich auf dieselbe überträgt. Und da Bewegung nicht für sich selbst bestehen kann, sondern die Masse als ihr notwendiges Substrat verlangt, kann die Übertragung derselben nur dann Platz greifen, wenn sich die betreffenden Massen berühren. Alle physikalischen Wirkungen geschehen somit durch Stoss; eine Wirkung in die Ferne ist unmöglich; es gibt in der Natur kein Ziehen, sondern nur ein Drücken; und jede Kraft ist (in der Sprache NEWTONS) nicht bloss eine vis impressa, sondern eine vis a tergo.

Die Notwendigkeit, alle physikalischen Wirkungen auf den Stoss zurückzuführen, ist ein beständiger Lehrsatz der Physiker seit dem Entstehen der modernen physikalischen Wissenschaft gewesen. Und gerade so, wie in den in den zwei vorhergehenden Kapiteln diskutierten Fällen, befindet sich auch hier die Wissenschaft im Widerspruche zu ihren eigenen Grundannahmen. Ihre erste und grösste Leistung war die Zurückführung aller Erscheinungen der Himmelsbewegung auf das Prinzip der allgemeinen Gravitation durch NEWTON — ein Prinzip, welches aussagt, dass sich alle Körper mit einer ihren Massen gerade und dem

Quadrate ihrer Entfernung verkehrt proportionalen Kraft anziehen.

Dass die Theorie der allgemeinen Gravitation in dem Sinne einer Anziehung aus der Ferne ohne Dazwischenkunft eines Mediums, welches im Stande wäre, mechanische Impulse fortzuleiten, im Widerspruch mit den Elementen der mechanischen Theorie steht, ist von niemand besser gefühlt worden, als von NEWTON selbst. Gleich am Anfang seiner „Prinzipien" verwahrt er sich sorgsam gegen die Zumutung, dass er die Gravitation als eine wesentliche Eigenschaft der Materie, die sich von derselben nicht trennen liesse, angesehen und die gegenseitige Anziehung der Körper für eine letzte physikalische Thatsache gehalten hätte. Die Kraft, welche die Körper gegen einander treibt, war ihm, wie er ausdrücklich bemerkt, ein rein mathematischer Begriff, der keine Betrachtungen über die wirklichen physikalischen Ursachen in sich schliesst.[1]) Und offenbar besorgt, es könnte diese Verleugnung trotzdem ausser Acht gelassen werden, wiederholt er sie in nicht weniger deutlichen Ausdrücken am Schlusse seines grossen Werkes. „Den Grund für diese Eigenschaft der Gravitation," sagt er da, „war ich nicht im Stande zu finden, und Hypothesen mache ich nicht."[2]) Wenn nach all' dem noch immer die Möglichkeit eines Zweifels an NEWTON's Ansichten über die Natur der Gravitation vorhanden wäre, so müsste sie vollends beseitigt werden durch die wohlbekannte Stelle in seinem dritten Briefe an BENTLEY: „Es ist unbegreiflich, wie eine unbelebte, rohe Materie ohne Vermittelung von etwas Un-

---

[1]) „Mathematicus duntaxat est hic conceptus. Nam virium causas et sedes physicas jam non expendo." Princ., Def. VIII.

[2]) „Rationem vero harum gravitatis proprietatum nondum potui deducere; et hypotheses non fingo." Princ., Schol. Gen. ad fin. Dieselbe Abläugnung findet sich auch in den Worten des Scholiums zum 29. Theorem vor: Prop. 69, 1. Buch der Prinzipien.

materiellem auf eine andere Materie, mit der sie nicht in gegenseitiger Berührung steht, einwirken könnte, wie es bei der Gravitation der Fall sein müsste, wenn diese im Sinne Epikurs eine der Materie anhaftende wesentliche Eigenschaft derselben wäre. Und das ist der Grund, weshalb ich wünsche, Sie möchten nicht mir die Idee einer angeborenen Gravitation zuschreiben. Dass die Gravitation der Materie eigentümlich, anhaftend und wesentlich sei, so dass ein Körper auf einen zweiten in die Ferne, durch den leeren Raum, ohne Vermittlung irgend eines Mediums wirken könnte, erscheint mir als eine so grosse Absurdität, dass ich glaube, niemand, der in philosophischen Dingen die erforderliche Fähigkeit zum Denken besitzt, könnte darauf verfallen. Die Gravitation muss durch ein Agens verursacht sein, das nach bestimmten Gesetzen wirkt; ob jedoch dieses Agens materieller oder immaterieller Natur sei, habe ich der Überlegung meiner Leser überlassen.“ [8])

Es gibt noch eine weitere Beweisstelle dafür, dass Newton die allgemeine Gravitation als eine sekundäre Erscheinung aufgefasst hat, die auf Grund der Prinzipien des gewöhnlichen Stosses oder Druckes zu erklären wäre. In der letzten Ausgabe der Optik legt er gewisse „Fragen“ vor, die sich auf die Möglichkeit einer Ableitung einiger Eigenschaften des Lichtes aus der Wellenbewegung eines alles durchdringenden Äthers beziehen, und bemerkt dazu (Frage 21): „Ist nicht dieses Medium viel dünner innerhalb der dichtern Körper der Sonne, der Sterne, Planeten und Kometen, als in den leeren Himmelsräumen dazwischen? Und wird dasselbe nicht immer dichter und dichter beim

---

[8]) Newton's Works, ed. S. Horsley, vol. IV, p. 438. Zöllner versucht in der Einleitung zu seinen „Prinzipien einer elektro-dynamischen Theorie der Materie“ die Beweiskraft dieser und anderer Stellen in den Schriften Newton's zu entkräften, jedoch, wie mir scheint, ohne allen Erfolg.

Übergange zu grösseren Entfernungen und verursacht es nicht auf diese Weise die gegenseitige Anziehung grosser Körper, sowie auch die ihrer Teile zu einander, indem jeder Körper in der Richtung vom dichteren zum dünneren Medium sich zu bewegen trachtet?"[4])

Ungeachtet dieser ausdrücklichen Erklärungen schlugen NEWTON's Zeitgenossen Lärm über die angebliche Rückkehr geheimer Ursachen in die Physik. Es ist von Interesse, die Energie zu bemerken, mit der die Philosophen und Mathematiker jener Tage gegen die Annahme einer physikalischen Wirkung in die Ferne protestierten. HUYGENS zögerte nicht zu erklären, dass „ihm NEWTON's Attraktionsprinzip absurd erscheine". LEIBNIZ nannte es „eine unkörperliche und unerklärliche Kraft"; JOHANN BERNOULLI, der an die Pariser Akademie zwei Abhandlungen einschickte, in welchen er die Bewegungen der Planeten durch eine verbesserte Form der DESCARTES'schen Wirbeltheorie zu erklären suchte, bezeichnete „die zwei Annahmen einer Anziehungskraft und eines vollkommen leeren Raumes" als „unannehmbar für alle jene, die in der Physik nur Unbezweifelbares und Evidentes anzunehmen gewohnt sind." Auch bei den Physikern und Astronomen einer späteren Generation fand das Prinzip der Fernwirkung keine bessere Aufnahme. EULER bemerkte, dass die Wirkung der Gravitation entweder der Intervention eines Geistes, oder eines subtilen materiellen Mediums, das sich unserer Wahrnehmung entziehe, zuzu-

[4]) Optik, 4. Aufl. S. 325. Die „Fragen" erschienen zuerst in der zweiten Auflage der Optik, in deren Vorrede NEWTON bemerkt: „To shew that I do not take gravity for an essential property of bodies, I have added one question concerning its cause, chusing to propose it by way of a question, because I am not satisfied about it for want of experiments." Ich habe bereits an einem andern Orte (siehe oben S. 26) eine ähnliche Erklärung seiner Ansichten im Briefe an BOYLE citiert.

schreiben sei; und er bestand darauf, dass letztere die einzig zulässige Alternative sei, wiewohl der genaue Nachweis der Gravitationskraft schwierig oder unmöglich sein möchte.[5]) Sein grosser Nebenbuhler und Widersacher D'ALEMBERT rechnete die Gravitation zu jener Klasse von Bewegungsursachen, deren wahre Natur uns völlig unbekannt sei, im Gegensatze zur Einwirkung durch den Stoss, von der wir einen klaren mechanischen Begriff besitzen.[6]) Und trotz der Behauptung JOHN STUART MILL's und anderer, dass die Denker unserer Zeit sich von den alten Vorurteilen gegen eine Fernwirkung emanzipiert hätten, lässt es sich leicht zeigen, dass dasselbe heute so vorherrschend ist wie vor zwei Jahrhunderten. Es mögen nur einige Beispiele angeführt werden: Professor CHALLIS, der eine Reihe von Jahren hindurch sich angestrengt bemüht hat, eine hydrodynamische Theorie der Attraktion aufzustellen, sagt: „Es gibt keine andere Kraft als den bei Berührung zweier Körper erfolgenden Druck. Diese Annahme beruht auf

---

[5]) EULER, „Theoria motus corporum solidorum," S. 68. Vgl. auch „Lettres à une princesse d'Allemagne", Nr. 68 vom 18. Oktober 1760.

[6]) D'ALEMBERT, „Dynamique" (2me éd.), p. IX seq. Es ist bekannt genug, wie langsam und mit welchem Widerstreben NEWTON's Lehre in Frankreich Aufnahme und Anerkennung gefunden hat, in welchem Lande der Cartesianismus bis zum Ende des 18. Jahrhunderts unbestrittenen Einfluss behielt. Wie die Cartesianer im allgemeinen über die Fernwirkung dachten, mag einer von SAURIN vor der Akademie der Wissenschaften im Jahre 1709 gelesenen Abhandlung entnommen werden, aus der EDLESTON (Correspondence between NEWTON and COTES) folgende Stelle citiert: „Il (NEWTON) aime mieux considérer la pesanteur comme une qualité inhérente dans les corps et ramener les idées tant décriées de qualité occulte et d'attraction." Wenn wir die mechanischen Prinzipien (d. i. die des Stosses und der durch denselben erzeugten Bewegung) verlassen, erklärt er weiter, „nous voilà replongés de nouveau dans les anciennes ténèbres du peripatétisme dont le ciel nous veuille préserver".

dem Prinzip, keine Grundvorstellungen zuzulassen, die sich nicht auf Empfindung und Erfahrung zurückführen liessen. Es ist allerdings richtig, dass wir Körper unter dem Einflusse äusserer Kräfte sich bewegen sehen, so z. B. wenn ein Körper in Folge der Wirkung der Schwere zu Boden fällt. So weit unser Gesichtssinn reicht, bemerken wir in solchen Fällen weder eine Berührung noch einen Druck von Seite eines andern Körpers. Wir haben aber auch ein Gefühl der Berührung oder des Druckes durch Berührung — so z. B. der Hand mit einem andern Körper — und wir fühlen in uns selbst das Vermögen, Bewegung durch solch einen Druck zu erzeugen. Das Bewusstsein dieses Vermögens und das Gefühl der Berührung geben eine deutliche Vorstellung der Art, als ob die ganze Welt auf dieselbe Art wirken würde, wie es bei dem bewegten Körper der Fall ist; und die Regel der Philosophie, welche persönliche Empfindung und Erfahrung zur Grundlage unserer wissenschaftlichen Kenntnis macht, die ebenso auch die Grundlage jener Kenntnis ausmachen, welche die gewöhnlichen Handlungen des menschlichen Lebens regelt, verbietet die Anerkennung einer andern Methode. Wenn daher ein Körper ohne sichtbare Berührung und ohne Druck eines andern Körpers sich zu bewegen veranlasst wird, so muss noch immer geschlossen werden, dass der pressende Körper, wiewohl er unsichtbar ist, existiert; ausser wir fügen uns in die Annahme, dass es physikalische Wirkungen gibt und geben wird, die uns ewig unverständlich bleiben. Die Zulassung dieser Annahme ist unverträglich mit den Prinzipien der Philosophie, die ich verteidigen will, und die annimmt, dass die Belehrung durch die Sinne imstande ist, mit Hilfe der Mathematik Erscheinungen jeder Art zu erklären ... Da jede physikalische Kraft in Druck besteht, muss es ein Medium geben, durch welches der Druck vermittelt wird." [7]) Mit gleichem Feuereifer verwirft JAMES CROLL die

„Annahme“ einer allgemeinen Anziehung. „Kein Prinzip,“ behauptet er, „kann je allgemein angenommen werden, das im Widerspruche zu dem alten Sprichwort steht: ‚Ein Körper kann nicht wirken, wo er nicht ist‘.“ [8]) SECCHI protestiert fast in den nämlichen Worten: „Wir haben bereits anderswo gesagt,“ erklärt er, „wie unmöglich es ist, sich einen klaren Begriff der sogenannten Anziehungskraft im strengen Sinne des Wortes zu bilden, d. h. sich ein wirksames Prinzip vorzustellen, das seinen Sitz innerhalb der Molekeln hat und ohne Mithilfe eines Mediums durch den leeren Raum wirkt. Dies käme der Annahme gleich, dass Körper auf einander durch die Entfernung einwirken, d. i. wo sie nicht sind; eine Annahme, gleich absurd in dem Falle sehr grosser wie in dem sehr kleiner Entfernungen.“ [9]) FRIEDRICH MOHR (welcher zu der Ehre berechtigt zu sein scheint, das Prinzip der Erhaltung der Energie zuerst ausdrücklich ausgesprochen zu haben, selbst vor JULIUS ROBERT MAYER) legt sein wissenschaftliches Glaubensbekenntnis in einer Reihe von „Thesen“ nieder, unter welchen sich diese befindet: „Die Gravitation kann nicht wirken ausser durch Vermittlung ponderabler Materie.“ [10]) Ebenso auch E. DU BOIS-REYMOND: „Durch den leeren Raum in die Ferne wirkende Kräfte sind an sich unbegreiflich, ja widersinnig, und erst seit NEWTON's Zeit und durch Missverstehen seiner Lehre und gegen seine ausdrückliche Warnung den Naturforschern eine geläufige Vorstellung geworden.“ [11]) Und endlich erklären BALFOUR

---

[7]) „On the Fundamental Ideas of Matter and Force in Theoretical Physics.“ Phil. Mag., 4th ser., vol. 31, p. 467.

[8]) „On Certain Hypothetical Elements in the Theory of Gravitation.“ Phil. Mag., 4th ser., vol. 34, p. 450.

[9]) L'unité etc., p. 532 seq.

[10]) „Nonnisi materia ponderabili interposita attractio agere potest“, Geschichte der Erde, Appendix, S. 512.

[11]) Über die Grenzen des Naturerkennens, S. 14.

Stewart und P. G. Tait: „Unstreitig mag die Annahme einer Wirkung in die Ferne dazu angethan sein, manches zu erklären; doch ist es (wie Newton lange zuvor in seinem berühmten Briefe an Bentley ausgeführt hatte) unmöglich für irgend wen, ‚der in philosophischen Dingen kompetentes Urteil besitzt', auch nur einen Augenblick die Möglichkeit einer solchen Wirkung zuzulassen." [12])

Der entscheidendste Beweis für den Widerstreit zwischen der Annahme einer Wirkung in die Ferne und den Grundbegriffen mechanischer Wirkungsweise wird indessen durch die unaufhörlich von Seiten ausgezeichneter Männer seit Newton's Tagen sich erneuernden Versuchen geliefert, die Erscheinungen der Gravitation auf Grund der Prinzipien des Flüssigkeitsdruckes oder des Stosses fester Körper zu erklären. [13]) Diese Versuche sind in letzter Zeit mit ausser-

---

[12]) The Unseen Universe, 3d ed. (1875), p. 100.

[13]) Einige dieser Versuche sind sehr geschickt besprochen in einer neueren Abhandlung von William B. Taylor: „Kinetic Theories of Gravitation", Smithsonian Report, 1876. Diese interessante Arbeit ist vollständig erschöpfend in Bezug auf die Aufzählung von Theorieen englischen und französischen Ursprungs und mag durch eine Sammlung von Verweisungen auf deutsche Artikel und Bücher ergänzt werden, die den gleichen Gegenstand behandeln. Siehe: Schramm, „Die allgemeine Bewegung und Materie", Wien 1872; Aurel Anderssohn, „Die Mechanik der Gravitation", Breslau 1874 (enthält eine Photographie der Ergebnisse eines Experimentes, bei welchem die Wirkung der Gravitation durch eine Kugel nachgeahmt wird, die im Wasser schwimmt, das durch strahlenförmig ausgehende Impulse erregt ist); „Zur Lösung des Problems über Sitz und Wesen der Anziehung", 47. Versammlung deutscher Naturforscher und Ärzte zu Breslau 1874; Hugo Fritsch, „Theorie der Newton'schen Gravitation und des Mariotte'schen Gesetzes", Königsberg 1874; Ph. Spiller, „Die Urkraft des Weltalls", Berlin 1876 etc. Es ist einigermaassen sonderbar, dass Taylor jede Beziehung auf Huygens Arbeit „Dissertatio de causa gravitatis" (Hugenii Opp. Reliqua, vol. 1, pag. 95 seq., Amst. 1728), sowie auf die ähnlich durchgearbeitete Theorie von Secchi unterlässt, von der bereits im vierten Kapitel die Rede

ordentlichem Interesse infolge der Ergebnisse gewisser Experimente von Professor GUTHRIE wieder aufgenommen worden, welcher gefunden hatte, dass leichte in der Nähe einer schwingenden Scheibe befindliche aufgehängte Körperchen gegen dieselbe „wie durch ein unsichtbares Band" gezogen werden — eine Erscheinung, die wie Lord KELVIN ausgeführt hat, durch die Thatsache erklärt wird, dass in einer bewegten Flüssigkeit der Druck dort am kleinsten ist, wo die durchschnittliche Energie der Bewegung am grössten ist.[14])

In den Augen moderner Physiker sind alle Arten von Wirkungen, die sich strahlenförmig von einem Mittelpunkte auszubreiten scheinen, fortschreitende Schwingungen elastischer Medien. Es ist daher natürlich, nach der physikalischen Ursache der Gravitation in derselben Richtung zu suchen. Zahlreiche Theorieen sind ersonnen worden, in denen die Gravitation auf die Wellenbewegung einer elastischen interstellaren und interatomistischen Flüssigkeit zurückgeführt wurde, die dem Lichte ähnlich oder mit ihm identisch sein sollte. Die am meisten berücksichtigungswerte dieser Theorieen ist die von Professor CHALLIS, der annimmt, dass der ganze Raum mit einem schwingenden Medium erfüllt sei, welches „eine kontinuierliche elastische vollkommene Flüssigkeit ist, die einen ihrer Dichte proportionalen Druck

---

war. In unserm eigenen Lande [Amerika] rühren von Professor PLINY EARLE CHASE reiche Beiträge zu dieser Art von Literatur her.

[14]) GUTHRIE's Experimente sind schon früher ohne seiner Kenntnis von GUYOT, SCHELLBACH und andern gemacht worden, wie aus einer Mitteilung GUTHRIE's selbst an das Philosophical Magazine (4. Reihe, Bd. 41, S. 405 ff.) hervorgeht. Experimente ähnlicher Art wie die von AUREL ANDERSSOHN sind lange zuvor von HOOKE und HUYGENS gemacht worden, wobei beide gezeigt haben, dass Kugeln, die auf wellenförmig bewegtem Wasser schwimmen, gegen den Mittelpunkt der Erregung treiben. Vgl. Hugenii, „Diss. de causa gravitatis", Opp. Reliqua, I, p. 99 seq.

ausübt". Wiewohl nun CHALLIS mit grossem Eifer die Häufung hypothetischer Medien zu vermeiden trachtet und die Gravitation als eine zufällige oder übrig bleibende Wirkung der Licht- und Wärmeschwingungen darzustellen sucht (indem er zu diesem Zwecke auf Versuche zurückgreift ähnlich denen BERNOULLI's, der mehr als ein Jahrhundert vorher zu zeigen versucht hatte, dass die relativen Bewegungen der ein materielles System zusammensetzenden Körper Resultierende einfacher, regelmässiger und beständiger Schwingungen verschiedener Art sind, so ist er doch schliesslich anzunehmen genötigt, dass es einen Äther höherer Ordnung gibt, welcher „dieselbe Beziehung zum ersten wie dieser zur Luft hat, und so fort nach Belieben", und dass „die Gravitation durch die anziehende Wirkung eines Molekels höherer Ordnung, als es das angezogene ist, zu Stande kommt". Ich werde in einem folgenden Kapitel Gelegenheit finden, den wissenschaftlichen Wert solcher Theorieen zu erörtern, in denen Thatsachen durch eine endlose Zahl willkürlicher Annahmen erklärt werden, die sich in dem Masse vermehren, wie die durch die Theorieen selbst geschaffenen Schwierigkeiten; vorläufig genügt die Bemerkung, dass alle hydrodynamischen Theorieen der Gravitation ARAGO's verhängnisvoller Kritik verfallen: „Wenn die allgemeine Anziehung durch den Antrieb einer Flüssigkeit zu Stande kommt, bedarf sie einer endlichen Zeit, um die ungeheuren Räume zu durchmessen, welche die himmlischen Körper von einander scheiden,"[15]) wogegen kein vernünftiger Grund mehr vorliegt, daran zu zweifeln, dass die Fortpflanzung der Gravitation eine augenblickliche ist. Wäre dies anders, würde sich die Gravitation gleich dem Lichte und der Elektricität mit einer messbaren Geschwindigkeit fortpflanzen, dann müsste notwendigerweise eine Zusammensetzung dieser

---

[15]) Astronomie populaire, vol. 4, p. 119.

Geschwindigkeit mit der Winkelgeschwindigkeit der Planeten stattfinden; die scheinbare Richtung der Anziehung müsste gegen einen Punkt gerichtet sein, der sich vor dem wirklichen Platze der Sonne befindet, gerade so wie der scheinbare Sonnenort infolge der Aberration des Lichtes in der Richtung der Bahnbewegung der Erde verschoben ist. Solch eine Wirkung würde im Falle ihrer Existenz schon lang entdeckt worden sein. Es gab eine Zeit, wo man an die allmähliche Fortpflanzung der Gravitation geglaubt hat. DANIELL BERNOULLI schrieb das Nichtzusammentreffen der Gezeiten mit dem Durchgang des Mondes durch den Meridian der verhältnismässigen Langsamkeit in der Fortpflanzung der Gravitation zu; und zu einer späteren Zeit dachte LAPLACE einen Augenblick daran, die wachsende Beschleunigung der durchschnittlichen Bewegung des Mondes (die zuerst von HALLEY durch eine Vergleichung heutiger Mondesfinsternisse mit den von PTOLEMAEUS und den Arabern erwähnten ermittelt wurde) durch die Annahme einer Geschwindigkeit der Fortpflanzung der Gravitation zu erklären, welche die des Lichtes nicht weniger als achtmillionenmal übersteigen sollte. Heute weiss man jedoch, dass die Verzögerung in dem Eintritte der Gezeiten eine Folge der Trägheit des Wassers und der es beim Flusse aufhaltenden Hindernisse ist; und was die Beschleunigung der Mondbewegung betrifft, so ist noch von LAPLACE selbst gezeigt worden, dass sie wenigstens zum grössten Teil durch die säkulare Abnahme der Excentricität der Erdbahn verursacht wird. Aus diesem Grunde zögerte LAPLACE nicht zu erklären, dass, falls die Gravitation zu ihrer Fortpflanzung Zeit benötigt, deren Geschwindigkeit wenigstens fünfzigmillionenmal grösser sein müsste als die des Lichtes. Die von LAPLACE angegebene Ursache der in Frage stehenden Erscheinung hat sich allerdings nicht als ausreichend erwiesen. Eine Revision der Berechnungen des französischen Astronomen durch ADAMS, die einige Jahre später stattfand, hat ergeben, dass die Abnahme der Excentricität der Erde im besten Falle eine Beschleunigung der Mondbewegung im Betrage von sechs Sekunden in einem Jahrhundert zu rechtfertigen vermöchte und nicht, wie LAPLACE angenommen, eine solche von zehn und noch viel weniger die thatsächlich stattfindende von zwölf Sekunden. Ein Teil dieser Erscheinung muss somit auf Rechnung anderer Ursachen gesetzt werden; und dies ist auch glücklich gelungen, indem eine Abhängigkeit der Gezeitenverspätung von der täglichen Umdrehung der Erde nachgewiesen wurde, die eine scheinbare Beschleunigung der mittleren Bewegung des Mondes zur Folge hat.

In dieser Beziehung versagt also völlig jede Analogie zwischen der Wirkung der Schwere und der der anderen physikalischen Agentien, die sich auf Ätherschwingungen zurückführen lassen, wie des Lichtes, der strahlenden Wärme und der Elektrizität, die sich alle mit endlicher Geschwindigkeit fortpflanzen. Wie TAYLOR bemerkt hat, gibt es überdies noch andere Eigentümlichkeiten der Gravitation, welche zu der Annahme berechtigen, dass sie von einer wesentlich anderen Natur ist, als die übrigen Formen strahlenförmig sich ausbreitender Wirkung. Die Gravitation ist einer Veränderung durch entgegenstehende Hindernisse völlig unfähig, oder, wie sich JEVONS [16]) ausdrückt „alle Körper sind für sie absolut durchsichtig“; ihre Richtung ist die der geraden Linie zwischen den Mittelpunkten der einander anziehenden Massen und ist nie einer Reflexion oder Brechung unterworfen; unähnlich den Kräften der Kohäsion, Kapillarität, chemischen Affinität, der magnetischen und elektrischen Anziehung ist sie unfähig einer Erschöpfung oder vielmehr Sättigung, indem jeder Körper jeden anderen im

---

[16]) Principles of Science, vol. II, p. 144.

Verhältnis seiner Massen anzieht; sie ist völlig unabhängig von der Natur, dem Volumen oder der Struktur der zwischenliegenden Körper, und ihre Energie ist unveränderlich, unaufhörlich und unerschöpflich.

Im ganzen und grossen kann man mit Sicherheit sagen, dass Schwingungen eines hypothetischen Äthers nicht als eine zulässige Grundlage für eine physikalische Theorie der Gravitation angesehen werden können, und dass, falls eine solche Theorie aufgestellt werden sollte, man auf die Analogien der in neuerer Zeit in der Thermodynamik aufgestellten kinetischen Theorie zurückgreifen müsste. Dies ist ganz unumwunden von den führenden Physikern der Gegenwart zugestanden worden. „Alle bisher gemachten Versuche," erklären STEWART und TAIT,[17]) „die Gravitation mit dem Lichtäther oder dem die elektrischen und magnetischen Fernwirkungen vermittelnden Medium in Verbindung zu bringen, sind vollständig misslungen, so dass wir offenbar auf die Stosstheorie als die einzig mögliche angewiesen sind". Die einzige von den modernen Physikern und Astronomen ernst genommene Stosstheorie ist die von LE SAGE,[18]) welche mit wenigen Worten so lautet: Der Raum wird beständig nach allen Richtungen hin von Strömen unendlich kleiner Körperchen durchkreuzt, die sich mit einer beinahe unendlichen Geschwindigkeit bewegen und aus unbekannten Gegenden des Weltalls kommen.

---

17) The Unseen Universe, § 140.

18) ARAGO nimmt an (Astr. pop., 4 Bd., S. 118), dass die Theorie von LE SAGE bloss eine Wiederholung der systematischen Ausführungen von FATIO DE DUILLER'S (dem verrückten und ränkevollen Parteigänger NEWTON'S bei seinem Prioritätsstreit mit LEIBNITZ über die Erfindung der Differentialrechnung) und VARIGNON'S in verbesserter Form ist, die LE SAGE vor ihrer Veröffentlichung mitgeteilt worden waren. Doch ist dies wahrscheinlich ein Irrtum; VARIGNON'S Spekulationen wenigstens sind ähnlich denen NEWTON'S in der 21. Frage seiner Optik.

Diese Körper heisst man „ausserweltliche Körperchen". Infolge ihrer ausserordentlichen Kleinheit stossen sie selten, wenn überhaupt mit einander zusammen und der grösste Teil derselben findet leicht einen Weg durch die gewöhnlichen Körper der Sinnenwelt, so dass alle Teile dieser Körper — die inneren sowie die äusseren — in gleicher Weise dem Stosse dieser Körperchen ausgesetzt sind und auf diese Weise die Kraft desselben der Masse und nicht der Oberfläche proportional erscheint. Ein einzelner Körper würde durch diese Partikeln gleichmässig auf allen Seiten getroffen werden; aber zwei Körper wirken als gegenseitige Schirme, so dass jeder Körper auf der dem anderen gegenüberliegenden Seite weniger Stösse empfängt. Infolge dessen werden beide gegeneinander getrieben. Da die Bewegung der Körperchen nach allen Richtungen hin geradlinig erfolgt, ist die sich ergebende Verminderung des Druckes umgekehrt proportional dem Quadrate der Entfernung zwischen den aufeinander wirkenden Körpern.

Bei aller Achtung vor der Autorität jener Männer der Wissenschaft, durch welche diese Theorie Unterstützung fand, muss es doch herausgesagt werden, dass die Überspanntheit ihrer Annahmen sie sogleich als ein Überbleibsel der Träumereien eines Zeitalters kennzeichnet, in welchem die Aufgabe einer wissenschaftlichen Theorie noch wenig verstanden wurde. Ihre intellectuelle Verwandtschaft mit den alten Wirbeln und harmonischen Kreisen ist unverkennbar. Sie ignoriert vollständig die Notwendigkeit, über den Ursprung der ungeheuren Menge an Energie, die fortdauernd durch die angenommenen Ströme ausserweltlicher Körperchen ausgegeben wird, Rechenschaft zu geben; sowohl das angenommene Agens als auch die Art seiner Wirkung sind aus der Erfahrung unbekannt; und es ist noch zweifelhaft, ob deren Annahmen, selbst wenn sie zugestanden werden, als Erklärung aller oder einiger jener

Eigentümlichkeiten dienen könnten, an der, wie wir gesehen haben, jede hydrodynamische Theorie verzweifeln musste. Die Nichtigkeit der Theorie von LE SAGE ist indessen am schlagendsten von CLERK MAXWELL [19]) dargethan worden, der sie durch das Energieprinzip prüft. Wenn die ausserweltlichen Körperchen, welche an die tastbaren Körper anstossen, vollkommen elastisch sind und mit der gleichen Geschwindigkeit, mit der sie sich nähern, wieder abspringen, dann „führen sie ihre Energie mit sich in die ausserweltlichen Gegenden fort", und in diesem Falle „werden die vom Körper nach irgend einer Richtung hin abprallenden Körperchen, sowohl der Zahl wie der Geschwindigkeit nach vollkommen äquivalent jenen sein, die von dem Fortschreiten in dieser Richtung durch eben diesen Körper abgehalten worden sind, mag auch wie immer die Gestalt des Körpers sein, und mögen sich wie viel Körper auch immer im Felde befinden." In diesem Falle gibt es also keine Wirkung der Gravitation. Wenn andererseits die Körperchen unelastisch oder unvollkommen elastisch wären — so zwar dass die Wirkung der Gravitation der verhältnismässig kleinen Differenz in den Stössen auf beiden Seiten des Körpers zu verdanken wäre — müsste die Energie wenigstens der Stösse, die sich Gleichgewicht halten (zum Teil oder gänzlich — entsprechend dem Grade der Elastizität der Körperchen) sich in Wärme verwandeln, und „der Betrag der so erzeugten Wärme müsste in wenigen Sekunden den Körper und in gleicher Weise das ganze materielle Weltall bis zur Weissglut erhitzen." [20])

---

19) Encyclopaedia Britannica, „Atom".

20) S. TOLVER PRESTON hat kürzlich (Phil. Mag., September und November 1877 und Februar und Mai 1878) eine Abänderung der LE SAGE'schen Theorie vorgeschlagen, bei welcher er auf die ausserweltliche Natur der Körperchen verzichtet und sich allein auf die Forderungen der kinetischen Gastheorie stützt. Seine Theorie beruht

Es befindet sich somit wieder einmal die Wissenschaft in einem unlösbaren Widerstreit mit einer der Grundforderungen der mechanischen Theorie. Die Wirkung in die Ferne, deren Unmöglichkeit die Theorie zu behaupten sich genötigt sieht, erweist sich als eine letzte, auf Grund der Prinzipien des Stosses und Druckes einander unmittelbar berührender Körper nicht weiter erklärbare Thatsache. Und diese Thatsache bildet die Grundlage der herrlichsten Theorie, welche die Wissenschaft je ausgesonnen hat — eine Grundlage, die sich mit jeder Erweiterung unseres teleskopischen Gesichtskreises vertieft und mit jeder weiteren Ausdehnung der mathematischen Analyse verbreitert.

---

auf der Annahme, dass „der Bereich der Gravitationswirkung ein begrenzter ist“, und „dass sich die Sterne in geraden Linien und nicht in Kreisen bewegen“. In Anbetracht dieser Annahmen und meiner Diskussion der kinetischen Gastheorie in einem besonderen Kapitel halte ich es nicht für notwendig, hier näher darauf einzugehen.

VI.

Der Satz von der kinetischen Natur aller potentiellen Energie. — Die Entwicklung der Lehre von der Erhaltung der Energie.

Nach der mechanischen Theorie ist Bewegung wie Masse unzerstörbar und unverwandelbar; sie kann nicht verschwinden und wiedererscheinen. Jede Veränderung ihres Betrages rührt von einer Verteilung unter eine grössere oder kleinere Zahl von Masseneinheiten her. Und nachdem Masse und Bewegung ineinander nicht verwandelbar sind, kann nur Bewegung Ursache von Bewegung sein. Es gibt demnach keine potentielle Energie; alle Energie ist in Wirklichkeit kinetisch.

Der innige logische Zusammenhang dieser Annahme mit der im vorigen Kapitel erörterten liegt auf der Hand und ist der Kenntnis unserer leitenden Physiker nicht entgangen. Nachdem STEWART und TAIT einen Abriss der LE SAGE'schen Hypothese gegeben haben, die ihrer Meinung nach wenigstens die Rudimente der einzig haltbaren physikalischen Theorie der Gravitation enthält, fahren sie fort zu sagen: „Wenn LE SAGE's Theorie oder etwas Ähnliches überhaupt eine Darstellung des Mechanismus der Gravitation ist, bedeutet dies einen empfindlichen Schlag für den Begriff jener ruhigen Form von Kraft, die wir potentielle Energie genannt haben. Nicht insofern als es aufhören würde, zwischen ihr und der kinetischen Energie einen tiefgreifenden spezifischen Unterschied zu geben; sondern es müssten von nun an beide als kinetisch betrachtet werden."[1]) Diese Erklärung ist vor kurzem von Professor Tait in seinem Vortrag über die Kraft wiederholt worden.[2])

Der hier vorliegende Satz ist jedem konsequenten Verteidiger der mechanischen Theorie unabweisbar. Doch wiederum verweigert die moderne Wissenschaft hartnäckig ihre Zustimmung. Sie behauptet, dass alle oder fast alle physikalischen Veränderungen im Weltall gegenseitige Verwandlungen kinetischer und potentieller Energie sind — dass Energie unaufhörlich als virtuelle aufgestapelt und als lebendige Kraft wieder abgegeben wird. Wenn die Linse eines gewöhnlichen Pendels von dem höchsten zu dem tiefsten Orte ihrer Bahn herabsteigt, vermindert sich ihre potentielle Energie in demselben Verhältnisse, als ihre wirkliche Bewegung wächst; steigt sie wieder empor, verschwindet ihre Bewegungsenergie im gleichen Masse bis zu ihrer Ankunft am höchsten, dem ersteren entgegengesetzten Punkte der Bahn, woselbst sie für einen Augenblick bewegungslos bleibt, indem sie ihre ganze Energie ihrer Lage verdankt. Und diese Verwandlungen und Rückverwandlungen der beiden Formen von Energie sind in gleicher Weise für die vorausgesetzten Schwingungen der letzten Atome oder Molekeln wie für die Kreisbewegungen der grossen ein Planetensystem zusammensetzenden Massen typisch. Ein Planet, der sich in einer exzentrischen Bahn bewegt, gewinnt an Bewegungsenergie bei der Annäherung an die Sonne und verliert dieselbe wieder im gleichen Masse bei der Entfernung. Die gleiche gegenseitige Umwandlung zeigt sich auf einem zweiten weiten Gebiet der Physik: dem der Wirkungsweise chemischer Affinität. Ein Klumpen Kohle liegt in der Erde Millionen von Jahren

[1]) The Unseen Universe, § 142.

[2]) On some Recent Advances in Physical Science, second ed., pp. 262, 263.

begraben; während dieser ganzen Zeit findet keine bemerkenswerte Veränderung seiner Lage zu den umliegenden Gegenständen, noch eine solche in der Lage seiner Teile zu einander statt — er ist ohne äussere oder innere Bewegung (ausgenommen jene, mit der er an der Bewegung des Planeten als ein Teil desselben teilnimmt); wird er aber auf die Oberfläche in eine sauerstoffhaltige Luft und in Berührung mit einer Flamme gebracht, so wird seine latente Kraft auf einmal fühlbar — er verbrennt, indem er Anlass zu einer lebhaften Wirkung gibt, die sich als Licht und Wärme offenbart. Die Tendenz der modernen Wissenschaft geht dahin, alle physikalischen Veränderungen auf einige wenige Formen potentieller Energien zurückzuführen, unter denen sich Gravitation und chemische Affinität obenan befinden. Nach der Meinung moderner Physiker ist die einzige glaubhafte Theorie über den Ursprung der Stern- und Planetenwelten, die bisher vorgebracht wurde, die unter dem Namen der Nebularhypothese bekannte; und ob wir sie nun in der bekannten KANT-LAPLACE'schen Form oder in irgend einer ihrer neueren Abänderungen acceptieren, in jedem Falle werden alle zwischen den Massen, wenn nicht gar auch die zwischen den Molekeln thätigen Kräfte des Weltalls aus der infolge der blossen Lage der gleichmässig im Raume verteilten Urteilchen erfolgten Anziehung abgeleitet. Und alle Veränderungen in den verhältnismässig kleinen organischen und unorganischen Formen werden wenigstens annäherungsweise in der Physiologie so gut wie in der Physik auf die Verwandtschaften chemischer Elemente zurückgeführt.

In Wirklichkeit lehrt die moderne Wissenschaft, dass Verschiedenheit und Veränderung in den Erscheinungen der Natur nur unter der Voraussetzung möglich sind, dass die Bewegungsenergie fähig ist, als Energie der Lage aufbewahrt werden zu können. Die beinahe beständige Bildung materieller Formen, die chemische Wirkung und Gegenwirkung, die Krystallisation, die Entwickelung pflanzlicher und tierischer Organismen — all' dies hängt von der Überführung kinetischer Energie in die potentielle Form ab. Um dies klar zu machen und um zu zeigen, dass die Mühe, den Unterschied zwischen kinetischer und potentieller Energie zum Verschwinden zu bringen, eine fruchtlos angewandte ist, wird es nützlich sein, in Kürze einen Rückblick über die Geschichte der Lehre von der Erhaltung der Energie zu werfen.

In einem gewissen Sinne ist diese Lehre gleichalterig mit dem Erwachen menschlicher Geisteskräfte. Sie ist weiter nichts als die Anwendung des einfachen Grundsatzes, dass aus nichts nichts werden kann.[3]) Die Geschichte

---

[3]) Es kann ganz gut behauptet werden, dass der menschliche Verstand mit diesem Prinzipe steht und fällt. Wenn alle Veränderungen in den Erscheinungen des Universums auf das eine Prinzip der Erhaltung der Energie zurückgeführt sein würden, dann wäre die Zeit gekommen, die endliche Vollendung der physikalischen Wissenschaft in einem neuen Epos „de rerum natura" zu feiern, und in dessen erstem Kapitel würden wieder die LUCREZ'schen Worte geschrieben stehen:

„res . . . non posse creari
De nihilo, neque item genitas in nil revocari."

Die Einmütigkeit und Begeisterung, mit der die frühen griechischen Philosophen der Erklärung, dass nichts völlig neu erstehen oder zu Grunde gehen könne, Ausdruck verliehen, ist nicht wenig bemerkenswert. DIOGENES von Apollonia erklärte: „*οὐδὲν ἐκ τοῦ μὴ ὄντος γίνεσθαι*" (Diog. Laert., IX, 57); PARMENIDES: „*ὡς ἀγένετον ἐὸν καὶ ἀνώλεθρόν ἐστιν*" (Karsten, Rel., V, 58); EMPEDOKLES: „*ἐκ τοῦ γὰρ μὴ ἐόντος ἀμήχανον ἐστὶ γενὲσθαι*" (Karsten, V., 48); DEMOKRIT: „*μηδὲν τ' ἐκ τοῦ μὴ ὄντος γίνεσθαι καὶ εἰς τὸ μὴ ὂν φθείρεσθαι* (Diog. Laert., IX, 44). Die erste Anwendung dieses Prinzips auf die Bewegung ist durch EPIKUR geschehen (Diog. Laert., lib. X; Lucret. „De rerum nat.", V 294—307), welcher die Erhaltung von Masse und Bewegung durch das später auch von LEIBNIZ (Opp. Math., vol. VI, p. 440. — Vgl. BERTHOLD „Notizen etc." in Pogg.

ihrer Entwickelung und Verwendung in der Physik beginnt jedoch mit ihrer nachdrücklichen Hervorhebung in den „Principia Philosophiae" des Erfinders des Systems kosmischer Wirbel.[4])

Ann., 157. Bd., S. 342) benutzte Argument zu beweisen suchte, nach dem es keinen Ort ausserhalb des Weltalls gebe, dem Masse oder Bewegung abgegeben oder von dem sie aufgenommen werden könnte, und das in Wirklichkeit eine Anticipation des modernen Begriffes „Konservatives System" ist. Eine ausführliche Darlegung der EPIKURschen Lehre ist von GASSENDI gegeben worden („Ad librum decimum Diogenis Laertii Notae" opp., ed. Lugd., Bd. III, S. 241 ff.). Es ist nicht unwahrscheinlich, dass diese Darstellung von Einfluss auf die Gedankenrichtung DESCARTES' war, ungeachtet der grossen Verschiedenheit zwischen seinen philosophischen Absichten und denen GASSENDI's.

[4]) DESCARTES ist der Vater der neuen Philosophie genannt worden; mit gleichem Rechte könnte er auch der Vater der heutigen Physik genannt werden. Sein Anrecht auf diese Ehre muss in der Philosophie nicht weniger wie in der Physik andere Stützen finden, als die Entdeckung oder selbst nur exakte Formulierung ewiger Wahrheiten. Wenige seiner philosophischen Lehrsätze haben, wenigstens in der Form, in der er sie aufstellte, Stand gehalten, und einige der Wahrheiten, die er verwarf, zählen heute zu unseren unveräusserlichsten Besitztümern. Als Physiker hat er eine Reihe von Theorieen aufgestellt, die sich als völlig unbegründet erwiesen haben, und er hat die meisten Gesetze mechanischer Wirkung, deren Entdeckung den Ruhm seines älteren Zeitgenossen GALILEI gebildet, ignoriert oder missverstanden. In der Philosophie war er der unmittelbare Vorfahre SPINOZA's, dessen System, wiewohl es in Wirklichkeit eine unwillkürliche reductio ad absurdum aller ontologischen Spekulation ist, doch infolge der scheinbaren Eleganz seiner pseudomathematischen Trugschlüsse dazu beigetragen hat, die Entdeckung der wahren Prinzipien philosophischer Untersuchung in unberechenbarer Weise hinauszuschieben. In der Physik haben seine Grillen das Feld der Forschung in dem Masse verunstaltet, dass noch heute die Spuren hiervon nicht verschwunden sind. Wiewohl er sich als frei von den metaphysischen Überlieferungen jener Epoche, die damals ihrem Ende entgegen ging, ausgab, stak er doch mitten in denselben. Doch gerade aus diesem Grunde beeinflussten seine Schriften den

Descartes verkündete die Lehre von der Erhaltung der Bewegung in vollkommen bestimmten Ausdrücken. Er erklärte Gott für den Urquell aller Bewegung und für den Erhalter der gleichen Bewegungsgrösse in der Welt.[5]) Wenn ihn seine Voraussetzung, dass Ausdehnung und Beweglichkeit die einzigen Grundeigenschaften der Materie

Gedankenkreis des 17. Jahrhunderts in weit höherem Masse als die Untersuchungen jener, die ihre Zuflucht zu den wissenschaftlichen Methoden des Experimentes und der Beobachtung genommen hatten, — Methoden, die gar sehr von den Denkgewohnheiten jenes Zeitalters abstachen. Descartes war im wesentlichen ein Metaphysiker, ein Ontologe vom mittelalterlichen Schlage; aber er brachte fast alle Probleme zur Sprache, deren Lösung die Aufgabe der Physiker und Mathematiker der zwei seither verflossenen Jahrhunderte geworden ist. Auf diese Weise wurden seine Spekulationen, wiewohl an sich läppisch, das Ferment, welches den Prozess der allmählichen Klärung in der rasch anschwellenden Menge wissenschaftlichen Materials eingeleitet hat. Dieses Ferment war nicht von geringer Wichtigkeit, wiewohl es im Verlaufe seiner Wirkung fast völlig verloren gegangen ist.

Indem ich all' dies sage, denke ich nicht daran, die allgemeine Bewunderung zu schmälern, die man der Frische und Schärfe seines Geistes zollt; auch vergesse ich nicht, dass er der Begründer der analytischen Geometrie war. Und ich halte es nicht für notwendig hinzuzufügen, dass, während ich meiner Schätzung des Wertes von Spinoza's philosophischem System unumwunden Ausdruck gegeben habe, mir die Rührung nicht fremd ist, die der Gedanke an die anziehende Gestalt des einsamen Denkers stets erregt, und ich keineswegs gefühllos dem Zauber der einfachen Schönheit eines Lebens gegenüberstehe, das vielleicht vollkommener als irgend ein anderes die tuskulanische Definition verwirklichte: vivere est cogitare.

[5]) „Generalem (motus causam) quod attinet, manifestum mihi videtur illam non aliam esse quam Deum ipsum, qui materiam simul cum motu et quiete in principio creavit, jamque per solum suum concursum ordinarium, tantumdem motus et quietis in ea tota, quantum tunc posuit, conservat." Princ. Phil., II, § 36. Die Lehre findet sich mit im wesentlichen gleichen Ausdrücken in verschiedenen anderen Teilen des nämlichen Werkes aufgestellt; vgl. II, § 42; III, § 46.

seien, nicht von der Annahme der atomistischen Konstitution der Materie abgehalten hätte, würde er ohne Zweifel die Erhaltung der Bewegung in demselben Sinne behauptet haben, in dem heutzutage Personen ohne wissenschaftliche Bildung das Prinzip von der Erhaltung der Energie auffassen: nämlich in dem Sinne, dass die Atome, aus denen die materielle Welt zusammengesetzt ist, sich beständig in einem Zustande geradlinig fortschreitender oder schwingender Bewegung befinden und bloss die Richtung derselben ändern, oder dass, falls sie sich mit verschiedenen Geschwindigkeiten bewegen, die Summe derselben konstant ist. In Anbetracht seiner allgemeinen physikalischen Theorie war DESCARTES gezwungen, nicht auf das Atom — die vorausgesetzte Ureinheit der Masse, deren Existenz er leugnete, — sondern auf die Masse überhaupt zu verzichten; und das Erhaltungsgesetz der Bewegung nahm in seinem System die Form an, dass die „Bewegungsgrösse" genannte Summe der Produkte aller Massen in ihre bezüglichen Geschwindigkeiten konstant bleibt.[6]) Zu bemerken ist, dass der Ausdruck „Bewegungsgrösse" für das Produkt einer Masse in ihre Geschwindigkeit (d. i. das Moment) von NEWTON angenommen und seither sich in der Physik bis auf den heutigen Tag erhalten hat.

Es ist klar, dass die Erhaltung der Bewegung als einer absoluten Quantität im populären Sinne (in dem sie that-

---

[6]) Die Unbestimmtheit von DESCARTES' mechanischen Begriffen kommt auffällig zum Ausdruck bei seinen Bemühungen, dies Gesetz mit dem dritten Bewegungsgesetz in Übereinstimmung zu bringen, demzufolge ein Körper beim Zusammenstoss mit einem stärkeren keine Bewegung verliert — „ubi corpus quod movetur alteri occurit, si minorem habeat vim ad pergendum secundum lineam rectam, quam hoc alterum ad ei resistendum, et motum suum retinendo solam motus determinationem amittit; si vero habeat majorem, tunc alterum corpus secum movet ac quantum ei dat de suo motu, tantundem perdit." Princ. Phil., II, § 40.

sächlich eine Erhaltung von Geschwindigkeiten bedeutet) nur in einer Welt ohne Unterschiede der Dichtigkeit und Struktur möglich wäre. Wenn die Bewegung in diesem Sinne erhalten würde, könnte weder eine Verschiedenheit noch eine Veränderung in den Erscheinungen stattfinden. Auf das Weltall mit seinen bekannten unaufhörlichen Umwandlungen kann dieses Prinzip der Erhaltung der Bewegung keine Anwendung finden. Dies ist wenigstens dunkel von LEIBNIZ erschaut worden, der die Existenz irgend eines Erhaltungsgesetzes der Bewegung im Sinne DESCARTES' leugnete. Seine Ableugnung fand ihren deutlichsten Ausdruck in der Abhandlung „Brevis demonstratio erroris memorabilis Cartesii et aliorum circa legem naturae, secundum quam volunt a Deo eandem semper quantitatem motus conservari, qua et in re mechanica abutuntur" (Acta Erud., Lips., 1686).[7]) Der Cartesianischen Lehre von der Erhaltung der Bewegungsgrösse setzte er das Prinzip von der Erhaltung der lebendigen Kraft (vis viva) entgegen — dem Produkte der Masse in das Quadrat ihrer Geschwindigkeit.

Hier lag der Ursprung des berühmten Streites zwischen den Leibnizianern und den Cartesianern in Bezug auf die Frage nach der wahren Schätzung der Kräfte des Weltalls, an dem sich so viele Mathematiker und Philosophen beteiligt haben und zu dem, wie bekannt, auch KANT einen späten und übel angebrachten Beitrag geliefert hat. Diese Streitfrage ist seit langem endgiltig abgethan; sie ist aber für meinen Endzweck, die vorherrschenden Missverständnisse über die wahre Bedeutung des Prinzips der Erhaltung der Energie aufzuklären, von so grosser Bedeutung, dass ich ihr eine kurze Betrachtung widme.

Kraft im gewöhnlichen Sinne des Wortes (als Ursache

---

[7]) Leibn., opp. math., vol. VI, p. 117.

von Bewegung oder vielmehr als Inbegriff all ihrer Bedingungen) findet einfach ihr Mass in der Geschwindigkeit der Masseneinheit. Auf diese Weise werden Kraft und Masse an einander gemessen. Zwei Kräfte sind gleich, wenn sie derselben Masse dieselbe Geschwindigkeit (oder allgemeiner dieselbe Beschleunigung) erteilen; und zwei Massen sind gleich, wenn sie durch gleiche Kräfte gleiche Beschleunigungen erfahren. Wenn die Bewegung einer Masseneinheit sich auf mehrere Einheiten verteilt, wird die Bewegung einer jeden proportional der Anzahl der Einheiten verringert. Die Geschwindigkeit (bezw. Beschleunigung) eines Körpers ist daher der Kraft direkt und der Masse indirekt proportional. In dem Falle konstanter, gleichförmig beschleunigender Kräfte sind die Geschwindigkeiten offenbar der Dauer der Einwirkung proportional.

Wir haben daher

$$\text{Geschwindigkeit} = \frac{\text{Kraft}}{\text{Masse}} \times \text{Dauer der Wirkung, oder}$$

$$\text{Masse} \times \text{Geschwindigkeit} = \text{Kraft} \times \text{Dauer der Wirkung};$$

. . . (1) d. i. die während einer bestimmten Zeit ausgeübte Kraft ist gleich dem Produkte aus der Masse in deren Geschwindigkeit. Andererseits ist der Weg, welchen der Körper unter Einwirkung einer konstanten Kraft zurücklegt, wie die Geschwindigkeit der Kraft gerade und der Masse verkehrt proportional; ungleich der Geschwindigkeit ist er aber nicht einfach der Zeit, sondern der Hälfte ihres Quadrates proportional. Es ist daher

$$\text{Weg (der Wirkung)} = \frac{\text{Kraft}}{\text{Masse}} \times {}^1\!/_2\,(\text{Dauer der Wirkung})^2,$$

oder (insofern als nach der ersten Gleichung

$$\text{Dauer der Wirkung} = \frac{\text{Masse} \times \text{Geschwindigkeit}}{\text{Kraft}} \text{ ist)}$$

$${}^1\!/_2 \cdot \text{Masse} \times (\text{Geschwindigkeit})^2$$
$$= \text{Kraft} \times \text{Weg (der Wirkung)} \ldots (2)$$

Das erste Glied der letzten Gleichung — das Produkt der Masse in die Hälfte des Quadrates der Geschwindigkeit — ist LEIBNIZ' lebendige Kraft und wird jetzt kinetische Energie genannt. [8])

Es ist klar, dass die erste Formel (von DESCARTES) die Messung einer gegebenen Kraft bei gegebener Zeit, die zweite (von LEIBNIZ) die bei gegebenem Weg ausdrückt. Zwischen beiden liegt kein Widerspruch, vielmehr ist die eine eine Folge der anderen. Und noch immer ist die Streitfrage von Interesse angesichts der Cartesianischen Behauptung (die in manchen Gemütern als unausrottbare Einbildung zurückgeblieben ist), dass die Kraft in dem Sinne, wie sie durch das Verhältnis des Wachstums der Bewegungsgrösse definiert wird, erhalten bleibt, und dass die Momente während zweier gleicher Zeitintervalle gleich sind. Im Lichte der modernen Wissenschaft erscheint nichts nachweislicher falsch als die Lehre von der Erhaltung der Energie, wie sie von DESCARTES aufgestellt worden ist. Dessenungeachtet gibt es einen Sinn, in dem die Bewegungsgrösse — oder wie es jetzt gewöhnlich heisst, das Moment — bei der gegenseitigen Einwirkung der ein materielles System zusammensetzenden Körper konstant bleibt. Da das Moment das Produkt von Masse und Geschwindigkeit ist, und die Geschwindigkeit notwendigerweise eine bestimmte Richtung hat, so folgt, wie NEWTON selbst gezeigt hat, aus seinem dritten Bewegungsgesetz (nach dem Wirkung und Gegenwirkung gleich und entgegengesetzt sind — somit eine jede sogenannte Kraft nur die eine Seite der gegenseitig gleichen und entgegengesetzten Einwirkung zweier Körper darstellt —), dass das Moment

---

[8]) LEIBNIZ und seine Zeitgenossen bezeichneten das g a n z e Produkt der Masse in das Quadrat der Geschwindigkeit als lebendige Kraft; doch ist dies nur dann richtig, wenn die Schätzung der Kräfte in Form einer Proportion geschieht.

irgend eines Körpersystems, d. i. die Summe ihrer Bewegungsgrössen, nach welcher Richtung hin auch diese Grössen gemessen werden mögen, sich niemals durch gegenseitige Einwirkung ändern kann. Welches Moment auch von einem Teil des Systems erworben werden mag, wird stets von einem zweiten Teil in derselben Richtung verloren. Daraus ergibt sich der wichtige Grundsatz der Dynamik (angeführt in NEWTON's viertem Corollarsatz aus seinen Bewegungsgesetzen), dass der Massenmittelpunkt eines Systems durch gegenseitige Einwirkung von Teilen desselben niemals geändert wird.

Zur Erklärung der Anwendung des Cartesianischen Satzes auf das Weltall als ein einziges konservatives System und seiner Anpassung an die Thatsachen würde es notwendig sein, eine bestimmte Richtung im Raume anzunehmen und auf dieselbe alle Bewegungen der das System zusammensetzenden Teile zu projizieren — mit anderen Worten die Komponenten dieser Bewegungen zu nehmen, wie sie durch die Kosinusse der Winkel zwischen ihren Richtungen und der angenommenen Bezugsrichtung dargestellt werden. Dann würde die Summe der Momente, d. i. der Produkte der Massen in ihre auf die angenommene Richtung bezogenen Geschwindigkeiten, konstant sein; wobei die Bewegung in einer Richtung als positiv, die in der entgegengesetzten als negativ in Rechnung zu ziehen wäre (und dementsprechend auch das Moment, von dem sie einen Faktor darstellt). [9])

---

[9]) Es ist zuweilen behauptet worden, dass Bewegungsgrössen einander mitunter teilweise oder völlig gegenseitig aufheben, wie in dem Falle eines zentralen Stosses zweier unelastischer Körper, die sich mit gleicher Geschwindigkeit in entgegengesetzten Richtungen bewegen, in welchem Falle die Körper nach dem Stosse in Ruhe bleiben und somit ihr resultierendes Moment = 0 ist. Da jedoch die Momente der beiden Körper gleich und entgegengesetzt sind,

Wiewohl das Verdienst, das Prinzip von der Erhaltung der lebendigen Kraft formuliert zu haben, LEIBNIZ zukommt, ist die erste klare Aufhellung des Verhältnisses dieses Prinzips zu jenem von der Erhaltung des Momentes HUYGENS zu verdanken und in den Worten enthalten: „Die in zwei Körpern enthaltene Bewegungsgrösse kann durch deren Zusammenstoss vermehrt oder vermindert werden; aber es verbleibt stets die gleiche Grösse auf der einen Seite, wenn wir den Betrag der entgegengesetzten Bewegung subtrahieren . . . . . Die Summe der Produkte jeder festen Masse multipliziert mit dem Quadrate ihrer Geschwindigkeit ist stets dieselbe vor und nach dem Zusammenstosse.“ [10])

Der in diesem Punkte, bezüglich der Verbesserung der Cartesianischen Lehre, gemachte Fortschritt bestand in der Leugnung der Erhaltung der Bewegung in dem Sinne einer einfachen Erhaltung der Geschwindigkeit oder der

---

war ihre Summe vor dem Stosse auch = o, so dass der angeführte Fall keine Ausnahme der Regel bildet, dass die Momente der stossenden Körper durch deren Stoss nicht geändert werden.

[10]) „La quantité du mouvement qu'ont deux corps se peut augmenter ou diminuer par leur rencontre; mais il y reste toujours la même quantité vers le même côté, en soustrayant la quantité du mouvement contraire . . . La somme des produits faits de la grandeur de chaque corps dur multiplié par le carré de sa vitesse, est toujours la même devant et après la rencontre.“ Vgl. AKIN „On the History of Force“, Phil. Mag., 4th ser., vol. 28, p. 472. Professor BOHN (ib., p. 313) erhebt für JOHANN BERNOULLI den Anspruch auf die Ehre der Priorität in Bezug auf die klare Auseinandersetzung des Prinzips der Erhaltung der lebendigen Kraft; doch scheint es beim Durchlesen der von ihm citierten Stellen, dass BERNOULLI's Begriff auf einer metaphysischen Annahme von der Substantialität der Bewegung und der Gleichheit von Ursache und Wirkung beruhte. In der That hatte JOHANN BERNOULLI das Prinzip in der Form und auf Grund der Betrachtungen von LEIBNIZ angenommen, der wie DESCARTES mehr ein Metaphysiker als ein Physiker war, während HUYGENS, ein wahrer Mann der Wissenschaft, zu seinen Sätzen durch eine Reihe von Verallgemeinerungen spezieller Fälle gekommen war.

Bewegungsgrösse oder des Verhältnisses, in dem sich diese unabhängig von ihrer Richtung ändert, und in der Behauptung der Erhaltung der Energie der Bewegung — einer dem Produkte aus der Masse und dem Quadrat ihrer Geschwindigkeit proportionalen Grösse. Dies war der Stand der Lehre zur Zeit NEWTON's.

Das LEIBNIZ'sche Prinzip könnte selbst heutigen Tages (indem alle erforderlichen Voraussetzungen in NEWTON's Bewegungsgesetzen und insbesondere in seiner Interpretation des dritten derselben gelegen sind) so verallgemeinert werden, dass es nicht nur die Erhaltung der lebendigen Kraft, sondern auch das Prinzip der virtuellen Geschwindigkeiten, die Erhaltung des Momentes (und zwar auch des Winkelmomentes) und das moderne Prinzip der Erhaltung der Energie umfassen würde. Die Formel würde diese sein: Weder das Moment, noch die Energie eines Systems von Körpern ändert sich je durch gegenseitige Einwirkungen. Es ist klar, dass dies nichts anderes ist als eine Ausdehnung des Prinzips der Trägheit, nach dem ein Körper, mag er als einfach oder als aus Teilen zusammengesetzt betrachtet werden, sich nicht selbst bewegen kann, d. i. keine Veränderung in seinem eigenen Zustande der Ruhe oder der gleichförmigen Bewegung — dabei als ganzer Körper betrachtet — hervorbringen kann.

Die moderne Wissenschaft hat eine Reihe von Begriffen ersonnen, welche dazu dienen, die Erfassung der Gesetze, welche die Veränderungen im Zustande materieller Aggregate bestimmen, zu erleichtern. Indem jeder wahrnehmbare Körper als ein System von Masseneinheiten behandelt wird, wird „Arbeit" als eine Veränderung in der Konfiguration solch eines Systems entgegen den wirksamen Kräften und „Energie" als Fähigkeit, Arbeit zu leisten, definiert. Wird ein solches System als ausschliesslich unter der Wirkung der gegenseitigen Kräfte seiner Teileinheiten stehend betrachtet, d. i. wenn es weder auf andere Systeme einwirkt, noch auf dasselbe von aussen eingewirkt wird, so heisst es ein „konservatives System". In Wirklichkeit gibt es kein begrenztes materielles System, welches nicht in gegenseitige Wirkungen mit äusseren Systemen oder Körpern verwickelt ist, so dass aus diesem Grunde ein „konservatives System" angemessener als eine Gruppe von Körpern definiert wird, die, wenn sie nach einer Reihe von Veränderungen der Lage in den ursprünglichen Anfangszustand zurückkehren, nach aussen hin ebenso viel Arbeit leisten, als an sie abgegeben worden ist, so dass die von äusseren Körpern erhaltene Energie durch die an dieselben abgegebene aufgewogen wird. Wenn wir nun das Prinzip der Erhaltung der lebendigen Kraft durch diese Begriffe ausdrücken, so nimmt es die folgende Form an: Bei Veränderungen in der Konfiguration eines konservativen Systemes ist seine aktuelle Energie (Bewegungsenergie oder lebendige Kraft, jetzt kinetische Energie genannt) die nämliche, sobald seine Konfiguration die gleiche ist, d. i. sobald die Teileinheiten sich in gleicher relativer Lage befinden, auf welchen Bahnen und mit welchen Geschwindigkeiten sie auch von der einen Lage in die andere gekommen sein mögen. Die Bedeutung dieses Satzes kann am leichtesten an der Betrachtung des einfachen Falles der Pendelschwingungen deutlich gemacht werden, die seit den Tagen GALILEI's als Musterbeispiel zur Erläuterung dynamischer Gesetze dienen. Die Pendellinse ändert ihre Geschwindigkeit an jedem Punkte; aber die Geschwindigkeiten in den Punkten, die gleich weit vom Orte der Maximalgeschwindigkeit abstehen, sind gleich gross. [11]) Ein noch einfacherer Fall ist der eines vertikal aufwärts geworfenen Körpers, der zu seinem Ausgangspunkte

---

[11]) Dies ist natürlich nur von einem idealen, reibungslos im leeren Raum schwingenden Pendel genau richtig.

zurückkehrt; durch die Wirkung der Schwere wird sein Aufstieg verzögert, sein Fall beschleunigt (wobei die Wirkung der Luft ausser Betracht bleiben soll); in demselben Punkte ist aber die Geschwindigkeit im Ab- und Aufstieg die gleiche. Einen ähnlichen, wenn nicht den gleichen Fall bieten die Himmelskörper dar, welche sich in elliptischen Bahnen bewegen und — abermals abgesehen von Ursachen, welche die genaue Periodizität der Bewegung verhindern — an denselben oder an symmetrisch gelegenen Punkten die gleiche Energie besitzen. Die hier angeführten Beispiele beziehen sich alle auf Fälle ungleichförmiger (gleichförmig beschleunigter oder verzögerter Bewegung); ist dieselbe eine gleichförmige, so ist das Erhaltungsgesetz das wohlbekannte Prinzip der virtuellen Geschwindigkeiten.

Die nächste zu beantwortende Frage ist offenbar diese: Was ist das Energiegesetz ohne Betrachtung vollständiger Kreisläufe in den Veränderungen der Lage in den Zwischenzeiten, während des Überganges des Systems aus einer angenommenen Anfangslage in eine andere und während der Rückkehr von dieser zu der Anfangsstellung? Die Antwort auf diese Frage, welche erst in neuerer Zeit feste Form angenommen hat, bildet den wirklichen und vollständigen Ausdruck der Lehre von der Erhaltung der Energie. Sie lautet: Bei einer Reihe von Veränderungen in der Konfiguration eines konservativen Systems bleibt die Summe aus der kinetischen und potentiellen Energie (d. i. aus der wirklichen Energie des Systems vermehrt um die beim Übergange aus der Anfangslage in die jetzige geleistete Arbeit) konstant, indem die geleistete Arbeit als Kraft zur Wiederherstellung der Anfangslage und somit auch der verloren gegangenen wirklichen Energie aufgespeichert wird. Im buchstäblichen Sinne lässt sich diese Fassung des Prinzips nur auf Fälle anwenden, in denen Arbeit gegen die Kräfte des Systems geleistet wird, wie z. B., wenn ein Körper aufwärts entgegen der Wirkung der Schwere geworfen wird — wenn also kinetische Energie als potentielle aufgespeichert wird. Wenn aber kinetische Energie wiederhergestellt und potentielle verloren wird, wie in dem Beispiele eines fallenden Körpers, muss die Fassung des Satzes insoweit abgeändert werden, dass sie die Konstanz der Summe ausspricht, die man durch Addition der einer gegebenen Lage entsprechenden kinetischen Energie zu der Arbeit erhält, die geleistet werden müsste, um die Anfangslage mit dem Maximum an potentieller Energie wiederherzustellen. In solchen Fällen ist der mathematische Ausdrück für die potentielle Energie, nach Arbeitseinheiten gemessen, negativ. In der Anwendung auf die Energie des Weltalls (das notwendigerweise konservativ sein muss, nachdem sich keine Körper ausserhalb desselben befinden) lautet das Erhaltungsgesetz folgendermassen: Die kinetische Energie des Weltalls vermehrt um die Arbeit, die gegen die wechselseitigen Kräfte seiner Bestandteile geleistet werden müsste, um letztere bis zu der Grenze der Wirksamkeit dieser Kräfte d. i. bis zu unendlichen gegenseitigen Abständen zu entfernen, ist zu allen Zeiten konstant.[12])

Die Übereinstimmung des Prinzips der Erhaltung der Energie mit den Thatsachen der Erfahrung ist hinlänglich ersichtlich, solange es sich um sichtbare oder in anderer Weise wahrnehmbare Veränderungen in der Lage oder

---

[12]) Es ist zu bemerken, dass ich hier die Lehre von der Erhaltung der Energie in ihrer Anwendung auf das Weltall in dem Sinne nehme, wie es allgemein unter den Physikern üblich ist. Die Diskussion der Frage über die Zulässigkeit der Annahme, logische Begriffe und mathematische Formeln, die auf Grund endlicher Bedingungen aufgestellt worden sind, auf das Unendliche anzuwenden und die grenzenlose Welt so zu behandeln wie ein bestimmtes mechanisches System und deren Energie als eine konstante Grösse anzusehen, muss einer späteren Stufe im Verlaufe unserer Untersuchung vorbehalten bleiben.

Konfiguration eines Körpers oder eines Systems von Körpern handelt, wie z. B. um die Wirkung der Schwere, die Spannung eines elastischen Körpers u. s. w. In diesen Fällen sehen wir leicht, dass Energie abwechselnd als Energie der Lage aufgespeichert und als kinetische wiederhergestellt wird. Doch gibt es auch eine Reihe von Fällen, in denen ein Verlust von Energie ohne sichtbare Lagenänderung eintritt. Wenn zwei gleich grosse unelastische Körper, die sich mit gleichen Geschwindigkeiten nach entgegengesetzten Richtungen bewegen, zentral zusammenstossen, so findet wenigstens dem Augenscheine nach eine völlige Vernichtung der Bewegung und kein Gewinn an der Lage statt, denn die Körper verbleiben in Ruhe an dem Orte des Zusammenstosses. Ein ähnlicher Verlust an Energie wird beobachtet, wenn Arbeit gegen Reibung geleistet wird. Was wird aus der Bewegungsenergie, die in Fällen dieser Art zu verschwinden scheint? Auf diese Frage wusste offenbar NEWTON keine bestimmte Antwort. Er behauptete ausdrücklich, dass „Bewegung gewonnen werden oder verloren gehen kann" und dass, „da die Trägheit ein passives Prinzip ist, ... irgend ein anderes Prinzip notwendig ist, um Körper in Bewegung zu setzen, und ein anderes, um sie, wenn sie in Bewegung sind, in derselben zu erhalten ... Infolge der Unzusammendrückbarkeit der Flüssigkeiten und der Reibung ihrer Teile, sowie der unvollkommenen Elasticität der festen Körper ist Bewegung viel mehr in der Lage, verloren als gewonnen zu werden, und ist fortwährend in Abnahme begriffen." [13]) Es wäre jedoch ein Irrtum, mit STEWART und TAIT [14]) zu behaupten, dass die Antwort zu NEWTON's Zeiten unbekannt war. Die Antwort der modernen Wissenschaft, dass der scheinbare

---

13) „Opticks," 4th ed., p. 373.

14) The Unseen Universe, § 100.

Verlust an Massenbewegung von einer wirklich stattfindenden Umwandlung derselben in Molekularbewegung herrühre, ist von LEIBNIZ anticipiert worden, wie aus folgender bemerkenswerten Stelle in seinem fünften Briefe an CLARKE erhellt: „Ich habe behauptet, dass die wirksamen Kräfte sich in der Welt erhalten. Man wirft mir vor, dass zwei weiche unelastische Körper beim Zusammenstosse einen Teil ihrer Kraft verlieren. Ich entgegne, dass dies nicht der Fall ist. Es ist allerdings richtig, dass die Körper als ganze eine Einbusse an ihrer Gesamtbewegung erleiden; aber ihre Teile nehmen dieselbe auf, indem sie durch die Kraft des Stosses in eine heftige innere Bewegung geraten. Der Verlust ist nur ein scheinbarer. Die Kräfte sind nicht vernichtet, sondern nur unter die kleinen Teilchen zerstreut. Dies bedeutet keinen Verlust, sondern ist dasselbe, wie wenn grosses Geld in kleines umgewechselt wird." [15]) Die

[15]) „J'avais soutenu que les *Forces actives* se conservent dans le monde. On m'objecte, que deux corps moux, ou non-élastiques, concourant entre eux, perdent de leur force. Je réponds que non. Il est vrai que les Touts la perdent par rapport à leur mouvement total; mais les parties la reçoivent, étant agitées intérieurement par la force du concours. Ainsi ce défaut n'arrive qu'en apparence. Les forces ne sont détruites, mais dissipées parmi les parties menues. Ce n'est pas les perdre, mais c'est faire comme font ceux qui changent la grosse monnaie en petite." Opp. phil., ed. ERDMANN, p. 775. Es ist seltsam, dass diese Stelle so viele Jahre hindurch selbst nach der Annahme der modernen Lehre von der Erhaltung und Verwandlung der Energie und der Wechselbeziehung der Kräfte unbemerkt geblieben ist. Ich fand sie vor mehreren Jahren; kürzlich hat DU BOIS-REYMOND auf sie die Aufmerksamkeit gelenkt in seinem Vortrage: „Leibnizische Gedanken in der neueren Naturwissenschaft". Es gibt noch eine andere Stelle von gleicher Bedeutung in LEIBNIZ' Mathematischen Werken (her. v. GERHARDT), Bd. 2, S. 230. Dr. BERTHOLD hat (Pogg. Ann., Bd. 157, S. 350) gezeigt, dass die „Allotropie der Kraft" mehr als ein Jahrhundert vorher in Ausdrücken von merkwürdiger Präcision von DIDEROT in seinen „Pensées sur l'interprétation de la nature", Londres, 1754, § 45 verkündet wurde.

hier verkündete Wahrheit war lange Zeit hindurch, um einen Ausdruck von COLERIDGE zu gebrauchen „eine bettlägerige Wahrheit“; trotz der lebhaften und selbst stürmischen Erörterungen über die Kräfte und deren Messung und inmitten eines raschen Wachstums physikalischer Thatsachen und Theorieen blieb sie für mehr als ein Jahrhundert begraben. Diese scheinbare Anomalie erklärt sich durch den Umstand, dass bis zur Mitte des gegenwärtigen Jahrhunderts Wärme, Elektricität, Magnetismus u. s. w. für materielle Substanzen gehalten wurden, deren gegenseitige Verwandelbarkeit mit mechanischer Bewegung oder Energie völlig unbegreiflich erschien. Erst nach der Aufstellung der dynamischen Theorieen der „Imponderabilien“ zeigte sich die Fruchtbarkeit der Lehre von der Erhaltung und Verwandlung der Energie und führte zu einem gründlichen Umbau der ganzen Physik.[16])

Die Wechselbeziehung und gegenseitige Verwandlung der verschiedenen Formen von Energie ist in so ausführlicher Weise in den wissenschaftlichen Tagesschriften behandelt worden, dass es nicht notwendig ist, darauf näher einzugehen. Der Zweck meiner kurzen Übersicht über die Geschichte der Lehre von der Erhaltung der Energie oder vielmehr der Entwicklung der daselbst auftretenden wissenschaftlichen Begriffe war einfach der, zu zeigen, dass die Geschichte in der That ein fortschreitendes Verlassen des an die Spitze dieses Kapitels gestellten Satzes lehrt, der seinem Wesen nach mit DESCARTES' Theorie von der Erhaltung der Bewegung identisch ist — ein Umstand, dessen Bedeutung ich später auseinanderzusetzen hoffe.

---

[16]) Ich kenne wohl die Anticipationen der modernen Wärmetheorie von BACON, LOCKE, RUMFORD, SIR HUMPHRY DAVY u. a.; doch fand ihre übrigens klare Behauptung, dass die Wärme nur eine „Art von Bewegung“ sei, ebensowenig Aufmerksamkeit von Seite der zeitgenössischen Physiker als die oben erwähnte Lehre von LEIBNIZ.

Wir haben nun die vier Hauptsätze der mechanischen Atomtheorie auseinandergesetzt und haben (ohne auf das Gebiet des Organischen einzugehen) gefunden, dass jeder einzelne derselben von den Wissenschaften der Chemie, Physik und Astronomie verleugnet wird. Bevor wir daran gehen, die Ursachen und Folgen dieses Ergebnisses zu untersuchen, und die Beziehung der mechanischen Theorie zu den Denkgesetzen, wie die Geschichte ihrer Entwicklung zu betrachten, ist es von Wichtigkeit, diese Erörterung durch eine Untersuchung über die Natur, die Giltigkeit und den wissenschaftlichen Wert der Hypothese von der atomistischen Konstitution der Materie zu ergänzen.

VII.

Die Theorie von der atomistischen Konstitution der Materie.

Die Lehre, dass eine erschöpfende Zerlegung der Materie in ihre wirklichen Elemente, falls sie praktisch ausführbar wäre, ein Aggregat unteilbarer und unzerstörbarer Partikel ergeben würde, ist eines der frühesten Erzeugnisse menschlichen Denkens und hat sich fester behauptet, als irgend ein anderer Lehrsatz der Wissenschaft oder der Philosophie. Allerdings ist die Atomtheorie seit ihrem ersten Auftreten bei den alten griechischen Philosophen und ihrem ersten ausführlichen Entwurf bei LUCREZ abgeändert und verfeinert worden. Es wird wahrscheinlich niemand heutzutage mehr die Atome mit Hacken und Schlingen suchen, oder den bitteren Geschmack von Wermut durch die Rauheit und die Süsse von Milch und Honig durch die sanfte Rundung der sie zusammensetzenden Atome zu erklären suchen.[1]) Immerhin sind aber die Atome der modernen Wissenschaft noch von bestimmtem Gewichte, wenn nicht von bestimmter, gleichförmiger und konstanter Gestalt und gelten selbst nach den Ansichten jener, die wie BOSCOVICH, FARADAY, AMPÈRE oder FECHNER sie als blosse Kraftcentra betrachten, für mehr als abstrakte Einheiten. Es ist auch nicht schwer, der Atomenlehre eine solche Fassung zu geben, die sie auf alle Bedeutungen, welche sie bei den Männern der Wissenschaft gefunden hat, anwendbar

---

[1]) LUCRETIUS, De Rerum Natura, II, 398 seq.

macht. Denn welche Verschiedenheit der Ansichten auch über die Form, Grösse u. s. w. der Atome vorherrschen mag, so stimmen doch alle, welche die Atomhypothese in irgend einer ihrer Formen als physikalische Theorie vorbringen, in den drei nachfolgenden Sätzen mit einander überein:

1. Die Atome sind absolut einfach, unveränderlich, unzerstörbar; sie sind physikalisch, wenn nicht mathematisch unteilbar.

2. Die Materie ist diskret zusammengesetzt, die sie zusammensetzenden Atome sind durch leere Zwischenräume geschieden. Im Gegensatz zur Kontinuität des Raumes steht die Diskontinuität der Materie. Die Ausdehnung eines Körpers ist einfach ein Wachstum, seine Zusammenziehung eine Verminderung der Zwischenräume der Atome.

3. Die Atome, welche die verschiedenen chemischen Elemente zusammensetzen, haben bestimmte eigentümliche Gewichte, die ihren Äquivalentgewichten entsprechen.[2])

Eingestandenermassen ist die Atomtheorie bloss eine Hypothese. Dies ist an und für sich nicht entscheidend gegen ihre Wertschätzung; alle sogenannten physikalischen Theorien sind Hypothesen, deren allenfalsige Anerkennung als Wahrheiten von ihrer Übereinstimmung unter einander, ihrer Übereinstimmung mit den Gesetzen der Logik, ihrer

---

[2]) Um Verwirrungen zu vermeiden, habe ich absichtlich für den Augenblick den Unterschied zwischen den Molekeln als den letzten Ergebnissen der physikalischen Teilung der Materie und den Atomen als den letzten Produkten der chemischen Zerlegung ausser Acht gelassen, indem ich es vorgezogen habe, das Wort Atom in dem Sinne letzter Teile aufzufassen, in die durch irgend welche Mittel die Körper noch zerlegbar sind.

Übereinstimmung mit den Thatsachen, zu deren Erklärung und Verknüpfung sie dienen, ihrer Übereinstimmung mit der ermittelten Naturordnung, von der Ausdehnung, bis zu welcher sie sich als vertrauenswürdige Anticipationen oder Vorhersagungen von Thatsachen erweisen, die durch nachfolgende Beobachtung und Experiment bestätigt werden, und endlich von deren Einfachheit oder vielmehr von deren vereinfachenden Wirksamkeit herrührt. Die Verdienste der Atomtheorie sind demnach darnach zu beurteilen, ob sie in ausreichender und einfacher Weise von den Erscheinungen, zu deren Erklärung sie aufgestellt worden ist, Rechenschaft gibt, und ob sie in Übereinstimmung mit sich selbst und mit den bekannten Gesetzen der Vernunft und der Natur steht.

Für welche Thatsachen soll also die Atomtheorie Rechenschaft geben, und bis zu welchem Grade ist diese ausreichend?

Man behauptet, dass der erste der drei obigen Sätze (der die beständige Integrität der Atome oder deren Unveränderlichkeit dem Gewichte und Volumen nach behauptet) Rechenschaft gebe für die Unzerstörbarkeit und Undurchdringlichkeit der Materie, der zweite (der sich auf die Diskontinuität der Materie bezieht) eine unerlässliche Forderung für die Erklärung gewisser physikalischer Erscheinungen wie die der Dispersion und Polarisation des Lichtes sei, und der dritte (demzufolge die Atome der chemischen Elemente bestimmte spezifische Gewichte haben) den notwendigen allgemeinen Ausdruck der chemischen Gesetze der konstanten Zusammensetzung, der äquivalenten Verhältnisse und der multiplen Proportionen vorstelle.

Die Diskussion dieser Ansprüche erfordert zunächst eine Richtigstellung der Thatsachen und eine Zurückführung derselben auf einen exakten Ausdruck, um dann zu sehen, inwieweit sie durch die Theorie eine Vereinfachung erfahren.

1. Die Unzerstörbarkeit der Materie ist eine unzweifelhafte Wahrheit. Doch in welchem Sinne und aus welchen Gründen behauptet man sie? Die einmütige Antwort aller Atomisten lautet: Die Erfahrung lehrt, dass alle Veränderungen, denen die Materie unterworfen ist, blosse Variationen der Form sind, und dass bei denselben e i n e s unveränderlich bleibt — die Masse oder Quantität der Materie. Die Konstanz der Masse wird durch die Wage erwiesen, welche zeigt, dass weder Schmelzen, noch Sublimieren, weder Erzeugen noch Verderben das Gewicht eines dem Experimente unterworfenen Körpers vermehren oder vermindern kann. Wenn ein Pfund Kohle verbrannt wird, zeigt die Wage die fortdauernde Existenz dieses Pfundes in der Kohlensäure, welche das Produkt dieser Verbrennung bildet, und aus welcher das ursprüngliche Gewicht der Kohle wieder zurückgewonnen werden kann. Die Quantität der Materie wird durch ihr Gewicht gemessen und dieses Gewicht ist unveränderlich.

Das ist die jedermann bekannte Thatsache wie ihre nicht minder bekannte Deutung. Deren Korrektheit zu prüfen, mag es gestattet sein, ein wenig die Methode ihrer Bestätigung zu ändern. Statt das Pfund Kohle zu verbrennen, lassen wir es einfach auf den Gipfel eines Berges führen oder an einen niedrigeren Breitengrad schaffen; ist dann sein Gewicht noch immer dasselbe? In relativer Beziehung wohl; es wird noch immer demselben Gegengewicht Gleichgewicht halten. Aber das „absolute Gewicht" ist nicht mehr dasselbe. Dies wird sofort ersichtlich, wenn wir der Wage eine andere Form geben, indem wir ein Pendel statt eines Paares von Wagschalen wählen. Das Pendel schwingt auf dem Gipfel eines Berges oder in der Nähe des Äquators langsamer als das am Fusse des Berges oder näher an den Polen gelegene, weil es infolge der grösseren Entfernung vom Mittelpunkte der Erdanziehung spezifisch leichter ist, entsprechend dem Gesetze, nach dem die Anziehungen der Körper umgekehrt proportional dem Quadrate ihrer Entfernung sind.

Es ist demnach evident, dass die Konstanz, auf deren Beobachtung die Behauptung von der Unzerstörbarkeit der Materie gegründet wurde, lediglich eine solche einer Beziehungsart ist, und dass die gewöhnliche Feststellung derselben eine rohe und unangemessene ist. Denn wiewohl es richtig ist, dass das Gewicht eines Körpers ein Mass der Masse bildet, so ist es doch in Wirklichkeit nur ein spezieller Fall der viel allgemeineren Thatsache, dass die Massen der Körper umgekehrt proportional den ihnen unter Einwirkung derselben Kraft erteilten Geschwindigkeiten oder, noch allgemeiner ausgedrückt, den in ihnen durch die nämliche Kraft erzeugten Beschleunigungen sind. In dem Falle der Schwere sind die anziehenden Kräfte den Massen direkt proportional, so dass die Wirkung dieser Kräfte (das Gewicht) das einfachste Mass der Beziehung zweier Massen als solcher zu einander darstellt; jedoch muss in einer jeden auf die Giltigkeit der Atomtheorie bezüglichen Untersuchung darauf Bedacht genommen werden, dass dieses Gewicht nicht das Äquivalent oder vielmehr das Bild einer absoluten substanziellen Einheit in einem dieser (gewogenen) Körper, sondern nur einen blossen Ausdruck der gegenseitigen Anziehung beider Körper vorstellt. Es ist auch notwendig, daran zu erinnern, dass dieses Gewicht ohne einer gleichzeitigen Verringerung der Masse des Körpers durch eine blosse Änderung seiner Lage ins Unbegrenzte vermindert werden kann.

Die Massen finden ihr wahres und einziges Mass in der Wirkung der Kräfte, und die Beständigkeit derselben ist der einfache und zutreffende Ausdruck der Thatsache, welche gewöhnlich als Unzerstörbarkeit der Materie hingestellt wird. Es ist klar, dass diese Beständigkeit in keiner Weise durch die atomistische Hypothese erklärt wird. Es kann sein, dass diese Beständigkeit eine Eigenschaft kleiner, unwahrnehmbarer Teile ist, von denen man annimmt, dass sie die Materie zusammensetzen, ebensogut wie auch eine Eigenschaft wahrnehmbarer Massen; doch bedeutet sicherlich die hypothetische Zurückführung einer Thatsache auf Atome keine Erklärung des wirklichen Auftretens derselben Thatsache bei der zusammengesetzten Masse. Was auch für ein Geheimnis in der Erscheinung gelegen sein mag, so ist dasselbe doch sicherlich nicht grösser in dem Falle eines Atoms als in dem eines Sonnen- oder Planetensystems. Es bedeutet keine Erklärung des Magnetismus, wenn man einen Magnet in Teile bricht und zeigt, dass jeder Teil mit derselben magnetischen Polarität behaftet ist wie der ganze Magnet. Eine Erscheinung wird nicht erklärt, wenn sie zerstäubt wird. Eine Thatsache kehrt sich in keine Theorie um, wenn man sie durch ein verkehrtes Fernrohr betrachtet. Die Hypothese letzter unzerstörbarer Atome ist keine notwendige Folge der Beharrlichkeit des Gewichtes und kann im besten Falle als Grund für die Unzerstörbarkeit der Materie angeführt werden, wenn gezeigt werden kann, dass eine absolute Grenze der Zusammendrückbarkeit der Materie existiert — mit anderen Worten, dass für jede bestimmte Masse ein unbedingt kleinstes Volumen gegeben ist. Dies bringt uns zu der Betrachtung jener allgemeinen Eigenschaft der Materie, welche wahrscheinlich nach den Meinungen der meisten am dringendsten die Annahme von Atomen fordert — der Undurchdringlichkeit.

„Zwei Körper können nicht denselben Raum einnehmen“ — dies ist die gewöhnliche Fassung der in Frage stehenden Thatsache. Gleich der Unzerstörbarkeit der Materie beansprucht sie, eine Thatsache der Erfahrung zu sein. „Dass alle Körper undurchdringlich sind“, sagt SIR ISAAK NEWTON, folgern wir nicht aus Vernunftgründen, sondern aus der sinnlichen Beobachtung.“ [8]) Lasst uns sehen, in welchem Sinne und bis zu welchem Grade dieser Anspruch berechtigt ist!

Der Satz, demgemäss der von einem Körper erfüllte Raum von keinem zweiten eingenommen werden kann, enthält die Annahme in sich, dass der Raum eine absolute, objektive, nur durch sich selbst messbare Grösse ist, sowie die weitere Annahme, dass es einen kleinsten Raum gibt, welchen ein gegebener Körper in einer jeden anderen Körper ausschliessenden Weise erfüllt. Eine Bestätigung dieses Satzes durch die Erfahrung müsste darauf hinauslaufen, nachzuweisen, dass es eine absolute Grenze für die Zusammendrückbarkeit aller Materie gibt. Berechtigt uns nun die Erfahrung, eine solche Grenze anzunehmen? Sicherlich nicht. Es ist wohl wahr, dass in dem Falle fester und flüssiger Körper praktische Grenzen vorhanden sind, über welche hinaus eine Zusammenpressung durch die uns zur Verfügung stehenden mechanischen Mittel unmöglich ist; aber selbst hier stellt sich uns die Thatsache entgegen, dass die Volumina von Flüssigkeiten, die in wirksamer Weise allen Anstrengungen zu ihrer weiteren Zusammenpressung durch äusseren Druck widerstehen, durch blosse Mischung verringert werden. So geben Wasser und Schwefelsäure bei gewöhnlichen Temperaturen in keiner merklichen Weise äusserem Drucke nach; im Falle der Mischung wird aber das neue Volumen wesentlich kleiner als das beiden Flüssigkeiten vor derselben zukommende. Doch abgesehen hiervon wie auch von den Erscheinungen,

---

[8]) „Corpora omnia impenetrabilia esse, non ratione, sed sensu colligimus.“ — Phil. Natur. Princ. Math., lib. III, reg. 3.

welche bei den Prozessen der Mischung und chemischen Wirkung auftreten, muss es gesagt werden, dass die Erfahrung in keiner Weise die Undurchdringlichkeit der Materie in allen Aggregatzuständen verbürgt. Wenn Gase einem Drucke unterworfen werden, so ist das Ergebnis einfach ein Wachstum der Spannkraft, das nach dem Gesetze von BOYLE oder MARIOTTE (die Abweichungen und scheinbaren Ausnahmen, wie sie in den experimenten Resultaten REGNAULT's u. a. hervortreten, brauchen hier als für die Beweisführung belanglos nicht berücksichtigt zu werden) proportional dem ausgeübten Drucke stattfindet. Eine bestimmte Grenze ist nur in dem Falle jener Gase erreicht worden, in denen der Druck Verflüssigung oder Festwerdung erzeugt. Die ausgezeichnetste Erscheinung hingegen, welche die Erfahrung zu diesem Gegenstande beisteuert, ist die Diffusion der Gase. Sobald zwei oder mehr Gase, die chemisch auf einander nicht einwirken, in einen gegebenen Raum eingeleitet werden, diffundiert jedes Gas in diesen Raum, als ob es allein da wäre; oder, wie dies DALTON, der berühmte Vater der neueren Atomtheorie, ausdrückt: „Gase verhalten sich gegen einander passiv, und jedes dringt in das andere wie in ein Vacuum ein."

Was auch immer für eine Realität dem Begriffe der Undurchdringlichkeit der Materie entsprechen mag, keineswegs ist die letztere im Sinne der Atomisten durch die Erfahrung gegeben.

Aus dem Ganzen ersieht man wohl, dass die Giltigkeit des ersten Satzes der Atomtheorie durch die Thatsachen nicht aufrecht erhalten wird. Selbst wenn die angenommene Unveränderlichkeit der vorausgesetzten letzten Bestandteile der Materie sich als mehr als eine blosse Wiedergabe einer beobachteten Thatsache in Form einer Hypothese erweisen liesse und mit dem Namen einer Verallgemeinerung oder Theorie bezeichnet werden könnte, würde noch immer die

Kritik entgegnen können, dass es sich um eine roh beobachtete und unvollkommen aufgefasste Thatsache handelt.

In diesem Zusammenhang mag noch angeführt werden, dass die Atomtheorie nahezu wertlos als Erklärung für die Undurchdringlichkeit der Materie geworden ist, seit sie in den Dienst der Wellentheorie der Strahlung gepresst worden ist und die Form angenommen hat, in welcher sie von der Mehrzahl der Physiker aufgefasst wird, wie wir sofort sehen werden. Nach derselben sind die Atome entweder blosse Punkte ohne alle Ausdehnung, oder sie sind unendlich klein im Vergleiche zu den Entfernungen zwischen ihnen, wie auch immer der Aggregatzustand der betreffenden Substanz sein mag. Nach dieser Ansicht beruht der Widerstand, welchen ein Körper, d. i. ein System von Atomen, dem Eindringen eines zweiten Körpers entgegensetzt, nicht auf der Starrheit oder der Unveränderlichkeit des Volumens der einzelnen Atome, sondern auf dem Verhältnis der anziehenden und abstossenden Kräfte, mit denen sie der Annahme nach versehen sind. Es gibt Physiker, die der Meinung sind, dass die Ansicht von der atomistischen Zusammensetzung der Materie mit ihrer Durchdringlichkeit vereinbar ist — wie z. B. CAUCHY, der, nachdem er die Atome als „materielle Punkte ohne Ausdehnung" definiert hatte, also fortfährt: „Die Eigenschaft der Materie, welche wir Undurchdringlichkeit nennen, ist also erklärt, wenn wir die Atome als materielle Punkte ansehen, die auf einander Anziehungen und Abstossungen äussern, die mit der Entfernung zwischen ihnen sich ändern ... Daraus folgt noch, dass, wenn es dem Schöpfer der Natur gefiele, bloss die Gesetze zu ändern, nach denen sich die Atome anziehen oder abstossen, wir sofort die härtesten Körper sich einander durchdringen, die kleinsten Teile der Materie ungemessene Räume einnehmen oder die grössten Massen auf den kleinsten

Raum sich zurückziehen und das ganze Weltall sich auf diese Weise in einen Punkt konzentrieren sehen könnten.[4])

2. Der zweite Hauptsatz der modernen Atomtheorie behauptet die wesentliche Unstetigkeit der Materie. Die Verteidiger der Theorie behaupten, dass es eine Reihe von physikalischen Erscheinungen gibt, welche unerklärlich bleiben, wofern nicht angenommen wird, dass die Bestandteile der Materie durch weite Zwischenräume von einander geschieden sind. Die bekanntesten derselben sind die Dispersion und die Polarisation des Lichtes. Der Grund, weshalb die Annahme einer diskreten molekularen Struktur für die Erklärung dieser Erscheinungen als unerlässlich betrachtet wird, mag in einigen wenigen Worten auseinandergesetzt werden.

Gemäss der Wellentheorie ist die Dispersion des Lichtes, d. h. die Trennung seiner farbigen Bestandteile mit Hilfe der Brechung, eine Folge der ungleichen Verzögerung, welche die verschiedenen Wellenarten, die den verschiedenen Farben entsprechen, bei ihrem Durchgange durch das brechende Medium erleiden. Diese ungleiche Verzögerung setzt Unterschiede in den Geschwindigkeiten voraus, mit welchen sich die verschieden farbigen Strahlen durch irgend ein Medium fortpflanzen, sowie eine Abhängigkeit dieser Geschwindigkeiten von den Wellenlängen. Nun sind aber nach einem

---

[4]) „Ainsi, cette propriété de la matière que nous nommons impénétrabilité se trouve expliquée, quand on considère les atomes comme des points matériels qui exercent les uns sur les autres des attractions ou répulsions variables avec les distances qui les séparent... Il résulte encore de ce qui précède, que s'il plaisait à l'auteur de la nature de modifier seulement les lois suivant lesquelles les atomes s'attirent ou se repoussent, nous pourrions voir, à l'instant même, les corps les plus durs se pénétrer les uns les autres, les plus petites parcelles de matière occuper des espaces démesurés, ou les masses les plus considérables se reduire aux plus petits volumes, et l'univers entier se concentrer pour ainsi dire en un seul point." Sept leçons de Physique Générale, ed. Moigno, p. 38 seq.

wohlbegründeten mechanischen Satze die Geschwindigkeiten, mit denen sich Wellen durch ein kontinuierliches Medium fortpflanzen, bloss abhängig von dem Verhältnis der Elasticität des Mediums zu seiner Dichte, hingegen völlig unabhängig von der Länge und Form dieser Wellen. Die Richtigkeit dieses Satzes ist durch Versuche am Schall bezeugt. Töne jeglicher Höhe pflanzen sich mit der gleichen Geschwindigkeit fort. Wäre dies nicht der Fall, so müsste Musik, aus der Entfernung gehört, offenbar zu einem Chaos werden; Unterschiede in der Fortpflanzungsgeschwindigkeit des Schalles würden den Rhytmus zerstören und in manchen Fällen eine Umkehrung der Reihenfolge bewirken. Nun sind aber Unterschiede der Farbe Unterschieden der Tonhöhe analog, indem beide sich auf Differenzen der Wellenlänge zurückführen lassen. Die Wellenlänge wächst, wenn wir die Skala der Töne von den höheren zu den tieferen durchschreiten; und ähnlich wächst die Wellenlänge des Lichtes, wenn wir im Spektrum vom violetten gegen das rote Ende uns wenden. Es folgt daraus, dass die Strahlen verschiedener Farbe, gleich den Tönen verschiedener Höhe, mit gleicher Geschwindigkeit fortgepflanzt und in gleicher Weise gebrochen werden sollten; dass folglich keine Dispersion des Lichtes stattfinden sollte.

Diese theoretische Unmöglichkeit der Dispersion ist stets als eine der gefürchtesten Schwierigkeiten der Wellentheorie betrachtet worden. Um dieselben zu vermeiden, führte CAUCHY auf Anregung seines Freundes CORIOLIS eine Reihe analytischer Untersuchungen aus, in denen es ihm zu zeigen glückte, dass die Geschwindigkeiten, mit denen die verschieden farbigen Strahlen sich fortbewegen, mit der Wellenlänge sich ändern können, falls angenommen wird, dass der Äther als Medium der Fortpflanzung, statt kontinuierlich zu sein, aus Teilchen besteht, die von einander durch merkliche Entfernungen geschieden sind.

Mit Hilfe einer ähnlichen Annahme hat es FRESNEL versucht, die durch die Erscheinungen der Polarisation sich darbietenden Schwierigkeiten zu beseitigen. Im gewöhnlichen Lichte werden die verschiedenen Schwingungen als nach verschiedenen Richtungen hin stattfindend angesehen, wobei alle zur Fortpflanzungsrichtung senkrecht stehen, während im polarisierten Lichte die Schwingungen, wiewohl noch immer senkrecht zum Strahl, parallel sind, so dass sie alle in einer Ebene stattfinden. Bald nachdem diese Hypothese zu einer ausführlichen Theorie der Polarisation ausgearbeitet worden war, bemerkte POISSON, dass bei einer beträchtlichen Entfernung von der Lichtquelle alle transversalen Schwingungen in einem kontinuierlichen elastischen Medium zu longitudinalen werden müssten. Wie in dem Falle der Dispersion wurde diesem Vorwurfe durch die Hypothese von der Existenz „endlicher Intervalle" zwischen den Ätherteilchen begegnet.

Dies sind in bündiger Fassung die Betrachtungen, welche die theoretische Physik zur Stütze der Atomtheorie, wie man annimmt, beitragen soll. In Bezug auf das Zwingende der auf ihnen beruhenden Beweisführung ist im allgemeinen zu bemerken, dass der Nachweis unstetiger molekularer Anordnung der Materie keineswegs ein Beweis für den Wechsel unveränderlicher und unteilbarer Atome mit absolut leeren Räumen ist. Doch steht zu befürchten, dass das in Frage stehende Argument nicht nur formell, sondern auch inhaltlich ein täuschendes ist. Es ist sehr fraglich, ob die Annahme „endlicher Intervalle" zwischen den Teilen des Lichtäthers im Stande ist, die Wellentheorie des Lichtes aus ihren Verlegenheiten zu befreien. Dieser Gegenstand ist nach einer seiner Seiten von E. B. HUNT in einem Artikel über die Dispersion des Lichtes[5]) einer gründlichen Dis-

[5]) SILLIMAN's Journal, 2d series, vol. VII, pag. 364 seq.

kussion unterzogen worden und scheinen mir seine Bemerkungen einer ernsten Aufmerksamkeit wert zu sein. Sie sind kurz folgende:

Cauchy unterwirft die Erscheinungen der Dispersion der Geltung der Wellentheorie dadurch, dass er die Unterschiede in den Geschwindigkeiten verschieden farbiger Strahlen von den Unterschieden in den entsprechenden Wellenlängen mit Hilfe der Hypothese endlicher Zwischenräume zwischen den Teilen des lichtvermittelnden Mediums ableitet. Er nimmt es also als ausgemacht an, dass diese farbigen Strahlen sich mit verschiedenen Geschwindigkeiten fortpflanzen. Ist dies aber wirklich der Fall? Die Astronomie bietet die Mittel, diese Frage zu beantworten.

Wir empfinden weisses Licht, wenn alle farbigen Strahlen, aus denen es zusammengesetzt ist, das Auge gleichzeitig treffen. Das von einem leuchtenden Körper kommende Licht wird farblos erscheinen, selbst wenn die es zusammensetzenden Strahlen sich mit ungleichen Geschwindigkeiten fortpflanzen, wofern sie nur in ihrer Wirkung auf die Netzhaut in einem gegebenen Moment zusammentreffen; für gewöhnlich ist es unwesentlich, ob sie den leuchtenden Körper gleichzeitig oder nacheinander verlassen haben. Dies wird jedoch anders, sobald es sich um leuchtende Körper handelt, die plötzlich sichtbar werden, wie dies bei den Satelliten des Jupiter oder Saturn nach ihren Verfinsterungen der Fall ist. Zu gewissen Zeiten sind mehr als 49 Minuten für die Fortpflanzung des Lichtes vom Jupiter auf die Erde erforderlich. In dem Momente nun, wo einer von Jupiters Trabanten, der durch den Planet verfinstert war, aus dem Schatten hervortritt, müssten die roten Strahlen, deren Geschwindigkeit am grössten ist, die Erde zuerst erreichen, hernach die orangefarbenen und so weiter durch die Farbenskala, bis endlich durch die Ankunft der violetten Strahlen, deren Geschwindigkeit als die kleinste angenommen wird, die Ergänzung der Farben vollzogen wäre. Der Trabant würde unmittelbar nach seinem Auftauchen rot erscheinen und allmählich im Verhältnis zur Ankunft der anderen Farben in weiss übergehen. Umgekehrt würden beim Beginne der Verfinsterung die violetten Strahlen nach den roten und anderen Farben fortfahren anzukommen, und der Trabant würde bis zu dem Augenblicke seines völligen Verschwindens ins violette abdunkeln.

Zum Unglück für die Hypothese CAUCHY's ist es der sorgsamsten Beobachtung der fraglichen Verfinsterungen nicht gelungen, irgend welche Veränderungen der Farbe aufzufinden, weder vor, noch nach der Verfinsterung, indem der Übergang zwischen Licht und Schatten stets plötzlich und ohne farbige Abstufung vor sich ging.

Die Astronomie weist noch eine Reihe anderer Erscheinungen auf, die in gleicher Weise der Lehre von den ungleichen Geschwindigkeiten farbiger Strahlen widerstreiten. Fixsterne jenseits der parallaktischen Grenze, deren Licht mehr als drei Jahre braucht, um uns zu erreichen, sind grossen periodischen Schwankungen des Glanzes unterworfen; aber selbst diese Schwankungen sind von keinen Veränderungen der Farbe begleitet. Ferner kommt die Annahme verschiedener Geschwindigkeiten der farbigen Strahlen bei der Theorie der Aberration ausser Betracht. Die Aberration kommt durch die Thatsache zustande, dass in allen Fällen, wo die Bahn des Planeten, auf dem sich der Beobachter befindet, mit der Richtung des Lichtes einen Winkel einschliesst, eine Zusammensetzung der Bewegungen des Lichtes und der Planeten stattfindet, so dass die Richtung, in der das Licht das Auge trifft, eine Resultierende zweier Komponenten ist — der Richtung des Strahles und der Bewegung des Beobachters. Wenn die verschieden farbigen Strahlen sich nun mit verschiedenen Geschwindigkeiten bewegen würden, würde es offenbar mehr Resultanten geben, und jeder Stern würde als farbiges Spektrum längs der Richtung der Erdbewegung erscheinen.

Die Behauptung einer Abhängigkeit der Geschwindigkeit der Wellenbewegung, welche den verschiedenen Farben entspricht oder sie hervorruft, von der Wellenlänge steht somit in Widerspruch mit den beobachteten Thatsachen. Die Hypothese „endlicher Zwischenräume" ist eine nutzlose Ergänzung der Wellentheorie; andere Methoden müssten gesucht werden, um die Theorie von ihren Schwierigkeiten zu befreien. [6])

Der hier angeführte negative Beweisgrund gegen die Annahme einer atomistischen oder molekularen Konstitution des Lichtäthers wird durch einen positiven aus einem Zweig der mechanischen Atomtheorie selbst verstärkt, nämlich aus

---

[6]) Seit dem Erscheinen von CAUCHY's „Mémoire sur la dispersion de la lumière" (Prag 1836) ist die Abhängigkeit der Dispersion verschiedener Substanzen von ihrem Aggregatzustand und ihrer chemischen Zusammensetzung Gegenstand eingehender experimenteller Untersuchungen gewesen, und die hervorragendsten Physiker (BRIOT, HOLTZMANN, REDTENBACHER, C. NEUMANN, KETTELER) suchten aufs neue nach einer Erklärung der Erscheinungen der Dispersion durch die Wirkung der ponderablen Materie oder die gegenseitige Einwirkung zwischen ihr und dem Äther. Man vergleiche BRIOT „Essai sur la théorie mathématique de la lumière" (Paris, Mallet-Bachelier, 1864), S. 89 ff.; REDTENBACHER, „Dynamidensystem", S. 130 ff.; KETTELER, „Über den Einfluss der ponderablen Moleküle auf die Dispersion des Lichtes" u. s. w. (Pogg. Ann., Bd. 140, S. 2 ff. und S. 177 ff.). Eine elektromagnetische Theorie des Lichtes ist auf Grund der annähernden Gleichheit der Geschwindigkeiten, mit der sich Licht und elektromagnetische Störungen durch Luft und andere Media auszubreiten scheinen, und auf Grund der (von FARADAY beobachteten) Einwirkung eines Magnetes auf die Drehung der Polarisationsebene um den Lichtstrahl als Axe von CLERK MAXWELL 1865 aufgestellt und kürzlich in grösserer Ausführung in seinem „Treatise on Electricity and Magnetism" Bd. 2, S. 383 ff. auseinandergesetzt worden. Diese Theorie wird nun durch HELMHOLTZ, LORENTZ, FITZGERALD, J. J. THOMSON und Lord RAYLEIGHT entwickelt.

der modernen Thermodynamik. Maxwell hat sehr richtig bemerkt, dass solch ein Medium (dessen Atome oder Molekeln den intramolekularen Raum der gewöhnlichen Substanzen durchdringen sollten) nichts anderes als ein Gas sein würde — freilich ein Gas von grosser Feinheit —, und dass das sogenannte Vacuum in Wirklichkeit voll dieses feinen Gases von der beobachteten Temperatur und dem ungeheuren Drucke wäre, welchen der Äther angesichts der ihm von der Wellentheorie beigelegten Funktion ausüben müsste. Solch ein Gas müsste daher eine entsprechend hohe spezifische Wärme besitzen, welche gleich der eines Gases von derselben Temperatur und demselben Drucke wäre, so dass die specifische Wärme jedes Vacuums unvergleichlich grösser als die desselben mit einem anderen bekannten Gase gefüllten Raumes sein würde. Diese bemerkenswerte Folgerung entbehrt nicht nur der experimentellen Bestätigung, sondern ist — insoweit als sie auf alle Vacua anzuwenden wäre, einschliesslich der intramolekularen Räume der gewöhnlichen Körper jedweden Aggregatzustandes — in Wirklichkeit eine verhängnisvolle Verschlimmerung einer eigentümlichen Schwierigkeit der Molekulartheorie, welche schon an sich bis zu hohem Grade bedenklich ist. Im dritten Kapitel[7]) habe ich auf die Thatsache aufmerksam gemacht, dass im Falle der Erhitzung eines Körpers nur ein Teil der ihm mitgeteilten Energie in der Form von Temperatur erscheint, d. h. (im Sinne der modernen Theorieen) von progressiver Bewegung der Molekeln, während der andere Teil auf die Erzeugung schwingender oder drehender Bewegungen der sie zusammensetzenden Elemente verwandt wird. In Gemässheit der kinetischen Gastheorie wächst dieser letztere Teil, die sogenannte innere Energie mit der Zahl der Variablen oder

---

7) Siehe oben S. 21 f.

Freiheitsgraden in jedem Molekel und mit ihr somit die spezifische Wärme, d. i. das Verhältnis der gesamten Energie zu der auf äussere Arbeit verwandten, die entweder in Ausdehnung oder Druckzunahme besteht, und sich so als Temperatur äussert. Wären die Molekeln materielle Punkte ohne innere Bewegung oder vollkommen elastische und vollkommen glatte Kugeln, so würde die ganze Energie zur Erzeugung fortschreitender Bewegung erzeugt werden, und kein Teil derselben würde sich in innere Energie verwandeln. Wenn aber die Molekeln, wiewohl vollkommen elastisch, nicht vollkommene Kugeln wären — wie sie es denn nicht sein könnten, wenn sie jedes aus mehreren Atomen bestünden — so müsste die spezifische Wärme zum mindesten einem durch die Theorie bezeichneten Minimum gleichkommen. Nun fallen die spezifischen Wärmen von Sauerstoff, Stickstoff und Wasserstoff (die alle zweiatomig sind, indem deren Molekeln zum mindesten aus zwei Atomen bestehen), wie aus einer Vergleichung ihrer experimentell gewonnenen spezifischen Wärmen bei konstantem Druck und konstantem Volumen hervorgeht, unter dieses Minimum. Und dieses theoretische Minimum würde durch die Hinzunahme der spezifischen Wärme des intramolekularen Äthers, wenn dieser atomistisch oder molekular zusammengesetzt wäre, sehr wesentlich vergrössert werden; der Widerstreit zwischen den Anforderungen der Theorie und den experimentellen Ergebnissen würde dadurch ins Unmessbare vergrössert werden.

3. Der dritte Satz der atomistischen Hypothese schreibt den Atomen, welche die verschiedenen chemischen Elemente zusammensetzen sollen, bestimmte Gewichte zu, die ihren Äquivalenten in Verbindungen entsprechen, und gilt allgemein als notwendig, um für jene Thatsachen Rechenschaft zu geben, deren Aufzählung und Erörterung die Wissenschaft der Chemie bildet. Die eigentliche Bestätigung dieser

Thatsachen ist sehr schwer, weil sie allgemein durch die Brille der Atomtheorie betrachtet und in deren Kunstausdrücken formuliert werden. So wird die Differenzierung und Bildung von Körpern durch Vereinigung stets als Zersetzung und Zusammensetzung bezeichnet; die Äquivalentgewichte der Verbindungen Atomgewichte oder -volumina genannt; und so bildet der grösste Teil der chemischen Nomenclatur eine systematische Reproduktion der Annahmen des Atomismus. Fast alle zu verificierenden Thatsachen bedürften vorerst einer vorbereitenden Ausschälung aus den Hüllen dieser Theorie.

Die gewöhnlich als chemische Zusammensetzung und Zerlegung beschriebenen Theorieen stellen sich der Beobachtung in folgender Weise dar: Eine Reihe verschiedenartiger Körper vereinigen sich nach bestimmten Gewichts- oder Volumsverhältnissen; sie wirken auf einander ein; sie verschwinden und lassen einen neuen Körper entstehen, dessen Eigenschaften weder die Summe noch das Mittel der Eigenschaften der einwirkenden Körper sind (ausgenommen das Gewicht, welches der Summe der Gewichte der einzelnen Körper gleich ist); und diese Verwandlung mehrerer Körper in einen ist in den meisten Fällen von Veränderungen des Volumens und in allen von Entwicklung oder Absorption von Wärme oder anderen Formen der Energie begleitet. Umgekehrt gibt ein einziger homogener Körper Veranlassung zur Entstehung verschiedenartiger Körper, zwischen denen und dem ursprünglichen Körper die Konstanz des Gewichtes die einzige Identitätsrelation bildet.

Des Vergleiches halber mögen diese Erscheinungen in drei Klassen eingeteilt werden, von denen die erste die Konstanz des Gewichtes und die Verbindung nach bestimmten Verhältnissen, die zweite die Veränderungen des Volumens und die Entwicklung oder den Verbrauch von

Energie, und die dritte die Entstehung ganz neuer chemischer Eigenschaften umfasst.

Offenbar ist die atomistische Hypothese in keinem Sinne eine Erklärung der Erscheinungen der zweiten Klasse. Es ist klar und wird auch zugegeben, dass sie in keiner Weise die Veränderungen des Volums, der Temperatur oder der latenten Energie zu erklären vermag. Mit den Erscheinungen der dritten Klasse ist sie aber offenbar unverträglich. Denn im Lichte der Atomhypothese sind chemische Verbindungen und Zersetzungen ihrer Natur nach nichts anderes als Anhäufungen oder Trennungen von Massen, deren Integrität unangetastet bleibt. Die radikale Veränderung der chemischen Eigenschaften, welche das Ergebnis eines jeden wirklichen chemischen Vorganges ist und denselben von einer bloss mechanischen Mischung oder Trennung unterscheidet, verlangt jedoch eine vollständige Zerstörung dieser Integrität. Es mag sein, dass der Anschein dieser Unverträglichkeit durch die Wahl passender Hilfshypothesen verwischt werden kann; dies führt jedoch zu einem Verlassen der Einfachheit der Atomhypothese und damit zu einem Aufgeben ihrer Ansprüche auf die Verdienste einer Theorie.

Im besten Fall kann die Atomhypothese als eine Erklärung der Erscheinungen der ersten Klasse dienen. Erklärt sie dieselben in dem Sinne einer Verallgemeinerung, einer Zurückführung vieler Thatsachen auf eine? Das ist keineswegs der Fall; sie erklärt sie, so wie sie die Unzerstörbarkeit und Undurchdringlichkeit der Materie zu erklären behauptete, durch einfache Wiederholung der beobachteten Thatsachen in Form einer Hypothese. Es ist dies (um einen scholastischen Ausdruck zu gebrauchen) ein Beispiel für eine Erklärung „idem per idem“. Sie sagt: Die grossen Massen verbinden sich nach bestimmten Gewichtsverhältnissen, weil die kleinen Massen, die Atome, von denen sie Vielfache sind, von bestimmten Gewichtsverhältnissen sind. Sie zerteilt die Thatsache und erhebt darauf hin den Anspruch, sie in eine Theorie verwandelt zu haben.[8])

Die Wahrheit ist, wie Lord KELVIN bemerkt hat, die, dass „die Annahme von Atomen keine Eigenschaft eines Körpers zu erklären vermag, welche nicht vorher den Atomen selbst beigelegt worden ist“.

Die vorhergehenden Betrachtungen wollen natürlich nicht die Verdienste der atomistischen Hypothese als eines graphischen oder erläuternden Verfahrens — als einer Hilfe für die Darstellungskunst der Phasen chemischer oder physikalischer Umwandlung schmälern. Es ist eine ausser Frage stehende Thatsache, dass die Chemie einen grossen Teil ihrer praktischen Fortschritte ihrem Gebrauche verdankt, und dass die auf sie gegründeten Strukturformeln den Chemiker befähigt haben, nicht nur den Zusammenhang und die gegenseitige Abhängigkeit der verschiedenen Stufen in der Metamorphose von „Elementen“ und „Verbindungen“ zu skizzieren, sondern in vielen Fällen auch (wie z. B. in der Reihe der Kohlenwasserstoffe in der organischen Chemie) mit Erfolg Resultate der experimentellen Forschung vorauszusagen. Die Frage, inwieweit die chemische Atomtheorie als „Arbeitshypothese“ dem Chemiker unentbehrlich ist, ist gegenwärtig Gegenstand der eifrigsten Diskussion unter

---

[8]) Dass die Annahme von Atomen verschiedenen spezifischen Gewichtes auf Grund der Atomtheorie selbst einfach absurd ist, ist bereits gezeigt worden (siehe oben S. 20). Entsprechend der mechanischen Auffassung, welche der ganzen atomistischen Hypothese zu Grunde liegt, sind Unterschiede des Gewichtes Unterschiede der Dichte, und Unterschiede der Dichte sind Unterschiede der Entfernungen zwischen den in einem gegebenen Raum befindlichen Partikeln. Im Atom gibt es aber keine Vielheit von Partikeln und keinen leeren Raum; somit sind Unterschiede der Dichte oder des Gewichtes in dem Falle von Atomen unmöglich.

Männern vom höchsten wissenschaftlichen Rufe, von denen viele die vor einigen Jahren abgegebene Erklärung COURNOT's anzunehmen nicht zögern, „dass der Glaube an Atome vielmehr ein Hindernis als eine Hilfe ist", [9]) nicht nur deshalb, weil, wie COURNOT bedauert, er zwischen die Erscheinungen der organischen und anorganischen Welt eine unüberbrückbare Kluft schafft, sondern auch weil er selbst als Darstellung der Phasen und Resultate der gewöhnlichsten chemischen Vorgänge gleichzeitig unangemessen und irreführend erscheint. Die Abänderungen, denen man letzthin sich genötigt sah, ihn zu unterwerfen, um den Anforderungen des gegenwärtigen Standes der chemischen Wissenschaft zu genügen, — wie z. B. die in den Lehren von den konstanten und wechselnden Valenzen, den molekularen oder atomistischen Verkettungen u. s. f. mit den (von KÉKULÉ u. a. verbreiteten) Begleittheorieen von molekularer Berührung, bezeugen die bei dem Versuche, die Atomhypothese in Einklang mit den theoretischen Anforderungen des Tages zu bringen, aufgetretenen Schwierigkeiten. Und in dem Masse, als die Aufmerksamkeit des modernen Chemikers auf die Übertragung und Umwandlung der in jedem Falle chemischer Verbindung und Zersetzung wie nicht weniger in jedem Falle einer allotropischen Veränderung auftretenden Energie gerichtet ist, wird die Nichteignung der Atomhypothese als Bild der wirklichen Natur chemischer Prozesse immer augenscheinlicher. [10])

---

[9]) En somme, pour l'harmonie générale du système des nos connaissances, par conséquent (autant que nous pouvons en juger) pour la plus juste perception de l'harmonie qui certainement existe dans l'ensemble des choses, la foi dans les atomes est plutôt un embarras qu'un secours." COURNOT, Traité de l'Enchainement des Idées Fondamentales dans les Sciences et dans l'Histoire, I., p. 264 seq.

[10]) Als ein Beispiel für die Missgunst, mit der die Atomhypothese von seiten hervorragender Chemiker betrachtet zu werden beginnt,

Als nächsten Gegenstand der Erörterung nehme ich mir eine der bekanntesten Anwendungen der Atomhypothese auf die Physik vor — die kinetische Gastheorie.

---

mag es gestattet sein, eine Stelle aus einem Aufsatz des kürzlich verstorbenen SIR BENJAMIN C. BRODIE, Professor der Chemie zu Oxford, zu zitieren: „I can not but say that I think the atomic doctrine has proved itself inadequate to deal with the complicated system of chemical fact wich has been brought to light by the efforts of modern chemists. I do not think that the atomic theory has succeeded in constructing an adequate, a worthy, or even a useful representation of those facts." „On the Mode of Representation afforded by the Chemical Calculus as contrasted with the Atomic Theory." Chemical News, August 1867, p. 72. Es ist übrigens wohl nicht notwendig, hinzuzufügen, dass ich mit BRODIE's eigenem theoretischen Schema, soweit ich es verstehe, nicht sympathisiere.

VIII.

Die kinetische Gastheorie. — Die Bedingungen der Giltigkeit wissenschaftlicher Hypothesen.

Im vierten Kapitel [1]) habe ich bereits einen Grundriss jener Lehre gegeben, die gegenwärtig unter dem Namen der kinetischen Gastheorie allgemein bekannt und angenommen ist. Die Annahmen dieser Theorie bestehen darin, dass ein jedes Gas aus einer grossen Zahl kleiner fester Teile besteht — den Molekeln oder Atomen — welche sich in beständiger geradliniger Bewegung befinden, die sich im ganzen betrachtet infolge der vollkommenen Elasticität der einzelnen Teile erhält, während die Richtungen der Bewegungen der Partikeln sich unaufhörlich infolge der gegenseitigen Zusammenstösse ändern. Von den zusammenstossenden Teilchen wird vorausgesetzt, dass sie auf einander bloss in sehr kleinen Entfernungen und durch sehr kurze Zeiten vor und nach dem Stosse einwirken, während in den Zwischenräumen und Zwischenpausen ihre Bewegung eine freie und folglich geradlinige ist. Die Dauer der freien Bewegung wird überdies als unendlich gross im Vergleiche zur Dauer der Zusammenstösse und gegenseitigen Einwirkungen betrachtet.

Diese Theorie wurde zuerst durch KRÖNIG [2]) in Vor-

---

[1]) Siehe oben S. 26 ff.

[2]) Pogg. Ann., Bd. 99, S. 315 ff. Wie es in solchen Fällen üblich ist, sind Vorläufer dieser Theorie seither in den Schriften verschiedener älterer Physiker gefunden worden. Vgl. P. DU BOIS-REYMOND in Pogg. Ann., Bd. 107, S. 490 ff.

schlag gebracht und ist seither durch CLAUSIUS, MAXWELL, BOLTZMANN, STEFAN, PFAUNDLER und andere Physiker besten Rufes wohl ausgearbeitet worden. So wie in dem Falle der atomistischen Hypothese überhaupt nehme ich mir auch jetzt vor, nicht so sehr die logische Berechtigung als den wissenschaftlichen Wert der in Frage stehenden Theorie zu erörtern. Zu diesem Zwecke wird es indessen notwendig sein, zunächst sich über die wahre Natur und Rolle einer wissenschaftlichen Hypothese zu vergewissern — nicht nur bezüglich der Kriterien ihres Wertes, sondern auch wegen der Bedingungen ihrer Giltigkeit.

Eine wissenschaftliche Hypothese kann, allgemein ausgedrückt, als eine provisorische oder versuchsweise Erklärung physikalischer Erscheinungen betrachtet werden.[3]) Doch was bedeutet eine Erklärung im wahren wissenschaftlichen Sinne? Die Antworten auf diese Frage, welche von Logikern und Vertretern der Wissenschaft gegeben werden, sind, wiewohl verschieden in der Ausdrucksweise, im wesentlichen von der gleichen Bedeutung. Die Erscheinungen werden erklärt durch Hervorhebung der teilweisen oder gänzlichen Identität mit anderen Erscheinungen. Wissenschaft ist Kenntnis, und alle Kenntnis ist in der Sprache Sir WILLIAM HAMILTON's[4]) eine „Vereinheitlichung des Vielfältigen". „Die Grundlage aller wissenschaftlichen Erklärung," sagt BAIN,[5]) besteht darin, eine Thatsache einer oder mehreren anderen ähnlich zu machen. Sie ist mit dem Vor-

[3]) WUNDT hat kürzlich (Logik I. Bd., S. 403) die Hypothesen von „Anticipationen von Thatsachen" zu unterscheiden und den Ausdruck „Hypothese" auf einen Sinn zu beschränken gesucht, welcher trotz seiner ethymologischen Berechtigung im Widerspruche sowohl mit dem gewöhnlichen wie mit dem wissenschaftlichen Sprachgebrauche steht.

[4]) Lectures on Metaphysics (Boston ed.), pp. 47, 48.

[5]) Logic, II. (Inductive), chap. XII, § 2.

gang der Verallgemeinerung identisch." Und „Verallgemeinerung ist bloss die Hervorhebung des Einen aus dem Vielen." [6]) Ähnlich spricht sich JEVONS [7]) aus: „Die Wissenschaft entsteht aus der Entdeckung von Identitäten im Verschiedenen," und [8]) „jeder grosse Fortschritt in der Wissenschaft besteht in einer grossen Verallgemeinerung, die auf tiefliegenden und feinen Ähnlichkeiten beruht." Dieselbe Sache drückt der eben citierte Autor an einer anderen Stelle so aus: [9]) „Jede Erklärung besteht in der Aufdeckung und Hervorhebung einer Ähnlichkeit zwischen Thatsachen oder in der Aufzeigung eines grösseren oder geringeren Grades von Identität zwischen scheinbar verschiedenen Erscheinungen."

All' dies kann in gewöhnlichen Worten so ausgedrückt werden: Sobald sich eine neue Erscheinung dem Manne der Wissenschaft oder einem gewöhnlichen Beobachter darbietet, entsteht bei beiden die Frage: Was ist das? — und diese Frage meint einfach: Von welcher bekannten, vertrauten Thatsache ist diese scheinbar fremde, bis jetzt unbekannte Thatsache eine neue Darbietung — von welcher oder von welchen bekannten, vertrauten Thatsachen ist sie eine Verkleidung oder Komplikation? Oder insofern als die teilweise oder gänzliche Identität mehrerer Erscheinungen die Grundlage der Klassification bildet (wobei eine Klasse eine Anzahl von Objekten vorstellt, die eine oder mehrere Eigenschaften gemeinsam haben), kann man auch sagen, dass jede Erklärung einschliesslich der Erklärung durch eine Hypothese ihrer Natur nach eine Klassifikation ist.

Da nun von dieser Art die wesentliche Natur einer wissenschaftlichen Erklärung ist, von der die Hypothese

---

[6]) HAMILTON, l. c., p. 48.

[7]) Principles of Science, I, p. 1.

[8]) Ib., II, p. 281.

[9]) Principles of Science, II, p. 166.

eine versuchsweise Form ist, so folgt daraus, dass keine Hypothese giltig sein kann, welche nicht das Ganze oder eine Seite der Erscheinung, zu deren Erklärung sie aufgestellt wurde, mit irgend welchen anderen vorher beobachteten Erscheinungen identificiert. Der erste und der Hauptgrundsatz jeder Verwendung der Hypothese in der Wissenschaft lässt sich formell in zwei Sätze auflösen, von denen der erste aussagt, dass jede giltige Hypothese eine Identificierung von zwei Teilen sein müsse — der Thatsache, die zu erklären ist, und der Thatsache, durch welche erklärt wird, und der zweite, dass diese letztere Thatsache aus der Erfahrung bekannt sein muss.

Die Prüfung nach dem ersten dieser Sätze ergibt die Hinfälligkeit aller jener Hypothesen, welche bloss eine Annahme an Stelle einer Thatsache setzen, und somit, in der Sprache der Scholastiker, obscurum per obscurius erklären, oder (falls die Annahme einfach die Aufstellung der Thatsache in einer anderen Form ist) idem per idem erläutern. Die Nichtigkeit einer solchen Hypothese grenzt an kindische Lächerlichkeit, wenn eine einzelne Thatsache durch eine Reihe willkürlicher Annahmen ersetzt wird, unter denen sich die Thatsache selbst befindet. Manche der Anwendungen der atomistischen Hypothese, sowohl in Physik wie in Chemie, die in dem letzten Kapitel erörtert wurden, bieten auffallende Beispiele dieser Art nutzloser Annahmen, und ähnliche Beispiele finden sich in Menge unter mathematischen Formeln vor, die nicht selten als physikalische Theorieen prunken. Diese Formeln sind in vielen Fällen einfach die Resultate einer Reihe von Umformungen einer Gleichung, welche eine Hypothese enthält, deren Elemente nichts mehr und nichts weniger als die Elemente der zu erklärenden Erscheinung sind, derart, dass das einzige Verdienst der entstandenen Formel darin besteht, nicht im Widerstreit zu einer anfänglichen zu stehen. [10])

Um die erste Bedingung ihrer Giltigkeit zu erfüllen, muss eine Hypothe die zu erklärende Thatsache in Be-

---

[10]) Ich hoffe nicht missverstanden zu werden, als ob ich die Verdienste, welche die Physik der Mathematik schuldet, herabsetzen wollte. Diese Verdienste — insbesondere die ihr durch die moderne Analysis erwiesenen — sind unberechenbar. Es gibt jedoch Mathematiker, welche sich einbilden, eine Lösung aller Geheimnisse erlangt zu haben, die ein Fall physikalischer Wirkung in sich birgt, sobald sie denselben durch eine Gruppe von Integralzeichen auf die Form eines Differentialausdruckes gebracht haben. Selbst wenn ihre Gleichungen integrabel sind, sollten sie sich gegenwärtig halten, dass die Operationen der Mathematiker rein deduktiv sind und, soweit sie auch eine physikalische Theorie ausbreiten mögen, sie dieselbe doch niemals vertiefen können. Zugegeben, dass die mathematischen Wissenschaften viel mehr als *καθάρματα ψυχῆς* sind, und deren Dienst in der Erforschung der Ursachen der Naturerscheinungen weit wichtiger ist als die lediglich regelnde Funktion der formalen Logik in der Wissenschaft überhaupt — zugegeben auch, dass die Anwendung der Mathematik auf die Physik nicht allein die Bedeutung vieler experimenteller Resultate ins rechte Licht rückt, sondern sehr oft einen zuverlässigen Führer zu erfolgreichen Untersuchungen abgibt — mögen dessen ungeachtet einige unserer hervorragenden Mathematiker und Physiker noch mit Nutzen das 96. Aphorisma im ersten Buche von BACON's Novum Organum lesen: „Naturalis Philosophia adhuc sincera non invenitur, sed infecta et corrupta; in Aristotelis schola per logicam; in Platonis schola per theologiam naturalem; in secunda schola Platonis, Procli et aliorum per mathematicam, quae philosophiam naturalem terminare, non generare aut procreare debet." In Bezug auf den Wert der im Texte erwähnten Formeln dürfte es nicht unangebracht sein, die Worte COURNOTS (De l'Enchainement, etc., I, p. 249) zu citieren: „Tant qu'un calcul ne fait que rendre ce que l'on a tiré de l'observation pour l'introduire dans les élements du calcul à vrai dire il n'ajoute rien aux données de l'observation." Zu demselben Ergebnis führten die bewunderungswürdigen Betrachtungen von POINSOT (Théorie Nouvelle de la Rotation des Corps, éd. 1851, p. 79): Ce qui a pu faire illusion à quelques esprits sur cette espèce de force qu'ils supposent aux formules de l'analyse, c'est qu'on en retire, avec assez de facilité, des vérités déja connues, et qu'on y a, pour ainsi dire, soi-même introduites, et il semble alors

ziehung zu einer oder mehreren anderen Thatsachen bringen, indem sie das Ganze oder einen Theil der ersteren mit dem Ganzen oder einem Theil der letzteren identificiert. In diesem Sinne ist sehr richtig bemerkt worden, dass jede gute Hypothese die Zahl der unbegriffenen Elemente einer Erscheinung wenigstens um eins erniedrigt.[11]) In dem nämlichen Sinne ist zuweilen gesagt worden, dass jede wahre Theorie oder Hypothese in Wirklichkeit eine Vereinfachung der Beobachtungsdaten ist — eine Behauptung, die indessen mit gehöriger Rücksicht auf den soeben besprochenen zweiten Satz verstanden werden muss, d. i. mit dem Vorbehalt, dass die Theorie nicht ein blosses asylum ignorantiae von der Art ist, wie sie die Scholastiker als ein principium expressivum bezeichnet haben, wie die Erklärung der Lebenserscheinungen durch Bezugnahme auf die Lebenskraft oder die gewisser chemischer Vorgänge durch die

---

que l'analyse nous donne ce qu'elle ne fait que nous rendre dans un autre langage. Quand un théorème est connu, on n'a qu'à l'exprimer par des equations; si le théorème est vrai, chacune d'elles ne peut manquer d'être exacte, aussi bien que les transformées qu'on en peut déduire; et si l'on arrive ainsi à quelque formule évidente, ou bien établie d'ailleurs, on n'a qu'à prendre cette expression comme un point de départ, à revenir sur ses pas, et le calcul seul paraît avoir conduit comme de lui-même au théorème dont il s'agit. Mais c'est en cela que le lecteur est trompé."

[11]) „Der Verstand hat das Bedürfnis jede Erscheinung zu erklären, d. h. dieselbe als das Resultat bekannter Kräfte oder Erscheinungen begrifflich abzuleiten ... Es geht hieraus hervor, dass jede Hypothese nur bekannte Kräfte oder Erscheinungen zur Erklärung annehmen darf, indem die Annahme einer bisher unbekannten Kraft nur die Qualität des zu erklärenden Phänomens ändern, aber nicht die Zahl der unerklärlichen Momente reduzieren kann. Soll eine Hypothese nicht vollkommen unnütz und demgemäss die Verstandesarbeit, welche sie zur Befriedigung eines Bedürfnisses erzeugte, keine zwecklose sein, so muss jede Hypothese die Zahl der unbegriffenen Momente einer Erscheinung mindestens um eins erniedrigen." ZÖLLNER, Natur der Kometen, S. 189 f.

katalytische Wirkung. Wirkliche wissenschaftliche Erklärungen sind gewöhnlich von komplizierter Form — nicht nur weil die meisten Erscheinungen im allgemeinen komplizierterer Natur sind, sobald sie einer eingehenderen Untersuchung unterworfen werden, sondern weil auch die einfachste Thatsache nicht die Wirkung einer einzelnen Ursache, sondern das Ergebnis einer grossen und oft unbestimmbaren Vielfältigkeit von Agentien ist, — das Resultat des Zusammenwirkens zahlreicher Bedingungen. Die NEWTON'sche Theorie der Planetenbewegung ist weit verwickelter als die KEPLER's, nach der jeder Planet längst seiner Bahn durch einen angelus rector geführt wurde, und die durch die moderne Himmelsmechanik gegebene Erklärung der Präcession der Nachtgleichen ist weit weniger einfach als die Erklärung, dass sich unter den grossen ursprünglich vom Schöpfer des Weltalls geschaffenen Perioden der Cyclus des Hipparch befunden habe. Das alte Sprichwort „simplex veri judicium" muss mit einiger Einschränkung verstanden werden, bevor es mit Vertrauen als eine sichere Regel zur Bestimmung des Wertes wissenschaftlicher Lehren hingenommen werden kann.

Ich komme nun zu dem zweiten Erfordernis für die Giltigkeit einer Hypothese: die erklärende Erscheinung (d. h. diejenige, mit der die zu erklärende Erscheinung identifiziert wird) muss durch die Erfahrung gegeben sein. Dieser Satz ist in Wirklichkeit gleichbedeutend mit jenem Teile von NEWTON's [12]) erster Regel des Philosophierens, in dem er darauf besteht, dass die zur Erklärung herangezogene Ursache eine vera causa sein muss — ein Ausdruck, den er nicht ausdrücklich in den Prinzipien erklärt, dessen Bedeutung aber aus der folgenden Stelle der Optik [13]) entnommen werden kann: „Uns zu sagen, dass jede Art von Dingen mit einer besonderen geheimen Eigenschaft begabt

[12]) Phil. Nat. Princ. Math., lib. III.

[13]) 4. Aufl. S. 377.

ist, durch die sie wirkt und offenbare Wirkungen hervorbringt, heisst so viel wie uns gar nichts zu sagen. Aber zwei oder drei allgemeine Prinzipien der Bewegung aus den Erscheinungen abzuleiten und hernach uns zu zeigen, wie die Eigenschaften und Wirkungen aller körperlichen Dinge aus diesen offenkundigen Prinzipien sich ergeben, würde einen sehr grossen Fortschritt in der Philosophie bedeuten, wenn auch die Ursachen dieser Prinzipien noch nicht entdeckt wären."

Die in Frage stehende Forderung war lange Zeit Gegenstand lebhafter Diskussion zwischen J. St. MILL, WHEWELL und anderen; doch wird man, glaube ich, finden, dass, abgesehen von einigen Zugeständnissen für unvermeidliche Verwicklungen, wenig wirkliche Nichtübereinstimmung zwischen den Denkern besteht. Die jüngste Behauptung von G. H. LEWES,[14]) dass „eine Erklärung um giltig zu sein durch Teile bereits beobachteter Erscheinungen ausgedrückt werden müsse" und die Gegenbehauptung von JEVONS,[15]) dass „Übereinstimmung mit der Thatsache (d. h. mit der zu erklärenden) der einzige und hinreichende Prüfstein einer wahren Hypothese sei" sind beide zu weit und sind in der That durch LEWES und JEVONS selbst im Verlaufe der Diskussion abgeändert worden; doch ist die Behauptung von LEWES dessen ungeachtet in dem Sinne wahr, dass keine Erklärung eine wirkliche ist, die nicht experimentelle Data unter einen Begriff bringt. Die Verwirrung, welche wie in so vielen anderen Fällen wissenschaftlicher Kontroverse der scheinbaren Nichtübereinstimmung der beiden Parteien zu Grunde liegt, entspringt aus einer Nichtbeachtung des Umstandes, dass die Identifizierung zweier Erscheinungen sowohl eine teilweise wie eine indirekte sein kann — dass sie dadurch bewerkstelligt werden kann, dass

[14]) Problems of Life and Mind, II, 7.

[15]) Princ. of Science, II, 138.

in den Erscheinungen ein gemeinsamer bekannter Zug unter der Bedingung aufgezeigt wird, dass in einer oder in beiden Erscheinungen noch irgend ein anderer bisher noch nicht direkt beobachteter oder gar nicht der Beobachtung zugänglicher Zug angenommen wird. Das passendste Beispiel hierzu bietet die so viel erörterte Wellentheorie des Lichtes. Diese Hypothese identifiziert das Licht mit anderen Formen der Strahlung und selbst mit dem Schall, indem sie zeigt, dass alle diese Erscheinungen das Element der Schwingung (welches aus der Erfahrung sehr wohl bekannt ist) gemeinsam haben, wenn man ein alles durchdringendes materielles Medium von einer aus Erfahrung ganz unbekannten Art als Träger der Lichtschwingungen voraussetzt. In diesem sowie in allen ähnlichen Fällen liegt die Identität nicht in dem erdichteten Element, dem Äther, sondern in dem wirklichen Element, der Schwingung. Es besteht nicht in dem Agens, sondern in dem Gesetze seiner Wirkungsweise. Und es ist klar, dass eine jede Hypothese, welche Übereinstimmungen zwischen den Erscheinungen in lediglich rein erdichteten Punkten lehrt, völlig eitel ist, weil sie in keinem Sinne eine Identifikation von Erscheinungen ist. Ja sie ist mehr als eitel; sie ist ohne einen Sinn — eine blosse Sammlung von Worten oder Zeichen ohne begriffliche Bedeutung. So drückt sich denn Jevons[16]) aus: „Keine Hypothese kann so sehr im Geiste erdacht sein, dass sie sich nicht mehr oder weniger an die Erfahrung anschliesst. So wie das Material unserer Ideen unzweifelhaft der Empfindung entstammt, so können wir uns ein Agens nur begabt mit einigen der Eigenschaften der Materie vorstellen. Alles was der Geist bei der Schaffung neuer Wesen thun kann, ist die Abänderung der Kombinationen oder nach Analogie die Abänderung der Stärke

[16]) Princ. of Science, II, 141.

sinnlicher Empfindungen." J. St. MILL ist daher offenbar im Unrecht, wenn er sagt,[17]) dass „da eine Hypothese eine blosse Annahme ist, sie keine anderen Grenzen kennt als die der menschlichen Einbildungskraft", und dass „wir, falls es uns gefällt, zur Erklärung einer Wirkung irgend eine Ursache von ganz unbekannter Art, die nach einem gänzlich erdichteten Gesetze wirkt, annehmen können." Das Gebrechen des zweiten Teiles dieses Satzes ist offenbar von MILL selbst gefühlt worden, denn er fügt am Schluss des nächsten Satzes hinzu, „dass es wahrscheinlich keine Hypothese in der Geschichte der Wissenschaft gibt, bei der sowohl das Agens selbst wie das Gesetz seiner Wirkung ein erdichtetes wäre." Gewiss gibt es keine solche — zum mindesten keine, welche in irgend einer Weise dem Interesse der Wissenschaft dienlich wäre.

Eine Hypothese kann nicht nur eine sondern mehrere erdichtete Annahmen enthalten, vorausgesetzt nur, dass sie eine Übereinstimmung unter den Erscheinungen in einem besonderen Punkte, der wirklich und beobachtbar ist, hervortreten lassen, oder seine Wahrscheinlichkeit oder wenigstens Möglichkeit zeigen. Dies ist besonders dann berechtigt, wenn die hervorgehobene Übereinstimmung nicht zwischen zwei, sondern einer grösseren Zahl von Erscheinungen und noch mehr, wenn sie nicht bloss in einem, sondern in mehreren thatsächlichen Punkten zwischen verschiedenen Erscheinungen stattfindet, so dass, wie sich WHEWELL[18]) ausdrückt, „die Hypothesen, welche zur Erklärung einer Klasse von Fällen angenommen wurden, sich als ausreichend zur Erklärung anderer Erscheinungen von verschiedener Natur herausstellen." Ein Beispiel hierzu bietet die eben erwähnte Hypothese des Lichtäthers, von der man zuerst geglaubt hat, dass sie auch die Verzögerung der Kometen

---

[17]) Logic, 8th ed., p. 394.

[18]) History of the Inductive Sciences (Am. ed.), II, 186.

erkläre. Während jedoch die Wahrscheinlichkeit der Wahrheit einer Hypothese in direktem Verhältnis zu der Zahl der von ihr in gegenseitige Beziehung gebrachten Erscheinungen ist, steht sie im umgekehrten Verhältnisse zu der Zahl solcher Erdichtungen, oder noch genauer, ihre Unwahrscheinlichkeit wächst im geometrischen Verhältnis, wenn die Zahl der willkürlichen Annahmen im arithmetischen zunimmt.[19]) Dies findet wieder seine Illustration in der Wellentheorie des Lichtes. Die grosse Zahl der willkürlichen (erdichteten) Annahmen dieser Theorie in Verbindung mit dem Mangel an Übereinstimmungen, durch welche sich anfänglich die Theorie so auszuzeichnen schien, kann schwerlich anders als ein ständiges Hindernis ihrer Giltigkeit in

---

[19]) „En général," sagt COURNOT (De l'Enchainement, etc. I, 103) une théorie scientifique quelconque, imaginée pour relier un certain nombre de faits donnés par l'observation, peut être assimilée à la courbe que l'on trace d'après une loi géometrique, en s'imposant la condition de la faire passer par un certain nombre de points donnés d'avance. Le jugement que la raison porte sur la valeur intrinsèque de cette théorie est un jugement probable, une induction dont la probabilité tient d'une part à la simplicité de la formule théorique, d'autre part au nombre des faits ou des groupes des faits qu'elle relie, le même groupe devant comprendre tous les faits qui s'expliquent déjà les uns par les autres, indépendamment de l'hypothèse théorique. S'il faut compliquer la formule à mesure que de nouveaux faits se révèlent à l'observation elle devient de moins en moins probable en tant que loi de la Nature; ce n'est bientôt plus qu'un échafaudage artificiel qui croule enfin lorsque, par un surcroit de complication, elle perd même l'utilité d'un système artificiel, celle d'aider le travail de la pensée et de diriger les recherches. Si au contraire les faits acquis à l'observation postérieurement à la construction de l'hypothèse sont reliés par elle aussi bien que les faits qui ont servi à la construire, si surtout des faits prévus comme conséquences de l'hypothèse reçoivent des observations postérieures une confirmation éclatante, la probabilité de l'hypothèse peut aller jusqu'à ne laisser aucune place au doute dans un esprit éclairé."

ihrer gegenwärtigen Form betrachtet werden. Mögen wir auch noch so geneigt sein, den Anforderungen der Theorie stattzugeben, wenn dieselbe von uns das Zugeständnis verlangt, den ganzen Raum und alle wahrnehmbare Materie von einem diamantharten Medium durchdrungen anzunehmen, das in jedem Punkte des Raumes eine 1 148 000 000 000 grössere elastische Kraft als die Luft an der Erdoberfläche ausübt und somit jeden Quadratcentimeter mit einer Kraft von 1 186 000 000 000 kg drückt [20]) — einem Medium, welches gleichzeitig unserer sinnlichen Wahrnehmung entgeht, ganz und gar ungreifbar ist und den Bewegungen der gewöhnlichen Körper keinen nennenswerten Widerstand entgegensetzt, — so werden wir doch verblüfft, wenn man uns sagt, dass dies Zugeständnis eines diamantharten Mediums, des Äthers, nicht im Stande ist, die beobachteten Unregelmässigkeiten in der periodischen Wiederkehr der Kometen zu erklären; dass ferner der angenommene Lichtäther nicht nur als Medium für die Hervorbringung und Verbreitung elektrischer Erscheinungen unverwendbar ist, so dass man gezwungen ist, für diese einen besonderen alles durchdringenden elektrischen Äther anzunehmen, [21]) sondern dass es auch sehr zweifelhaft ist, ob die Annahme eines einzigen Äthermediums im Stande ist, für alle bekannten Erscheinungen der Optik Rechenschaft zu geben (wie z. B. für die Nichtinterferenz zweier ursprünglich in zwei verschiedenen Ebenen polarisierter Lichtstrahlen, wenn dieselben auf dieselbe Polarisationsebene gebracht werden, und für gewisse Erscheinungen der Doppelbrechung, angesichts deren es notwendig erscheint anzunehmen, dass die Härte des Mediums

---

[20]) Vgl. HERSCHEL, Familiar Lectures, etc., p. 282; F. DE WREDE (Präsident der königlichen Akademie der Wissenschaften in Stockholm) Adresse, Phil. Mag., 4th ser., vol. 44, p. 82.

[21]) W. A. NORTON, On Molecular Physics, Phil. Mag., 4th ser., vol. 23, p. 193.

sich mit der Richtung der Spannung ändert — eine Voraussetzung, die im Widerspruche zu den Thatsachen über die Intensität des reflektierten Lichtes steht); und dass es für die entsprechende Erklärung der Lichterscheinungen „notwendig ist, das, was wir Äther nennen, als aus zwei Medien bestehend zu betrachten, von denen jedes eine gleich grosse und enorme Elasticität besitzt, und die beide in gleichen Mengen im Raume vorhanden sind, und deren Schwingungen in zu einander senkrechten Ebenen stattfinden, wobei sich die beiden Medien zu einander indifferent verhalten, einander weder anziehen noch abstossen.“ [22]) Diese endlose Überhäufung des Raumes mit Äthermedien und gewöhnlicher Materie erinnert in bedenklicher Weise an die drei Arten von Äthersubstanzen, die LEIBNIZ und DESCARTES als Grundlage für ihre Wirbelsysteme forderten. Es versetzt

---

22) HUDSON, On Wave Theories of Light, Heat, and Electricity, Phil. Mag. (IV), vol. 44, p. 210 seq. In diesem Artikel weist der Verfasser auch auf die Plumpheit der Hilfshypothesen hin, die zur Vermeidung anderer Schwierigkeiten der Wellentheorie ersonnen worden sind, unter denen sich auch die im letzten Kapitel erörterten befinden. „Waves of sound,“ sagt er, „in our atmosphere are 10000 time as long as the waves of light and their velocity of propagation about 850000 times less, and, even when air has been raised to a temperature at which waves of red light are propagated from matter, the velocity of sound-waves is only increased to about double what it was at zero centigrade. Even their velocity through glass is 55000 times less than the speed of the aethereal undulations, and the extreme slowness of change of temperature in the conduction of heat (as contrasted with the rapidity with which the vibrations of the aether exhaust themselves, becoming insensible almost instantly when the action of the existing cause ceases) marks distinctly the essential difference between molecular and aethereal vibrations. It appears to me, therefore, a very crude hypothesis to imagine a combination of aethereo-molecular vibrations as accounting for the very minute difference in the retardation of doubly refracted rays in crystals.“

zum mindesten unsere Gedanken in eine quälende Unruhe, wenn wir gezwungen sind, im Interesse der angenommenen Form der Wellentheorie nicht nur alle Mutmassungen, die aus der gewöhnlichen Beobachtung entstehen, und alle Analogien der Erfahrung zurückzuweisen, sondern auch Hypothesen und Äthermedien ins unendliche auf einander zu häufen. Der Umstand aber, dass die in Frage stehende Theorie nicht nur für alle in der Zeit ihrer Verbreitung bekannten Erscheinungen der Optik Rechenschaft zu geben vermochte, sondern auch das grosse Verdienst glücklicher Vorhersagung für sich hat, indem sie eine Reihe von nachher entdeckten Thatsachen vorausgesagt hatte, vermag uns nur teilweise wieder zu beruhigen. Diese Voraussagungen sind allerdings nicht nur zahlreich gewesen, es sind auch mehrere unter ihnen, wie HAMILTON's Ankündigung der konischen Refraktion (die später von LLOYD bestätigt wurde) und FRESNEL's Voraussicht der Zirkularpolarisation nach zwei inneren Reflexionen in einem Prisma (aus der imaginären Form eines algebraischen Ausdruckes), sehr auffallend. Wiewohl aber Anticipationen gerade dieser Art sehr geeignet sind, eine Hypothese zu beglaubigen, so sind sie doch, wie J. St. MILL[23]) gezeigt hat, keineswegs unbedingte Erprober ihrer Wahrheit. Gebraucht man das Wort „Ursache“ in dem Sinne, in welchem es gewöhnlich verstanden wird, so kann eine Wirkung einer von mehreren Ursachen zugeschrieben werden und kann infolgedessen in vielen Fällen durch irgend eine unter mehreren widerstreitenden Hypothesen erklärt werden, wie dies aus einem ganz flüchtigen

[23]) Logik, S. 356. Lange vor MILL bemerkte LEIBNIZ, dass der Erfolg im Erklären (oder Vorhersagen) von Thatsachen kein Beweis für die Giltigkeit einer Hypothese ist, da ja auch richtige Schlüsse aus falschen Prämissen gezogen werden können — oder wie sich LEIBNIZ ausdrückt, „comme le vrai peut être tiré du faux.“ Vgl. Nouveaux Essais, chap. 17, sec. 5, Leibnitii opp., ed. Erdmann, p. 397.

Blick auf die Geschichte der Wissenschaft erhellt. Wenn eine Hypothese mit Erfolg eine Reihe von Erscheinungen erklärt, in Bezug auf welche sie ersonnen worden ist, so ist es nichts seltsames, wenn sie noch andere damit durch unmittelbar folgende Entdeckung verknüpfte ebenfalls zu erklären vermag. Es gibt wenige aufgegebene physikalische Theorien, die sich nicht der Vorhersage von Erscheinungen rühmen könnten, auf die sie hingewiesen haben und die nachher beobachtet worden sind; unter sie gehört die Einfluidumtheorie der Elektrizität und die Corpusculartheorie des Lichtes.

Es gibt natürlich noch andere Bedingungen für die Giltigkeit einer Hypothese, die ich noch nicht angeführt habe. Zu diesen gehören die von Sir W. HAMILTON, MILL, BAIN u. a. näher erörterten wie z. B. die, dass die Hypothese nicht sich selbst oder bekannten Naturgesetzen widersprechen dürfe (welch letztere Bestimmung allerdings etwas zweifelhaft ist, da ja die betreffenden Gesetze unvollständige Induktionen aus vergangener Erfahrung sein können, die durch die von der Hypothese geforderten Elemente zu ergänzen wären); dass sie von der Art sein müsse, um Schlüsse deduktiver Natur zu erlauben u. s. w. Angesichts meines gegenwärtigen Vorhabens ist es nicht nötig, auf dies alles einzugehen. Die zwei Bedingungen, welche ich einzuschärfen und zu erläutern suchte, sind meines Erachtens nach ausreichende Prüfsteine der Giltigkeit und der Verdienste der kinetischen Gastheorie.

Die fundamentale Thatsache, die durch diese Theorie erklärt werden soll, ist die, dass die Gase Körper sind, welche sich bei konstanter Temperatur und bei Abwesenheit äusseren Druckes in gleicher Weise ausdehnen. Aus dieser Thatsache ergeben sich die zwei grossen empirischen Gesetze, welche jene physikalischen Eigenschaften ausdrücken, die durch die Erfahrung direkt bestätigt werden, als notwendige und unmittelbare Folgerungen, da sie in der That nichts anderes vorstellen als teilweise und sich ergänzende Ausdrücke derselben. Da die Begrenzung eines Gasvolumens durch den Druck allein bewerkstelligt wird — der Zusammenhalt einer Gasmenge dem Drucke allein verdankt wird — so folgt, dass sie ihm proportional, d. h. mit anderen Worten, dass das Volumen eines Gases dem Drucke verkehrt proportional sein müsse; und dies ist das Gesetz von BOYLE oder MARIOTTE. Da ferner die Temperatur durch die gleichförmige Ausdehnung einer Gassäule (beim Luftthermometer) gemessen wird, muss sie, wenn sich alle Gase in gleicher Weise ausdehnen, dem Volumen eines Gases proportional sein und umgekehrt; das ist das Gesetz von CHARLES.[24])

---

[24]) Einer der sonderbarsten Vorfälle in der Geschichte der Physik ist die ernsthafte Diskussion der Frage nach dem wahren Gesetz der Ausdehnung der Gase. „Nach GAY-LUSSAC bildet," sagt BALFOUR STEWART (Treatise on Heat, p. 60) „die Vermehrung des Volumens, welche ein Gas bei der Temperaturerhöhung um 1^0 erfährt, ein bestimmtes festes Verhältnis zu seinem Anfangsvolumen bei 0^0 C.; während nach DALTON ein Gas von irgend einer Temperatur beim Wachsen derselben um 1^0 sich um einen konstanten Bruchteil des Volumens bei dieser Temperatur ausdehnt ... Die Ausdehnung der Gase ist seither durch RUDBERG, DULONG und PETIT, MAGNUS und REGNAULT untersucht worden, und das Ergebnis ihrer Arbeiten lässt wenig Zweifel, dass GAY LUSSAC's Ausdrucksweise des Gesetzes der Wahrheit bedeutend näher liegt als die DALTON's. Da die Versuche von RUDBERG und den anderen notwendigerweise unter der Voraussetzung gemacht worden sind, dass der Ausdehnungscoefficient für sämtliche Gase der nämliche ist (da sich die Frage nicht auf die Ausdehnung spezieller Gase, sondern die der Gase überhaupt bezog), und als Normaltemperatur die Angaben eines Luftthermometers benutzt wurden, so wäre es in der That sehr überraschend gewesen, wenn das Ergebnis die DALTON'sche Ansicht bestätigt hätte. Ein Thermometer wird durch Einteilung einer gegebenen Länge einer Röhre in gleiche Teile graduiert. Es ist somit klar, dass der aus der Ausdehnung der Luft in einer solchen Röhre bei der Erwärmung um 1^0 sich ergebende Zuwachs des Volumens

Die vorhergehende Realdefinition eines Gases (d. h. die Hervorhebung seiner Eigenschaften) bezieht sich bloss auf ideale oder vollkommene Gase. Aus der wirklichen Erfahrung kennen wir kein Gas, das sich in Abwesenheit von Druck völlig gleichförmig ausdehnt;*) und aus diesem Grunde auch keines, das sich genau an die Gesetze von BOYLE und CHARLES hält. Überdies sind wir nicht im Stande, direkt ein Gas zu beobachten, das völlig frei von Druck ist; was uns die Erfahrung lehrt, ist einfach, dass sich die Gase (wenn alles andere unverändert bleibt) im Verhältnis zur Verkleinerung des Druckes, dem sie unterworfen sind, ausdehnen. Doch ist im Falle vieler Gase — jener, welche entweder völlig incoërcibel, oder nur mit grosser Schwierigkeit coërcibel sind (d. h. sich in den

---

ein bestimmter Teil eines anfänglich angenommenen konstanten Volumens ist; und das gleiche muss natürlich auch von jedem anderen Gas gelten, wenn es sich im gleichen Verhältnisse ausdehnt. Die dem Gesetze von DALTON gegebene Form würde zu folgender bemerkenswerten Reihe gleicher Brüche führen — von denen der erste den Wert der Ausdehnung der Luft im Thermometer und die folgenden den Wert (oder vielmehr die Werte) der Ausdehnung des geprüften Gases vorstellen würde (wobei a die lineare Ausdehnung der Luft in dem Thermometer, v ihr anfängliches Volumen, a' die entsprechende Ausdehnung des untersuchten Gases, v' sein Anfangsvolumen bedeutet): $\frac{a}{v} = \frac{a'}{v'} = \frac{a'}{v' + a'} = \frac{a'}{v' + 2a'} = \frac{a'}{v' + 3a'} = \frac{a'}{v' + 4a'} = \ldots$ etc. Die Versuche einer experimentellen Lösung dieser Frage deuten — beiläufig bemerkt — auf einen Zweifel bezüglich der Korrektheit der herrschenden thermometrischen Systeme, die auf die Annahme der Gleichheit der Volumverhältnisse gegründet sind, in denen ein Glied konstant bleibt, während das andere variabel ist, nämlich von Brüchen, die gleiche Nenner aber ungleiche Zähler haben. Dieser Zweifel wird nicht völlig durch die Überlegung verscheucht, dass die Durchmesser unserer Thermometerröhren sehr klein sind.

*) Diese Stelle ist in ihrer nachlässigen Stilisierung unverständlich. Anm. d. Übers.

flüssigen oder festen Aggregatzustand verwandeln lassen) und beinahe aller Gase bei sehr hohen Temperaturen — die Abweichung von der Gleichförmigkeit der Ausdehnung sehr gering.

Wie erklärt nun die kinetische Gastheorie diese soeben angeführten Thatsachen? Sie behauptet diese auf Grund von wenigstens drei willkürlichen Annahmen zu erklären, von denen nicht eine durch die Erfahrung gegeben ist, nämlich durch die Annahmen:

1. dass ein Gas aus festen Teilchen zusammengesetzt ist, die unzerstörbar und von konstanter Masse und Volumen sind;

2. dass diese das Gas zusammensetzenden Teilchen absolut elastisch sind;

3. dass sich diese Teilchen in beständiger Bewegung befinden und, sehr kleine Entfernungen ausgenommen, in keiner Weise auf einander einwirken, so dass deren Bewegungen absolut frei und infolgedessen geradlinig sind.

Ich enthalte mich dabei der Aufstellung einer vierten Annahme — der von der absoluten Gleichheit der Teilchen, wenigstens in Bezug auf die Masse — weil man (wiewohl unberechtigterweise) diese für eine Folge der übrigen Annahmen erklärt hat.

Die erste dieser Annahmen ist in dem letzten Kapitel hinlänglich betrachtet worden. Die zweite Annahme behauptet die absolute Elasticität der das Gas zusammensetzenden festen Teile. Worin liegt die Bedeutung und der Zweck dieser Annahme? Die Elasticität eines festen Körpers ist jene Eigenschaft, vermöge welcher er Teile des Raumes von bestimmten Rauminhalt und bestimmter Gestalt einnimmt und einzunehmen trachtet, und infolgedessen gegen jede Kraft, die eine Änderung dieses Volumens oder dieser Gestalt bewirkt oder zu bewirken strebt, eine Gegenkraft ausübt, welche im Falle vollkommener Elasticität der einwirkenden Kraft genau proportional ist. Es ist nun sofort einleuchtend, dass die Eigenschaft — die Thatsache — die in den das Gas zusammensetzenden festen Teilen angenommen wird, die wirkliche zu erklärende Thatsache beim Gas in sich enthält. Ein vollkommenes Gas wirkt gegen einen Druck, der sein Volumen zu verkleinern sucht, mit einer diesem Drucke proportionalen Kraft; und aus diesem Grunde werden die Gase als elastische Flüssigkeiten bezeichnet. Dieser Widerstand eines Gases gegen die Verkleinerung seines Volumens ist offenbar eine einfachere Thatsache als der Widerstand eines festen Körpers, der sowohl gegen die Verkleinerung wie gegen die Vergrösserung des Volumens und ausserdem noch gegen die Veränderung der Gestalt gerichtet ist. Der Widerstand gegen mehrere Arten von Veränderung verlangt eine grössere Zahl von Kräften und ist somit eine verwickeltere Erscheinung als der Widerstand gegen eine Art von Veränderung.[25])

Es erscheint auf diese Weise die Voraussetzung einer absoluten Elasticität der festen Körper, deren Aggregat ein Gas bilden soll, als eine flagrante Verletzung der ersten

[25]) Es kann eingewendet werden, dass die grössere Einfachheit der Eigenschaften eines Gases rein begrifflicher Natur ist. Die Identifizierung von Begriffen mit Thatsachen ist unzweifelhaft der grosse fundamentale Irrtum der Spekulation; jetzt aber handelt es sich um die begrifflichen Elemente der unter Diskussion stehenden Hypothese. Die Ansicht, dass ein fester Körper von konstantem Volumen (oder genauer ausgedrückt, von veränderlichem Volumen, der sich durch eigene Bewegung auf ein festes Volumen ausdehnt oder zusammenzieht) ein einfacheres Ding sei als ein sich gleichförmig ausdehnender Körper, beruht sicherlich auf keiner Thatsache der Erfahrung, sondern stellt ein blosses Vorurteil des Geistes vor, ähnlich dem Gedanken, dass ein Körper in Ruhe eine einfachere Erscheinung sei als ein solcher in gleichförmiger Bewegung und überhaupt die Ruhe einfacher sei als die Bewegung. Dieses Vorurteil hat seine Wurzel in dem gewohnheitsmässigen Vergessen der prinzipiellen Relativität aller Erscheinungen, die später erörtert werden soll.

Bedingung der Giltigkeit einer Hypothese — der Bedingung, welche eine Verringerung der Zahl der nicht verwandten Elemente der zu erklärenden Thatsache verlangt und folglich eine blosse Wiederholung der Thatsache in Form einer Hypothese und a fortiori eine Einsetzung mehrerer willkürlicher Annahmen für eine Thatsache verbietet. Offenbar ist die von der kinetischen Gastheorie gebotene Erklärung, insoweit als uns deren zweite Annahme auf dieselbe Erscheinung führt, von der sie ausgeht, die der Elasticität (gleich der Erklärung der Undurchdringlichkeit oder der Verbindung der Elemente nach bestimmten Gewichtsverhältnissen durch die Atomtheorie) einfach eine Illustrierung idem per idem, und das wahre Gegenteil eines wissenschaftlichen Verfahrens. Sie ist eine blosse versatio in loco — eine Bewegung ohne Fortschritt. Sie ist völlig eitel, oder vielmehr, da sie die Erscheinung, die sie zu erklären vorgibt, verwickelt, schlimmer als nichtig — eine völlige Umkehrung der vernünftigen Ordnung, eine Auflösung einer Identität in eine Verschiedenheit, eine Zersplitterung des Einen in das Viele, eine Entwicklung des Einfachen in das Verwickelte, eine Deutung des Bekannten durch Glieder des Unbekannten, eine Aufhellung des Evidenten durch das Mysteriöse, eine Zurückführung einer augenscheinlichen und wirklichen Thatsache auf ein grundloses und schattenhaftes Phantom.[26])

---

[26]) Alle Theoretiker, die für eine physikalische Thatsache durch eine Häufung willkürlicher Annahmen, unter denen sich die Thatsache selbst befindet, Rechenschaft zu geben versuchen, verfallen ARISTOTELES' scharfem Verweise der PLATOnischen Ideenlehre — ihre Bemühungen sind ebenso hinfällig als die einer Person, welche zum Zwecke der Erleichterung des Zählens mit der Multiplikation der Zahlen beginnt — *οἱ δὲ τὰς ἰδέας αἰτίας τιθέμενοι πρῶτον μεν ζητοῦντες τωνδὶ τῶν ὄντων λαβεῖν τὰς αἰτίας ἕτερα τούτοις ἴσα τὸν ἀριθμὸν ἐκόμισαν ὥσπερ εἴ τις ἀριθμῆσαι βουλόμενος ἐλαττό-*

Ich übergehe die bereits diskutierte Frage, ob die vorausgesetzte vollkommene Elasticität und Konstanz des Volumens der angenommenen Urteilchen (im Lichte der mechanischen Theorie überhaupt) mit deren absoluten Elasticität verträglich ist oder nicht und wende mich zur Betrachtung der dritten Annahme der kinetischen Hypothese. Diese Annahme bildet eine unvermeidliche Ergänzung zu der anfänglichen theoretischen Verwicklung der Erscheinung der Elasticität, die durch die willkürliche Einsetzung der Reaction eines festen Körpers gegen Vergrösserung und Verkleinerung des Volumens und gegen Änderung der Gestalt für die einfache Gegenwirkung des Gases gegen die Verringerung seines Volumens hervorgerufen wurde. Um einer grundlosen Eigentümlichkeit der Hypothese (der Hinzufügung des elastischen Widerstandes gegen Ausdehnung und Torsion zu dem gegen Kompression) los zu werden und in Übereinstimmung mit der zu erklärenden Thatsache zu gelangen, wird es notwendig, eine andere willkürliche Eigentümlichkeit hinzuzufügen, — die Teile mit unaufhörlichen, geradlinigen Bewegungen nach allen Richtungen hin zu versehen. Bezüglich dieser Annahme, die wie die anderen Annahmen der mechanischen Theorie auf einer völligen Ausserachtlassung der Relativität und der daraus sich ergebenden gegenseitigen Abhängigkeit der Naturerscheinungen beruht, ist für den Augenblick zu bemerken,

---

νων μὲν ὄντων οἴοιτο μὴ δυνήσασθαι, πλείω δὲ ποιήσας ἀριθμοίη. Met., A. 9, 990, et seq. OCCAM's Regel „Entia non sunt multiplicanda praeter necessitatem" findet in der Physik nicht weniger Anwendung als in der Metaphysik; und es gibt physikalische Theorieen, von denen MICHEL MONTAIGNE, falls er heute leben würde, das sagen würde, was er dreihundert Jahre vorher von gewissen scholastischen Träumereien gesagt hatte: „On eschange un mot pour un autre mot, et souvent plus incogneu . . . Pour satisfaire à un double, ils m'en donnent trois; c'est la teste d'Hydra . . . Nous communiquons une question; on nous en redonne une ruchée." Essais, III, 13.

dass sie völlig grundlos und nicht nur durch die Erfahrung ganz und gar unbestätigt, sondern auch ohne alle Analogie mit derselben ist. Körper, welche sich bis nahe an die Grenze der unmittelbaren Berührung unabhängig und ohne einer gegenseitigen Anziehung oder Abstossung oder einer anderen Art gegenseitiger Wirkung bewegen und demnach eine vollkommene Verwirklichung des abstrakten Begriffes einer freien und unaufhörlichen geradlinigen Bewegung darstellen, sind etwas ganz Unerhörtes auf dem weiten Felde sinnlicher Erfahrung. Ein so vollständiges Verlassen der Analogieen der Erfahrung ist am überraschendsten angesichts des Umstandes, dass die Atomtheorie, von der die kinetische Gastheorie einen Zweig ausmacht, eingestandenermassen eine Verkörperung von Eingebungen ist, die aus der Himmelsmechanik stammen. Es gibt schwerlich ein Lehrbuch der modernen Physik, in dem die Atome oder Molekeln nicht mit Planeten- oder Sternsystemen verglichen würden. „Ein zusammengesetztes Atom," sagt JEVONS,[27]) „kann etwa mit einem Sternsystem verglichen werden, worin jeder Stern ein kleineres System für sich vorstellt." Die Körper aber, von denen die Himmelsmechanik handelt, sind alle dem Gesetz der Massenanziehung unterworfen; und die Bedeutung des allerersten Satzes der NEWTON'schen Prinzipien geht dahin, dass diese Körper, sobald sich ihre Bewegungen in irgend einem Augenblicke nicht in derselben Geraden vollziehen, niemals zusammenstossen, sondern sich stets in krummen von einander getrennten Bahnen bewegen. Schiefe Stösse zwischen denselben, die Drehungen ebensogut wie Abweichungen von den Bahnen vor dem Zusammenstosse

---

[27]) „A compound atom may perhaps be compared with a stellar system, each star a minor system in itself." Principles of Science, I, 453. In ARWED WALTER's „Untersuchungen über Molekularmechanik" S. 216, wird das System des Jupiter um seiner Satelliten ein „Planetenmolekel" genannt.

erzeugen, wie sie CLAUSIUS und die anderen Förderer der kinetischen Theorie sich erdacht hatten, sind unmöglich. Und dies ist richtig nicht nur, wenn die gegenseitigen Wirkungen der Körper umgekehrt dem Quadrate ihrer Entfernung sich ändern, sondern auch wenn dies nach einer höheren Potenz derselben geschieht — ein Satz, der angesichts gewisser Spekulationen von BOLTZMANN, STEFAN und MAXWELL, auf die ich sofort zu sprechen komme, wohl im Auge zu behalten ist.

Es gibt noch eine andere ausserordentliche und in Anbetracht aller Lehren der Wissenschaft unverantwortliche Eigentümlichkeit der Annahme über die Bewegungen der angenommenen Elementarpartikeln. Ich meine die völlige Diskontinuität zwischen der heftigen gegenseitigen Wirkung, die diesen Teilen während weniger Augenblicke vor und nach deren Zusammenstössen zugeschrieben wird und der völligen Abwesenheit jeder gegenseitigen Wirkung während der vergleichsweise langen Zeiträume ihrer geradlinigen Bewegung in ihren „freien Bahnen". Und dies führt mich dazu, einige Worte über gewisse Hilfsannahmen zu sagen, die von MAXWELL u. a. aufgestellt worden sind, um über die Anomalien, die sich bei Gasen von verschiedenen Graden der Coërcibilität in ihren Abweichungen von BOYLE's und CHARLES' Gesetz vorfinden, Rechenschaft zu geben. MAXWELL nimmt an, dass die Gasmolekeln weder genau sphärisch, noch absolut elastisch sind, und dass deren Mittelpunkte einander mit einer Kraft abstossen, die der 5. Potenz ihrer Entfernung proportional ist;[28]) während STEFAN[29]) die Hypothese den Erscheinungen durch die

---

[28]) Seit dem dies geschrieben worden, hat MAXWELL selbst diese Annahme als den Thatsachen nicht entsprechend aufgegeben.

[29]) „Über die dynamische Diffusion der Gase." Sitz. Ber. der kais. Akad. d. Wiss., math. nat. Klasse, Bd. 65, S. 323. Vgl. auch

Forderung anzupassen sucht, dass die Molekeln absolut elastische und vollkommene Kugeln sind, deren Durchmesser der vierten Wurzel der absoluten Temperatur der Gase proportional ist. Diese Annahmen, welche für alle Ansprüche auf Einfachheit, die zu Gunsten der kinetischen Theorie in Anschlag gebracht wurden, sehr fatal ist, sind in keiner Beziehung natürliche Folgen ihrer ursprünglichen Forderungen; beide sind sowohl völlig grundlos als auch ohne jede Analogie aus der Erfahrung, und die erste derselben, die von Maxwell, steht in direktem Gegensatz zu allen Induktionen aus dem weiten Umfang wirklicher Beobachtung. Beide sind nur Lückenbüsser der Hypothese, Sühnopfer für ihre Nichtübereinstimmung mit den Thatsachen, blosse Erdichtungen, um den durch die Hypothese selbst geschaffenen Notwendigkeiten Genüge zu leisten.

Es wäre zu viel verlangt, im Detail die logischen und mathematischen Methoden durchzugehen, durch welche aus einer Hypothese, die auf solchen Grundlagen ruht, Formeln herzuleiten versucht wurde, die den Thatsachen der Erfahrung entsprechen. Gleichwohl mag nicht unerwähnt bleiben, dass die Methoden der Ableitung nicht weniger ausserordentlich sind als die Prämissen. Um über die Gesetze von Boyle und Charles Rechenschaft zu geben, nahm man seine Zuflucht zur Wahrscheinlichkeitsrechnung, oder, wie sich Maxwell [30]) ausdrückt, zur statistischen Methode. Man behauptet, dass, wiewohl die einzelnen Molekeln sich mit ungleichen Geschwindigkeiten bewegen, sei es weil diese Geschwindigkeiten von Anfang an ungleich sind, oder weil sie infolge der Zusammenstösse unter ihnen ungleich werden, dessenungeachtet ein Durchschnitt aller Geschwindigkeiten, die den Molekeln eines

---

Boltzmann, „Über das Wirkungsgesetz der Molekularkräfte,“ Sitz. Ber. etc., Bd. 66, S. 213.

[30]) Theory of Heat, p. 288.

Systems (d. i. eines Gases) angehören, da sein wird, den MAXWELL die „Geschwindigkeit des mittleren Quadrates" nennt. Der Druck ist unter dieser Voraussetzung proportional dem Produkte aus dem Quadrate dieser mittleren Geschwindigkeit in die mit der Masse eines jeden Molekels multiplizierte Zahl der Molekel. Das Produkt aus der Zahl der Molekeln in die Masse eines jeden Molekel wird dann durch die Dichte ersetzt — mit anderen Worten, die ganze molekulare Annahme wird für den Augenblick verlassen —, und die Geschwindigkeit als Repräsentant der Temperatur eliminiert; es ergibt sich dann natürlich, dass der Druck der Dichte proportional ist.

Ähnliche Verfahrungsweisen führen zu dem Gesetz von CHARLES und dem „Gesetz" von AVOGADRO (demgemäss die Zahl der Molekeln in irgend zwei gleichen Rauminhalten von Gasen was immer für einer Art bei gleichen Temperaturen und Drucken die gleiche ist — ein Gesetz, das selbst nur eine Hypothese ist). Es wird, wiederum aus statistischen Gründen, behauptet, dass nicht nur die mittlere Geschwindigkeit einer Anzahl von Molekeln in einem gegebenen Gase dieselbe ist, sondern dass, „wenn zwei Reihen von Molekeln, deren Massen verschieden sind, sich in demselben Gefäss in Bewegung befinden, sie infolge ihrer Zusammenstösse Energie unter einander austauschen, bis die durchschnittliche kinetische Energie eines einzelnen Molekels in jeder Reihe die gleiche ist."[81]) „Dies," sagt MAXWELL, „folgt aus der gleichen Untersuchung, welche das Gesetz der Verteilung der Geschwindigkeiten in einer einzigen Gruppe von Molekeln bestimmt." All dies zugestanden, ergeben sich die Gesetze von CHARLES und AVOGADRO (von MAXWELL Gesetz von GAY-LUSSAC genannt) in leichter Weise. Und zum Schlusse dieser irrigen Beweisgänge fügt

---

81) MAXWELL, l. c., p. 289 seq.

Maxwell eine Untersuchung über die Eigenschaften der Molekeln hinzu, in der er den Anspruch erhebt, klar gestellt zu haben, dass die Molekeln derselben Substanz „bei den Prozessen, die in dem gegenwärtigen Zustande der Dinge vor sich gehen, unveränderlich bleiben, und jedes einzelne von derselben Art, von genau derselben Grösse ist, als ob dieselben alle wie Flintenkugeln nach derselben Schablone gegossen und nicht bloss nach ihrer Gestalt wie kleines Schrot ausgesucht und gruppiert worden wären, und dass folglich, wie er sich an einem anderen Orte ausdrückt,[32]) dieselben nicht die Ergebnisse irgend einer Art von Entwicklung sind, sondern in der Sprache von Sir John Herschel „den Charakter von fabriksmässig erzeugter Ware haben."

Aus welchen logischen, mathematischen oder anderen Gründen wird nun die statistische Methode lieber auf die Geschwindigkeiten der Molekeln statt auf ihre Massen und Volumina angewandt? Was für ein Grund liegt vor oder könnte dafür vorliegen, dass die Massen der Molekeln nicht derselben Durchschnittsrechnung unterworfen werden, wie deren Bewegungen? Es gibt keinen derartigen wie immer beschaffenen Grund. In Ermangelung eines solchen erscheinen die Ableitungen der kinetischen Theorie, abgesehen davon, dass sie auf gebrechliche Prämissen gestützt sind, als Trugschlüsse.

Auf Grund dieser Betrachtung zögere ich nicht zu erklären, dass die kinetische Hypothese keinen der Charaktere einer berechtigten physikalischen Theorie besitzt. Ihre Prämissen sind ebenso wenig zulässig, als ihre Schlüsse überzeugend. Sie stellt als Forderung auf, was sie zu erklären vorgibt; sie ist eine Lösung in Ausdrücken, die geheimnisvoller sind als das Problem — eine Auflösung einer Gleichung durch imaginäre Wurzeln unbekannter Grössen.

[32]) Bradford Lecture on the Theory of Molecules, vgl. Popular Science Monthly, January 1874.

Sie ist eine vermeintliche Erklärung, der die Behauptung, dass sie die Thatsachen so lasse, wie sie sie vorfinde, zu einem unverdienten Lobe gereichen würde und die dem alten Horazischen Tadelspruch verfällt: „Nil agit exemplum, litem quod lite resolvit."

Viel ist von der Unterstützung gesprochen worden, welche der kinetischen Gastheorie durch die Enthüllungen des Spektroskops zu teil wird. Die Spektra der Gase sind unähnlich denen der festen und flüssigen Körper nicht kontinuierlich, sondern bestehen aus verschiedenen farbigen Linien oder Bändern — was, wie man behauptet, zeigen soll, dass in Gasen die Schwingungen der Molekeln mit einander nicht interferieren, dass glühende Gase verschiedene Arten von Licht aussenden und nicht (nach einem Ausdrucke von Jevons) Lichtgeräusche, weil es keine Molekularstösse gibt, welche die natürlichen Schwingungsperioden stören.[33]) Das Spektroskop ist ohne Zweifel der wichtigste je genannte Zeuge zu Gunsten der kinetischen Theorie; doch fällt das Zeugnis dieses Zeugen nicht durchwegs zu ihren Gunsten aus. „Das Spektroskop," sagt Maxwell selbst,[34]) zeigt, dass einige Molekeln viele verschiedene Arten von Schwingungen ausführen können. Es muss somit Systeme von sehr beträchtlicher Kompliziertheit geben, die mehr als 6 Variable besitzen. Nun führt jede hinzutretende Variable einen neuen Betrag an Kapazität für innere

[33]) Nach der letzten Deutung der spektroskopischen Erscheinungen zeigt die Kontinuität oder Diskontinuität eines Spektrums nicht so sehr den Aggregatzustand als die molekulare Zusammensetzung des untersuchten Körpers. Man sagt, dass ein Körper ein Linienspektrum gibt, wenn von seinen Molekeln jedes nur wenige Atome enthält; dass, falls es mehr Atome enthält, das Spektrum die Erscheinung schattierter Bänder zeigt; und dass das Spektrum kontinuierlich wird, sobald jedes Molekel eine grosse Zahl von Atomen enthält.

[34]) „On the Dynamical Evidence of the Molecular Constitution of Bodies", Nature, 4. u. 11. März 1875, Nr. 279, 280.

Bewegung ein, ohne den äusseren Druck zu vermehren. Jede hinzukommende Variable vermehrt folglich die spezifische Wärme, mag dieselbe bei konstantem Druck oder bei konstantem Volumen genommen werden. Dasselbe gilt von jeder Kapazität, welche das Molekel zur Aufstapelung potentieller Energie besitzen mag. Die berechnete spezifische Wärme ist jedoch schon zu gross, wenn das Molekel aus nur zwei Atomen besteht. Daher vermag jeder neu hinzugefügte Grad an Kompliziertheit, welchen wir dem Molekel beilegen, die Schwierigkeit, den beobachteten mit dem berechneten Werte der spezifischen Wärme in Einklang zu bringen, nur zu vergrössern."

Es mag sonderbar erscheinen, dass so viele unter den Meistern der wissenschaftlichen Forschung, die in der strengen Schule exakten Denkens und genauer Analyse geschult waren, ihre Mühen auf eine so offenbar aller wissenschaftlichen Nüchternheit widerstreitende Theorie vergeudet haben sollten — eine Hypothese, in der das wirklich zu erklärende Ding nur einen kleinen Teil der zur Erklärung notwendigen Annahmen bildet. Aber selbst der Geist der Männer der Wissenschaft war getrübt durch vorwissenschaftliche Vorurteile, deren letztes nicht die eingewurzelte Einbildung war, dass das Geheimnis, von dem die Thatsache umhüllt ist, durch eine Zersplitterung und Verweisung derselben in die Regionen des Aussersinnlichen verschwinde. Der Irrtum in der Annahme, dass die Elasticität eines festen Atoms weniger der Erklärung bedürfe als die einer grossen gasförmigen Masse, ist eng an die Einbildung geknüpft, dass die Kluft zwischen der Welt der Materie und des Geistes verengt, wenn nicht überbrückt werden könne durch eine Verdünnung der Materie oder durch ihre Auflösung in „Kräfte". Die wissenschaftliche Tagesliteratur wimmelt von Theorieen, welche die Thatsachen durch einen Prozess der Verfeinerung oder Verflüchtigung in Ideen zu verwandeln suchen. Alle solchen Versuche sind kindisch; das unwahrnehmbare Hirngespinst erweist sich schliesslich als misslicher als die wahrnehmbare Gegenwart. Der Glaube an Gespenster (mit gebührender Achtung vor MAXWELL's thermodynamischen „Dämonen" und der Bevölkerung des „unsichtbaren Universums" sei es gesagt) ist in der Physik keine geringere Thorheit als in der Geisterlehre.

IX.

Das Verhältnis der Gedanken zu den Dingen. — Die Bildung von Begriffen. — Metaphysische Theorieen.

Es ist, wie ich annehme, im Verlaufe der vorhergehenden Erörterungen klar geworden, dass, während die moderne physikalische Wissenschaft eingestandenermassen die Naturerscheinungen auf Masse und Bewegung zurückzuführen und sie so als Resultate oder Phasen mechanischer Wirkung hinzustellen sucht — wobei sie diese Art der Behandlung als die einzige ihrer Natur nach nichtmetaphysische hinstellt —, dessenungeachtet alle Teile dieser Wissenschaft, welche entschiedene Fortschritte über die erste klassifikatorische Stufe gemacht haben, auf Grund von Annahmen verfahren und zu Konsequenzen führen, welche mit dem Ziele dieses Strebens und mit den Grundprinzipien der mechanischen Theorie unverträglich sind. Wir finden uns darum inmitten eines Wirrwarrs, der, wenn dies überhaupt möglich, nur durch eine Untersuchung über den Ursprung dieser Theorie und eine Bestimmung ihrer Stellung zu den Gesetzen des Denkens und den Formen und Bedingungen seiner Entwicklung aufzuklären ist.

Die Aufklärung, welche gewöhnlich von den Psychologen und Logikern über die Natur und die Verfahrungsweisen des Denkens gegeben wird, mag, so weit sie sich auf den in Betracht kommenden Gegenstand bezieht, in einigen wenigen Sätzen zusammengefasst werden. Denken besteht in dem weitesten Sinne des Wortes, in der Aufstellung oder Erkenntnis von Beziehungen zwischen den Erscheinungen. Die wichtigsten unter diesen Beziehungen — in der That die Grundlage aller anderen wie z. B. der Ausscheidung und Einordnung, der Gleichzeitigkeit und Folge, der Ursache und Wirkung, des Mittels und Zwecks — sind die der Identität und Verschiedenheit. Der Unterschied zwischen den Erscheinungen ist ein ursprünglich Gegebenes der Empfindung (primary datum of sensation). Auf ihm beruht der wirkliche Vorgang der Empfindung. Es ist eine der vielen feinen Beobachtungen von HOBBES, dass „es auf dasselbe hinauskommt, stets dasselbe oder gar nichts zu empfinden.“ [1]) „Wir kennen etwas,“ sagt J. St. MILL, [2]) „nur dadurch, dass wir erkennen, dass es sich von etwas anderem unterscheidet; alle Kenntnis ist nur eine solche von Unterschieden; zwei Gegenstände sind die geringste Zahl, die erforderlich ist, um Kenntnis zu bilden; was ein Ding ist, sieht man nur an dem Gegensatz zu dem, was es nicht ist.“

Während die Auffassung (apprehension) von Unterschieden in den Erscheinungen (die indessen durch deren Reproduktion im Gedächtnis ersetzt sein können und es auch in den meisten Fällen sind) Grundlage und Vorbedingung des Denkens ist, beginnt das eigentliche, d. h. das diskursive Denken, mit der Auffassung einer Identität zwischen Erscheinungsunterschieden. Die Gegenstände werden als verschiedene wahrgenommen; sie werden als identische begriffen durch ein Aufmerken des Geistes auf den oder die Punkte der Übereinstimmung. Sie werden so klassifiziert, dass die Punkte der Übereinstimmung, d. i. die Eigenschaften der Gegenstände der Erkenntnis, welche ihnen

---

[1]) „Sentire semper idem et non sentire ad idem recidunt“. HOBBES, Physica, IV, 25 (opp. ed. Molesworth, vol. I. p. 321).

[2]) Examination of Sir William Hamilton's Phil. (Am. ed., v. I, p. 14).

gemeinsam angehören, dabei als Grundlage der Klassifikation dienen. Ist die Zahl der Gegenstände gross und haben einige derselben mehr gemeinsame Eigenschaften als die anderen, so wird eine Reihe von Klassen gebildet. Die Gegenstände werden zunächst in Gruppen (von den Logikern infimae species genannt) geschieden, von denen jede solche Gegenstände umfasst, die durch die grösste Zahl gemeinsamer, mit ihrer Unterscheidbarkeit verträglicher Eigenschaften ausgezeichnet sind; diese Gruppen werden dann zusammengefasst und verteilt in höhere Gruppen oder Arten, die eine geringere Zahl von Eigenschaften gemeinsam haben, und so fort, bis wir bei der kleinsten Zahl von Eigenschaften anlangen, in denen alle in den infimae species und den Zwischengattungen enthaltenen Gegenstände übereinstimmen, und die so die höchste Klasse, das summum genus, charakterisieren.

Daraus folgt, dass in dem Verhältnisse, als wir die Skala der Klassifikation von den infimae species zu dem summum genus emporsteigen, die Zahl der in den aufeinanderfolgenden Klassen (Arten oder Gattungen) enthaltenen Gegenständen zunimmt, während die Zahl der charakteristischen Eigenschaften abnimmt. Nun wird die Gesamtheit der charakteristischen Eigenschaften einer besonderen Klasse ein Begriff genannt; die Zahl der durch jeden Begriff bezeichneten Objekte heisst sein Umfang, und die Zahl der von ihm eingeschlossenen Eigenschaften (die als Bestandteile eines Begriffes den Namen Merkmal führen) sein Inhalt, woraus sich das logische Gesetz ergibt, dass je grösser der Umfang eines Begriffes ist, d. h. je grösser die Zahl der von ihm bezeichneten Gegenstände wird, desto kleiner sein Inhalt, d. h. die Zahl der von ihm umfassten Merkmale ist; oder mathematisch genau ausgedrückt, dass der Umfang im umgekehrten geometrischen

Verhältnis wächst, wenn der Inhalt nach einer arithmetischen Progression zunimmt.[3])

Man sieht leicht ein, dass der Aufstieg von einer tieferen (inhaltreicheren aber umfangärmeren) zu einer höheren (umfangreicheren aber inhaltsärmeren) Klasse durch eine fortschreitende Absonderung und gedankliche Vereinigung jener Merkmale bewerkstelligt wird, welche die bezüglichen Klassen gemeinsam haben; dieser Prozess wird Abstraktion genannt.

Im Sinne der vorhergehenden Darlegung ist das eigentliche Denken als „der Vorgang der Erkenntnis oder der Beurteilung der Dinge durch Begriffe"[4]) und ein Begriff als „eine Sammlung von Merkmalen, die durch ein Zeichen verbunden ist und einen möglichen Gegenstand der Anschauung vorstellt,"[5]) definiert worden. Diese Definition eines Begriffes unterliegt jedoch der Kritik, dass sie entweder zu weit oder zu eng ist. Es kann einerseits behauptet werden, dass sie zu weit ist: denn sie lässt sich sowohl auf die Gesamtheit der Merkmale, welche das Gedankenbild eines einzelnen Gegenstandes ausmachen, ohne Rücksicht auf die Frage, ob dieselben auch von anderen Gegenständen geteilt werden oder nicht, anwenden wie auch auf die künstliche Auswahl oder Vereinigung von Merkmalen, die für eine Klasse, d. h. für eine Mehrheit von Gegenständen charakteristisch sind. Mit anderen Worten, diese Definition ist ebensogut eine solche von Einzelnbegriffen (die durch Einzelnausdrücke dargestellt werden), wie von Allgemeinbegriffen (die durch allgemeine Ausdrücke oder wie MILL sagen würde, durch Klassen-

---

[3]) Die exakte Aufstellung dieses Gesetzes siehe bei DROBISCH, Neue Darstellung der Logik, logisch-mathematischer Anhang (3. Aufl., S. 206).

[4]) MANSEL, Prolegomena Logica, p. 22.

[5]) Ib., p. 60.

namen dargestellt werden). In der Sprache der alten Logiker umschliesst sie die infimae species und kann für ein einzelnes Objekt oder eine besondere Eigenschaft stehen, ohne Rücksicht auf die Thatsache oder den Grad ihrer Allgemeinheit. Dieser Einwand würde vermieden werden, wenn man mit Sir WILLIAM HAMILTON [6]) einen Begriff als „die Erkenntnis des allgemeinen Charakters, des oder der Punkte, in denen eine Mehrheit von Gegenständen übereinstimmt," bezeichnen würde. Andererseits wird das Wort „Begriff" sehr allgemein in einem Sinne gebraucht, für den MANSEL's Definition zu eng ist. Deutsche Logiker zum Beispiel bezeichnen gewöhnlich nicht nur jede Gedankenreproduktion einer sinnlichen Vorstellung, insofern als sie das Element eines Urteils oder eines logischen Satzes ist oder sein kann, als Begriff, sondern auch das Endergebnis einer Reihe von Abstraktionen. Diese Endergebnisse der Abstraktion, die summa genera, sind nun durch die Definition von MANSEL ausgeschlossen. Es ist weder notwendig noch praktisch, hier auf eine genaue Erörterung der Fragen einzugehen, die sich aus diesen Unterschieden im Gebrauch der Ausdrücke ergeben; noch kann ich mich mit der Erwägung der Einwürfe aufhalten, die kürzlich von TAUSCHINSKY, LOTZE, SIGWART, WUNDT u. a. gegen die Begründung der Theorie des Begriffes auf Klassifikation oder Unterordnung vorgebracht worden sind. Die bezüglich dieses Kapitels zwischen den Logikern der alten und der neuen Schule stattgehabten Kontroversen, ebenso wie die endlosen Streitereien zwischen den Nominalisten und Realisten, denen ein so breiter Raum in den Schriften von J. S. MILL [7]) gewidmet ist, sind in der Hauptsache blosse Wortstreitig-

---

[6]) „The cognition of the general character, point or points in which a plurality of objects coincide." Lectures on Logic, p. 87.

[7]) Vgl. MILL's Examination of Sir William Hamilton's Philosophy, chap. XVII.

keiten, und liegen die Punkte der Nichtübereinstimmung der Untersuchung ferne, auf die ich nun eingehen will. Auf einen oder den anderen dieser Punkte dürfte ich später Gelegenheit finden zurückzukommen; für den Augenblick hat meine kurze Übersicht über die Nebenumstände des logischen Begriffes lediglich als ein Schlüssel für das Verständnis der Bedeutung gewisser logischer Ausdrücke, die ich gezwungen bin zu gebrauchen, für den Fall zu dienen, als sich ihr Sinn nicht hinlänglich klar aus dem Kontexte ergeben sollte.

Nun ist es bei jedwelcher Erörterung der Denkthätigkeiten von der äussersten Wichtigkeit, sich die folgenden unumstösslichen Wahrheiten, von denen einige — obwohl alle unter ihnen ganz offenkundig zu sein scheinen — bis auf die allerjüngste Zeit nicht klar aufgefasst worden sind, gegenwärtig zu halten:

1. Das Denken beschäftigt sich nicht mit den Dingen, wie sie an sich sind, oder wie man voraussetzt, dass sie es sind, sondern mit unseren Gedankenvorstellungen von denselben. Seine Elemente sind nicht reine Gegenstände, sondern ihre gedanklichen Gegenstücke. Was im Geiste bei einem Denkakt gegenwärtig ist, ist niemals ein Ding, sondern stets ein Bewusstseinszustand. Wie oft und in welchem Sinne man auch immer behaupten mag, dass der Geist und sein Objekt beide reelle und verschiedene Wesen seien, so kann man doch für den Augenblick nicht leugnen, dass das Objekt, von dem der Geist Kenntnis hat, eine Synthese von objektiven und subjektiven Elementen ist, und somit in erster Linie, bei dem wirklichen Akt seiner Vorstellung und im vollen Umfang seiner der Erkenntnis unterliegenden Existenz, durch die Bestimmungen der erkennenden Fähigkeit beeinflusst ist. Wo immer wir somit von einem Ding oder von der Eigenschaft eines Dinges sprechen, muss darunter verstanden werden, dass wir eine Resultierende zweier Komponenten meinen, von denen keine für sich auf-

gefasst werden kann. In diesem Sinne sagt man, dass alle Erkenntnis relativ ist.

2. Gegenstände sind uns lediglich durch ihre Beziehungen zu anderen Gegenständen bekannt. Sie haben keine Eigenschaften und können keine haben und ihre Begriffe haben keine Merkmale ausser diesen Beziehungen oder vielmehr unseren Gedankenvorstellungen von ihnen. In der That kann ein Gegenstand nicht anders gekannt oder begriffen werden als ein Komplex solcher Beziehungen. Mathematisch ausgedrückt: Dinge und deren Eigenschaften sind lediglich als Funktionen anderer Dinge und Eigenschaften gegeben. In diesem Sinne ist also die Relativität ein notwendiges Prädikat aller Gegenstände der Erkenntnis.

3. Ein besonderer Denkakt schliesst niemals die Gesamtheit aller bekannten oder erkennbaren Eigenschaften eines gegebenen Objektes in sich, sondern nur solche, die zu einer bestimmten Klasse von Beziehungen gehören. In der Mechanik wird z. B. ein Körper einfach als eine Masse von bestimmtem Gewicht und Volumen (in einigen Fällen auch Gestalt) ohne Rücksicht auf seine anderen physikalischen oder chemischen Eigenschaften betrachtet. In ähnlicher Weise vollzieht jede der verschiedenen anderen Abteilungen des Wissens eine Klassifikation der Gegenstände auf Grund ihrer eigenen besonderen Prinzipien, wobei sie Veranlassung zur Entstehung verschiedener Begriffsreihen gibt, in denen jeder Begriff das Merkmal oder die Gruppe von Merkmalen — diese Seite des Gegenstandes — darstellt, welche angesichts der gerade behandelten Frage eine Klarstellung verlangt. Unsere Gedanken von den Dingen sind somit, in der Sprache von Leibniz, der auch Sir William Hamilton und nach ihm Herbert Spencer beigepflichtet haben, symbolischer Natur, und zwar nicht (oder wenigstens nicht nur) weil ein vollkommenes Gedankenbild der Eigenschaften eines Objektes durch deren Zahl und

durch die Unfähigkeit des Geistes, sie zugleich gegenwärtig zu halten, ausgeschlossen ist, sondern weil viele (und in vielen Fällen der grösste Teil) derselben ohne Belang auf den Fortschritt der Gedankenverbindungen sind.

Ferner folgt aus dem Umstande, dass die in dem Begriffe eines Gegenstandes enthaltenen Merkmale die Bilder (representations) seiner Beziehungen zu anderen Gegenständen sind und die Zahl dieser Gegenstände eine unbegrenzte ist, dass die Zahl der Merkmale ebenso unbegrenzt ist und dass infolgedessen kein Begriff eines Gegenstandes existiert, in dem seine erkennbaren Eigenschaften völlig erschöpft wären. In diesem Zusammenhange ist es der Erwähnung wert, dass die gewöhnliche Form der Lehre von der Beziehung der Begriffe zu Urteilen ernsten Einwendungen unterliegt. Man sagt, dass ein Urteil „eine Vergleichung zweier Begriffe mit einer daraus sich ergebenden Erklärung ihrer Übereinstimmung oder Nichtübereinstimmung sei“ (WHATELY) oder „die Erkenntnis einer Beziehung der Übereinstimmung oder des Widerstreites zwischen zwei Begriffen“ (HAMILTON). Hier ist angenommen, dass die Begriffe vor dem Urteilsakt existieren, und dass derselbe einfach die Thatsache oder den Grad ihrer Übereinstimmung oder ihres Widerspruches feststellt. In Wahrheit ist aber jeder Begriff das Ergebnis eines Urteils oder einer Reihe von Urteilen, wobei das erste Urteil die Erkenntnis einer Beziehung zwischen zwei Daten der Erfahrung ist. In den meisten Fällen ist in der That ein Urteil die Vergleichung zweier Begriffe; aber jedes synthetische Urteil (d. i. jedes Urteil, in welchem das Prädikat mehr ist als eine blosse Auseinandersetzung eines oder mehrerer Merkmale des Subjektes) formt beide Begriffe, die es in Beziehung setzt, durch Erweiterung oder Einengung ihrer gegenseitigen Beziehungen um. [8])

---

[8]) Dass dies der Aufmerksamkeit Sir WILLIAM HAMILTON's un-

Wenn ein Knabe lernt, dass „der Walfisch ein Säugetier ist,“ so unterliegen seine Begriffe, sowohl vom Walfisch wie vom Säugetier, beide einer wesentlichen Veränderung. Aus dem Urteil von Thomas Graham, dass „der Wasserstoff ein Metall ist“ tritt sowohl der Ausdruck „Wasserstoff“ wie der Ausdruck „Metall“ mit neuer Bedeutung hervor. Die Aussage Sterry Hunt's, dass „gerade wie eine Lösung eine chemische Verbindung ist, ebenso eine chemische Verbindung eine gegenseitige Lösung bedeutet“ verbreitert den Begriff „Lösung“ ebenso gut wie den Begriff „chemische Verbindung“.

Es ist aus diesen Betrachtungen klar, dass die Begriffe von einem gegebenen Gegenstande Teile oder Glieder zahlloser Reihen oder Ketten von Abstraktionen sind, die der Art nach verschieden sind und je nach der Richtung der zwischen ihm und anderen Gegenständen angestellten Vergleichungen auseinandergehen; dass die Bedeutung und der Zweck irgend eines dieser Begriffe nicht nur von der Zahl, sondern auch von der Natur der Beziehungen abhängig ist, mit Rücksicht auf welche die Klassifikation der

---

geachtet seiner Definition des Urteils nicht entgangen ist, beweist folgende Stelle aus seinen „Lectures on Logic“ (Am. Ausg. S. 84): „A concept is a judgment; for, on the one hand it is nothing but the result of a foregone judgment, or series of judgments, fixed and recorded in a word, a sign, and it is only amplified by the annexation of a new attribute through a continuance of the same process.“ Von deutschen Denkern hat Herbart eine klare Anschauung derselben Wahrheit. „Die Ausbildung der Begriffe,“ sagt er (Lehrbuch zur Psychologie, § 189, Werke, Bd. V, S. 130). „ist der langsame allmählige Erfolg des immer fort gehenden Urteilens.“ An einer anderen Stelle (ib., § 78, Werke, Bd. V, S. 59): „Es fragt sich, ob die Begriffe im strengen logischen Sinn nicht vielmehr logische Ideale seien denen sich unser logisches Denken mehr und mehr annähern soll ... Es wird sich überdies zeigen, dass die Urteile es sind, wodurch die Begriffe dem Ideal mehr und mehr angenähert werden, daher sie den letzten in gewissem Sinne vorangehen.“

Gegenstände ausgeführt worden ist; und dass aus diesem Grunde auch alle Gedanken von Dingen fragmentarische und symbolische Darstellungen von Realitäten sind, deren völlige Zusammenfassung in einen einzigen oder eine Reihe von Denkakten unmöglich ist. Und dies ist a fortiori wahr, weil die Beziehungen, deren Gesamtheit ein Objekt der Erkenntnis vorstellt, abgesehen davon, dass sie endlos an Zahl sind, auch noch veränderlich sind — weil in der Sprache von Heraklit alle Dinge sich in beständigem Flusse befinden.

Alle metaphysische oder ontologische Spekulation beruht auf einer Missachtung einiger oder aller der hier auseinandergesetzten Wahrheiten. Metaphysisches Denken ist ein Versuch, die wahre Natur der Dinge aus unseren Begriffen von denselben abzuleiten. Was für ein Unterschied auch immer zwischen den metaphysischen Systemen bestehen mag, alle sind sie gegründet auf die ausdrückliche oder stillschweigende Voraussetzung, dass eine bestimmte Korrespondenz zwischen den Begriffen und deren Verbindungen auf der einen Seite und den Dingen und ihrer Art von gegenseitiger Abhängigkeit auf der anderen Seite besteht. Dieser Grundirrtum ist zum grossen Teile durch eine falsche Anschauung von der Funktion der Sprache als eines Hilfsmittels zur Bildung und Fixierung von Begriffen verschuldet; der Umstand, dass Worte zunächst Dinge oder wenigstens Gegenstände der Empfindung und deren wahrnehmbare gegenseitige Einwirkungen bezeichnen, hat Veranlassung zur Entstehung gewisser falscher Annahmen gegeben, welche im Gegensatz zu den gewöhnlichen Übertretungen logischer Gesetze, in einem gewissen Sinne natürliche Auswüchse der Entwicklung des Denkens vorstellen (und als solche nicht ohne Analogie zu den organischen Leiden des körperlichen Lebens stehen) und Strukturfehler des Geistes genannt werden können. Es sind dies die folgenden:

1. Jeder Begriff ist das Gegenstück einer unterscheidbaren objektiven Realität und es gibt infolgedessen ebensoviele Dinge oder natürliche Klassen von Dingen, als es Begriffe gibt.

2. Die allgemeineren oder umfassenderen Begriffe und die ihnen entsprechenden Realitäten sind früher da, als die weniger allgemeinen, inhaltreicheren und deren entsprechende Realitäten; die letzteren Begriffe und Realitäten sind aus den ersteren entweder durch eine allmähliche Hinzufügung von Merkmalen oder Eigenschaften oder durch einen Entwicklungsprozess abgeleitet, indem die Merkmale oder Eigenschaften des früheren Wesens als Verwicklungen der des späteren betrachtet werden.

3. Die Aufeinanderfolge in der Entstehung der Begriffe ist identisch mit der Aufeinanderfolge in der Entstehung der Dinge.

4. Die Dinge existieren unabhängig von und vor ihren Beziehungen; alle Beziehungen finden zwischen absoluten Gliedern statt; welche Realität man daher auch immer den Eigenschaften der Dinge beilegen mag, so ist dieselbe stets verschieden von der Realität der Dinge selbst.

Mit Hilfe dieser Vorbereitungen hoffe ich im Stande zu sein, der mechanischen Theorie ihren wahren Charakter und ihre Stellung in der Geschichte der Entwicklung des Denkens zu bestimmen. Bevor ich jedoch dazu schreite, wird es nicht ohne Interesse sein, im Zusammenhange mit der vorhergehenden Untersuchung über die Beziehung zwischen Begriffen und den ihnen entsprechenden Gegenständen eine Frage in Betracht zu ziehen, die lange Zeit Gegenstand eifriger Debatte gewesen ist, nämlich die, ob und bis zu welchem Grade die Begreifbarkeit ein Zeugnis möglicher Realität ist. Es ist von J. St. Mill und seinen

Nachfolgern behauptet worden, dass unsere Unfähigkeit, ein Ding zu begreifen, kein Beweis seiner Unmöglichkeit sei, während WHEWELL und HERBERT SPENCER (wenn auch nicht genau im selben Sinne und aus gleichen Gründen) daran festhalten, dass das, was unbegreiflich ist, nicht wirklich oder wahr sein kann.[9]) Ein vertrauenswürdiges Urteil über die Verdienste dieser Kontroverse kann man sich nur nach einer sorgfältigen Bestimmung der Bedingungen der Begreifbarkeit bilden, wie sie durch die Natur des Prozesses der Begriffsbildung, welchen ich zu beschreiben versucht habe, gegeben erscheinen.

Es ist gezeigt worden, dass alle wahre Begriffsbildung in der Aufstellung teilweiser oder vollständiger Identitäten zwischen der zu begreifenden Thatsache und anderen aus der Erfahrung bekannten Identitäten besteht. Die erste Bedingung der Begreifbarkeit ist somit die, dass das fragliche Ding oder die fragliche Erscheinung der Klassifikation, d. i. der völligen oder teilweisen Identifizierung mit früher beobachteten Gegenständen oder Erscheinungen fähig sei.

Eine zweite und sehr klare Bedingung der Begreifbarkeit ist die gegenseitige Verträglichkeit der Elemente des zu bildenden Begriffes. Es ist klar, dass zwei Merkmale, von denen das eine das Gegenteil des anderen ist, nicht zugleich demselben Subjekte angehören und Teile desselben Begriffes sein können.

Das sind die zwei einzigen Bedingungen, welche direkt

---

[9]) Die präzise Form von SPENCER's Wahrheitskriterium, welche er das „Universalpostulat" nennt, ist „die Unbegreifbarkeit des Gegenteils". In der Sprache der Logik ausgedrückt lautet seine These, dass jeder Satz, dessen kontradiktorisches Gegenteil unbegreiflich ist, wahr sein muss. Insofern aber als jede Negation eines Satzes die Behauptung seines Gegenteils ist, ist dies äquivalent mit der allgemeinen Behauptung, dass das, was unbegreiflich ist, nicht wahr sein kann.

aus der Theorie der Begriffsbildung ableitbar sind und daher mit einigem Rechte theoretische Bedingungen genannt werden können. Es gibt aber noch eine dritte, praktische Bedingung: die Übereinstimmung des neuen Begriffes mit vorher gebildeten Begriffen, die sich auf dieselbe Materie beziehen. Wie ich gesagt habe, ist dies eine praktische Bedingung — nicht so sehr eine der Begreifbarkeit als der leichten Begreifbarkeit. Die alten Begriffe können ja mangelhaft oder irrig sein; der wahre Begriff, dem sie widersprechen, mag sie ergänzen oder verdrängen, berichtigen oder vernichten.

Nun ist leicht einzusehen, dass die Erfüllung der ersten Bedingung kein Beweis der Realität sein kann. Thatsachen oder Erscheinungen können sich der Beobachtung darbieten, welche völlig ungleich irgend welchen bisher beobachteten Thatsachen oder Erscheinungen sind, oder deren Ähnlichlichkeit mit früheren Thatsachen der Erfahrung noch nicht entdeckt worden ist. Die Geschichte der Wissenschaft ist reich an überraschenden Entdeckungen; jede Zeitepoche thätiger Forschung bringt zahlreiche Erscheinungen ans Licht, die nicht nur unvorhergesehen, sondern auch ohne ersichtliche Analogie mit anderen bekannten Thatsachen waren. Angesichts dessen rief LIEBIG aus: „Das Geheimnis all derer, die Erfindungen machen, ist, nichts als unmöglich anzuschauen.“ [10])

So weit stimme ich denn mit MILL überein. Ich vermag ihm jedoch nicht zu folgen, wenn er auch die Erfüllung der zweiten Bedingung als ein Kriterium der Möglichkeit verwirft und es ablehnt oder ausser Acht lässt, zwischen dem Fall der Unbegreiflichkeit wegen scheinbarer oder wirklicher Nichtübereinstimmung einer neuen Erscheinung oder Thatsache mit den Daten vergangener Er-

---

[10]) Annalen der Pharmacie, X, 179.

fahrung und dem davon sehr verschiedenen Fall der Unbegreiflichkeit auf Grund des Widerspruches zwischen den einzelnen Elementen eines vorgelegten Begriffes zu unterscheiden. Er führt den Begriff eines „runden Quadrates" als Beispiel eines solchen an, den wir zu bilden unvermögend sind, und behauptet, dass diese Unfähigkeit lediglich eine Folge alteingewurzelter Erfahrung sei. „Wir können kein rundes Viereck begreifen," erklärt er,[11]) „nicht lediglich aus dem Grunde, weil sich uns ein solcher Gegenstand noch niemals in unserer Erfahrung gezeigt hat, denn das würde noch nicht ausreichend sein. Ebensowenig sind, so viel wir wissen, die beiden Ideen unter einander unverträglich. Einen Körper ganz schwarz und noch ganz weiss zu denken, würde nur so viel sein als sich zwei verschiedene Empfindungen in uns zugleich durch denselben Gegenstand erzeugt zu denken — was uns aus unserer Erfahrung geläufig ist — und wir würden wahrscheinlich ebensogut im Stande sein ein rundes Quadrat zu begreifen wie ein hartes oder ein schweres, wenn nicht in unserer Erfahrung es so eingerichtet wäre, dass in dem Augenblicke, wo ein Ding rund zu sein beginnt, es aufhört eckig zu sein, so dass der Beginn des einen Eindruckes unzertrennlich mit dem Verschwinden des anderen verknüpft wäre. Unsere Unfähigkeit einen Begriff zu bilden, entsteht also stets, weil wir gezwungen werden einen anderen dem ersten entgegengesetzten Begriff zu bilden."

Also stammt unsere Unfähigkeit ein rundes Quadrat zu begreifen aus der Thatsache, „dass in unserer Erfahrung ein Ding in dem Augenblicke, in dem es rund zu sein beginnt, aufhört eckig zu sein," und aus der untrennbaren Verbindung zwischen beginnender Rundheit und verschwindender Eckigkeit! Ob jemals wer eine solche Erfahrung

---

[11]) Examination of the Philosophy of Sir William Hamilton, I, 88 (Am. Ausg.).

gehabt hat wie die, von der hier die Rede ist, weiss ich nicht; aber selbst wenn er sie hätte, bin ich gewiss, dass selbst, wenn sie durch eine reichliche Erbschaft angestammter Erfahrung im Sinne der modernen Entwicklungslehre verstärkt würde, sie sich als unzureichend erweisen würde, um über die unzertrennliche Vergesellschaftung, die MILL ins Spiel bringt, Rechenschaft zu geben. Die Wahrheit ist einfach die, dass ein rundes Quadrat eine Absurdität ist, eine contradictio in adjecto. Ein Quadrat ist eine Figur, die von vier gleichen unter einem rechten Winkel sich schneidenden Geraden begrenzt ist; eine runde Figur ist eine von einer krummen Linie umgrenzte Figur; und die älteste Definition einer Kurve ist die „einer Linie, die weder eine gerade Linie ist, noch aus solchen besteht."

MILL's Behauptung ist in Wirklichkeit, wenn auch nicht mit ausdrücklichen Worten, eine Verleugnung der Giltigkeit der Gesetze des Widerspruches und des ausgeschlossenen Dritten, oder (wie er es selbst vorziehen würde auszudrücken) eine Behauptung, dass die Grundsätze der Logik, wie alle sogenannten Naturgesetze, blosse experimentelle Induktionen sind, deren einzige Bürgschaft nur die Gleichförmigkeit der Erfahrung ist. Wenn aber diese Gesetze nicht unbedingt und allgemein bindend als wesentliche Prinzipien des Denkens und Redens wären — wenn dasselbe Ding zu gleicher Zeit sein und nicht sein könnte, und seine Behauptung und Leugnung nicht direkte Alternativen wären — dann wären wir wohl oder übel im Lande des ausgesprochensten Unsinns angelangt, woselbst alles Denken zu Ende wäre und jede Sprache sinnlos wird. Die in Rede stehenden Gesetze sind die konstitutiven Prinzipien deutlichen Denkens und vernünftiger Rede, weil sie stillschweigende Vorbedingungen hierzu bedeuten; sie können ebensowenig zu Gunsten von MILL's Associationstheorie verlassen, als zur Förderung von HEGEL's dialektischer Methode abgeschafft werden.

Es mag bemerkt werden, dass sich in dem eben zitierten Kapitel von MILL's Buch Äusserungen vorfinden, welche darthun, dass der Autor seiner eigenen Theorie nicht recht froh wurde. So sagt er zum Beispiel:[12]) „Diese Dinge sind uns buchstäblich unverständlich, so lange unser Geist und unsere Erfahrung das sind, was sie sind. Ob sie unbegreiflich sein würden, wenn unser Geist noch derselbe wäre, unsere Erfahrung aber eine andere, ist eine offene Frage. Ein Unterschied kann allerdings gemacht werden, den man, wie ich denke, als einen für die Frage schicklichen finden wird. Dass das nämliche Ding zugleich sei und nicht sei, — dass die identisch gleiche Behauptung zugleich wahr und falsch sei — ist nicht nur für uns unbegreiflich, sondern derart, dass wir nicht begreifen können, wie es begreiflich gemacht werden könnte."

Wie seltsam nehmen sich doch solche Sätze im Munde JOHN STUART MILL's aus! Zuerst leugnet er, dass die Unbegreiflichkeit in irgend einem Sinne oder Falle ein Beweis für die Unwahrheit oder Nichtrealität sein könne; hierauf sagt er aber, dass es anders sein könne, wenn die Unbegreiflichkeit selbst unbegreiflich ist! Das heisst: Ein Zeuge ist gar nicht vertrauenswürdig; macht er aber eine Erklärung über seine eigene Vertrauenswürdigkeit, dann ist er es!

Die ganze Associationstheorie, wie sie hier von MILL aufgestellt und angewandt wird, ist einfach grundlos, da es nach dieser Theorie unmöglich ist zu wissen, wie die Erfahrung seiner zahlreichen Leser gewesen ist, ausser wieder durch Erfahrung, welche er aber nicht gehabt haben kann, da die meisten dieser Leser ihm unbekannt sind. Alle Versuche, mit irgend wem Fragen auf dieser Grundlage zu erörtern, sind äusserst thöricht, da MILL durch seine eigene

---

12 l. c., p. 88.

Lehre gezwungen ist, die Antwort als bindend hinzunehmen „Meine Erfahrung war eine andere“. MILL's Theorie vernichtet sich also selbst und jeder ernste Satz, den er je geschrieben, bedeutet eine praktische Ableugnung derselben.

In Bezug auf den eben erörterten Fall der Unbegreiflichkeit und andere ihm analoge Fälle ist zu bemerken, dass viel von der Verwicklung und Verworrenheit, die für die Fehden zwischen MILL und seinen Gegnern charakteristisch ist, davon herrührt, dass es beim Streite unterlassen wurde, zwischen rein formalen Begriffen und den sinnlichen Vorstellungen physikalischer Realitäten zu unterscheiden. Es besteht ein grosser Unterschied zwischen dem Verhältnis eines Begriffes zu seinem gedachten Gegenstande wie z. B. in der Mathematik und dem entsprechenden Verhältnis zwischen dem Begriffe eines materiellen Gegenstandes und dem Gegenstande selbst. In der Mathematik, sowie in allen Wissenschaften, welche sich mit einzelnen Beziehungen oder Gruppen von Beziehungen befassen, die vom Geiste selbst (und zwar innerhalb der Grenzen der Grundsätze des Geistes, willkürlich) aufgestellt werden, sind gewisse Begriffe in dem Sinne erschöpfend, dass sie, wenn es auch nicht ausdrücklich hervorgehoben wird, alle zu dem betreffenden Gedankendinge gehörenden Eigenschaften einschliessen. Da nicht nur die Elemente eines solchen Gegenstandes, sondern auch die Gesetze ihrer gegenseitigen Abhängigkeit durch den Geist selbst gegeben sind, kann ein einzelner Begriff in eine Reihe anderer entwickelt werden. So ist eine Parabel eine Linie, in der jeder Punkt von einem fixen Punkt und einer gegebenen Geraden gleich weit entfernt ist: das ist einer von ihren Begriffen. Und in diesem sind alle Eigenschaften der Parabel — dass sie ein Kegelschnitt ist, der durch Schneiden eines Kegels parallel zu einer seiner Seiten entsteht, dass der Flächeninhalt irgend eines ihrer Segmente gleich zwei Drittteilen des umgeschriebenen Rechteckes ist, u. s. f. — enthalten und können aus ihm abgeleitet werden. Eines dieser Merkmale ist implicite durch die anderen gegeben. Andererseits sind, wie ich gezeigt habe, unsere Begriffe materieller Gegenstände niemals erschöpfend, denn die Gesamtheit ihrer Merkmale ist notwendigerweise sowohl unvollständig als veränderlich. Zu welch' seltsamen Grillen diese Verwechslung in anderen Gebieten der Spekulation Anlass gegeben hat, werden wir in einem späteren Kapitel sehen.

Ich komme nun zur dritten Bedingung der Begreifbarkeit: der Übereinstimmung des zu bildenden Begriffes mit den früheren Begriffen in pari materia. Bei weitem die grösste Zahl von Fällen der hier gemeinten Unbegreiflichkeit lassen sich auf eine Verletzung dieser Bedingung zurückführen, — auf die Unverträglichkeit neuer Thatsachen oder Anschauungen mit den von früher her gegebenen. So wurden denn viele der von Mill zu Gunsten seiner Theorie angeführten Fälle dieser Klasse entnommen. Doch erkannte er nicht immer ihren wahren Charakter, und viele derselben finden nur in höchst unvollkommener Weise, wenn überhaupt, durch seine Theorie ihre Erklärung. Eines dieser Beispiele ist das von der einst fast allgemein herrschend gewesenen Leugnung der Möglichkeit von Antipoden auf Grund ihrer Unbegreiflichkeit. Nach Mill ist nun diese Unbegreiflichkeit verschwunden; wir begreifen die Antipoden nicht nur sehr leicht als möglich, sondern erkennen sie als wirklich. Dies ist einleuchtend genug; doch findet es seine Erklärung nicht in dem Gesetz der unzertrennlichen Vergesellschaftung, auf das es Mill zurückführt, sondern in der Thatsache, dass unsere Vorfahren einen irrigen Begriff von der Wirkung der Schwere hatten. Sie nahmen an, dass die Richtung, in der die Schwerkraft wirkt, eine absolute Richtung im Raume sei; sie vergegenwärtigten sich nicht, dass sie eine Richtung gegen den Erdmittelpunkt ist; „abwärts“ wurde bei ihnen in einem ganz anderen Sinne genommen als bei uns. Mit diesem irrigen Begriff konnten sie die Thatsache nicht vereinbaren, dass die Schwerkraft unsere Antipoden gerade so erhält wie uns; was auch wir nicht im Stande sind. Wir haben aber einen passenderen Begriff von der Schwerkraft und der Art und Richtung ihrer Wirkung; der falsche Begriff, mit dem der Begriff von Antipoden unvereinbar war, ist entfernt worden, und die Unbegreiflichkeit der Antipoden hatte ihr Ende gefunden.

Ähnliche Beobachtungen lassen sich bei einem anderen von MILL vorgebrachten Beispiele machen: der Unfähigkeit, eine actio in distans zu begreifen, worauf schon in einem vorhergehenden Kapitel in ausgedehntem Masse Bezug genommen wurde. Diese Unfähigkeit ergibt sich aus der Unverträglichkeit dieses Begriffes mit den herrschenden Begriffen von der Anwesenheit der Materie. Wenn wir den Satz, dass ein Körper wirkt, wo er ist, umkehren und sagen, dass ein Körper ist, wo er wirkt, verschwindet die Unbegreiflichkeit sofort. Eine der weisesten Äusserungen über diesen Gegenstand ist der Satz von THOMAS CARLYLE (der von MILL selbst an einer anderen Stelle zitiert wird): „Sie sagen, dass ein Körper dort nicht wirken kann, wo er nicht ist? Sehr gut; bitte aber, wo ist er?“ Natürlich würde eine Umformung unserer gewöhnlichen Begriffe über die Anwesenheit der Materie in dem hier angegebenen Sinne eine mechanische Konstruktion der Materie aus völlig begrenzten, harten, unveränderlichen und von einander durch absolut leere Räume getrennten Elementen ausschliessen.

Es ist kaum nötig hinzuzufügen, dass, allgemein gesprochen, die Unbegreiflichkeit einer physikalischen Thatsache, die sich aus ihrer Nichtübereinstimmung mit vorher gefassten Begriffen ergibt, kein Beweis für ihre Unmöglichkeit oder ihren Mangel an Realität ist. Intellektuelle Fortschritte bestehen zumeist in der Verbesserung oder Umstürzung alter Ideen, von denen nicht wenige während langer Zeitperioden als selbstverständliche angesehen worden sind. Die bereits citierten Beispiele von MILL geben hiervon passende Illustrationen, und sie können endlos aneinander gereiht werden. Bis zur Entdeckung der Zusammensetzung des Wassers, der wahren Theorie der Verbrennung und der Verwandtschaften des Kaliums und Wasserstoffs zum Sauerstoff war es unmöglich, eine Substanz zu begreifen, die bei Berührung mit Wasser sich entzündet, da es ja eine der anerkannten Merkmale des Wassers — mit anderen Worten, ein Teil seines Begriffes — war, dem Feuer entgegenzuwirken. Dieser vorherige Begriff war falsch; als er zerstört wurde, verschwand die Unbegreiflichkeit einer Substanz wie des Kaliums. In ähnlicher Weise sind wir nun ausser Stande, ein warmblütiges Tier uns ohne ein Respirationssystem zu denken, weil wir die Bedingung der gleichen Temperatur eines tierischen Organismus als hauptsächlich abhängig von den chemischen Veränderungen ansehen, die in demselben platzgreifen und unter denen die wichtigste die Oxydation des Blutes ist, welche irgend eine Form der Berührung zwischen dem Blute und der Luft und somit eine Form der Atmung verlangt. Wenn indessen zukünftige Forschungen diesen letzteren Begriff vernichten sollten — wenn gezeigt werden würde, dass die Wärme eines lebenden Körpers in zureichender Menge durch mechanische Agentien, wie z. B. Reibung erzeugt werden könnte, würde ein nicht atmendes warmblütiges Tier auf einmal begreiflich werden.

Während also eine physikalische Erscheinung, so wenig wir auch im Stande sein mögen, sie zu begreifen, ohne unseren vertrauten Gedanken Gewalt anzuthun, wirklich sein kann, verhält es sich damit ganz anders auf dem Gebiete der formalen Wissenschaften, wie der Logik und Mathematik. Hier finden wir Begriffe, die auf fundamentale Postulate oder axiomatische Wahrheiten gestützt sind, mit denen alle neuen Begriffe, um giltig zu sein, vereinbar sein müssen. Thatsache ist, dass auf dem Gebiete der idealen Beziehungen von Raum und Zeit die dritte Bedingung der Begreiflichkeit im Grunde genommen mit der zweiten identisch ist, insofern als hier alle niederen Begriffe implicite wenigstens Bestandteile einiger höheren umfassenderen Begriffe sind, deren Giltigkeit ihre gegenseitige Übereinstimmung verlangt. Dies alles gilt auch in gleicher Weise von den rein formalen Begriffen, welche die theoretische Grundlage einiger physikalischer Wissenschaften bilden, wie z. B. von den allgemeinen Sätzen der Kinematik oder Phoronomie; innerhalb der Grenzen der ihnen zukommenden Anwendbarkeit gelten sie mit Recht als Kriterien der Möglichkeit. Und selbst unter den auf Induktion gegründeten physikalischen Wahrheiten gibt es viele, deren Allgemeinheit so wohl begründet ist, dass ernste, wenn nicht entscheidende Bedenken gegen die Berechtigung von Begriffen und die Realität von behaupteten Erscheinungen obwalten würden, welche diese verletzen.

Die vorhergehende Diskussion über die Frage der Begreifbarkeit als eines Kriteriums der Wahrheit ist in keiner Weise erschöpfend. Es gibt Fragen, die damit zusammenhängen und auf die einzugehen nicht meine Sache ist. Eine von diesen Fragen ist die Bestimmung der Bedingungen, unter denen der Widerspruch zwischen den Elementen eines vorgelegten Begriffes offenbar wird. In sehr vielen Fällen ist der Widerspruch verborgen und zeigt sich erst nach vollständiger Enthüllung aller Verwicklungen und Verbindungen der Elemente — eine Erklärung, die gewöhnlich als reductio ad absurdum bezeichnet wird. In solchen Fällen besteht das Verfahren in Wirklichkeit in einer Zurückführung der Sätze, in die ein Begriff aufgelöst werden kann, bis zu ihrer äussersten Gleichförmigkeit, so dass der Widerspruch zwischen ihnen, falls er besteht, offenkundig wird. Die Einzelnheiten dieses Gegenstandes gehören indessen in die Lehrbücher über Logik.

X.

Charakter und Ursprung der mechanischen Theorie. — Darlegung ihres ersten und zweiten metaphysischen Grundfehlers.

Die modernen Physiker erheben den bestimmten Anspruch darauf, dass die mechanische Theorie auf der sicheren Grundlage sinnlicher Erfahrung ruhe und sich auf diese Art von metaphysischen Spekulationen abhebe, von denen (und zwar in dem im vorigen Kapitel gekennzeichneten Sinne mit Recht) gesagt wird, dass sie auf blossen Einbildungen des Geistes beruhen. Wir sind nunmehr auf einer Stufe unserer Diskussion angelangt, wo dieser Anspruch auf seine Stichhaltigkeit hin geprüft werden kann.

Die mechanische Theorie setzt Masse und Bewegung als die absolut realen und unzerstörbaren Elemente aller Formen physikalischer Erscheinungen voraus. Gewöhnlich werden diese Elemente als Materie und Kraft bezeichnet; doch ist diese Bezeichnung offenbar ungenau. Die Wirkung einer Kraft auf einen Körper bedeutet im Lichte der mechanischen Theorie einfach die Übertragung der Bewegung eines Körpers auf einen anderen; Kraft in dem Sinne, in dem das Wort hier angewendet wird, ist nichts anderes als Bewegung in Anbetracht ihrer wirklichen oder möglichen Übertragung. Und ihre notwendige Ergänzung oder vielmehr ihr wesentliches Korrelat — das was zurückbliebe, wenn ein Körper alles dessen, was keine Form von Kraft oder Bewegung vorstellt, entkleidet würde — ist nicht Materie sondern Masse.

Nun ist es klar, dass Bewegung an sich ein Gegenstand sinnlicher Erfahrung weder ist noch sein kann. Wir besitzen experimentelle Kunde über bewegte Körper, aber nicht über reine Bewegung. Ebenso klar ist es, dass Masse — oder um den gewöhnlichen Ausdruck zu gebrauchen, träge Materie oder Materie an sich — nicht ein Gegenstand sinnlicher Erfahrung sein kann. Dinge sind Gegenstände sinnlicher Erfahrung lediglich vermöge ihrer Wirkung und Gegenwirkung. Wie LEIBNIZ sagt, „was nicht wirkt, existiert nicht“ — quod non agit, non existit. Masse ist nichts, wovon die Sinne direkte Kenntnis besitzen; sie stellt sich ihnen weder als Rauminhalt, noch als Festigkeit, noch als Undurchdringlichkeit dar. Die einzige Kenntnis, die wir von der Masse haben, rührt von der Thatsache her, dass verschiedene Geschwindigkeiten, oder Beschleunigungen, oder Veränderungen der Bewegung in verschiedenen Körpern (die von gleichem Rauminhalt und gleichen Graden von Festigkeit und Undurchdringlichkeit sein können) durch die Wirkung derselben Kraft oder die Übertragung derselben Bewegung erzeugt werden können. Für sich allein ohne Bezug auf die Atomtheorie betrachtet, ist die Masse bloss ein anderer Name für die Trägheit; und diese wird gekannt, gemessen und bestimmt lediglich durch den Betrag an Kraft oder Bewegung, der auf einen gegebenen Körper einwirken oder ihm mitgeteilt werden muss, um in ihm eine bestimmte Geschwindigkeit, oder genauer und allgemeiner ausgedrückt, ein bestimmtes Mass der Beschleunigung oder Ablenkung zu erzeugen. Ohne dieser Beziehung zu und Verbindung mit Kraft oder Bewegung hat sie keine Existenz, gerade so wie Kraft oder Bewegung keine Existenz ohne Bezug auf und Verbindung mit der Trägheit besitzt. Die Realität einer jeden von beiden bietet sich der Erfahrung so gut wie dem Denken erst mit Hilfe der anderen dar.

Die Wahrheit ist, dass weder Masse noch Bewegung dem Wesen nach real ist, sondern beide Begriffe sind, oder vielmehr Teile eines Begriffes — des Begriffes Materie. Sie sind die letzten Ergebnisse der Verallgemeinerung — die intellektuellen Fluchtpunkte der Abstraktionslinien, die von den infimae species der sinnlichen Erfahrung ausgehen. Materie ist das summum genus der Klassifikation von Körpern auf Grund ihrer physikalischen und chemischen Eigenschaften. Sie ist daher kein reales Ding sondern die ideale Vereinigung zweier Merkmale, die in gleicher Weise allen Körpern zukommen. Die zwei Merkmale sind unzertrennlich, nicht nur in Wirklichkeit, sondern auch in Gedanken. Wenn wir beim Aufsteigen in der Klassifikationsskala allmählich von unseren sinnlichen Vorstellungen der einzelnen physischen Gegenstände alle Merkmale, in denen sie sich unterscheiden, ausscheiden; erreichen wir schliesslich zwei Merkmale, in denen sie übereinstimmen, und welche nicht abgesondert werden können, ohne die Grenzen zu überschreiten, innerhalb welcher der Begriff physischer Realität möglich ist. Beide sind unvermeidliche Bestandstücke des höchsten Begriffes, unter den irgend eine Form physischer Existenz subsumiert werden kann.

Daraus erhellt sofort der wahre Charakter der mechanischen Theorie. Diese Theorie nimmt nicht nur den idealen Begriff Materie, sondern auch seine beiden unzertrennlichen Teilmerkmale und erteilt beiden eine völlig selbständige Realität. Diese Identifizierung eines Begriffes mit reellen sinnlich wahrnehmbaren Gegenständen, diese Vermengung von Abstraktionen mit Dingen bildet einen der alten Grundfehler metaphysischer Spekulation. Es ist die erste der im letzten Kapitel aufgezählten trügerischen Annahmen der Metaphysik.[1] Die mechanische Theorie

---

[1]) Siehe oben S. 136.

nimmt so wie alle metaphysischen Theorieen ideale vielleicht rein konventionelle Teilgruppen von Merkmalen oder einzelne Merkmale hypothetisch an und behandelt sie wie Arten objektiver Realität. Ihre Grundlage ist somit im wesentlichen metaphysischer Natur. Die mechanische Theorie ist in der That ein Überbleibsel des mittelalterlichen Realismus. Ihre wesentlichen Elemente sind legitime logische Abkömmlinge der universalia ante rem und in re der Scholastik, die sich von letzteren höchstens dadurch unterscheiden, dass sie die letzten Ergebnisse von Abstraktionen vorstellen, die durch stufenweises Aufsteigen von sinnlichen, durch Beobachtung und Experiment erhaltenen Eigenschaften zu Stande kommen, und nicht durch Erklimmen der nebeligen Höhen traditioneller Schulbegriffe, die vorzeitige, rohe und unbestimmte Phantasien des menschlichen Geistes darstellen.

Der metaphysische Charakter der mechanischen Theorie kommt indessen nicht nur in ihrer Annahme der ersten der trügerischen Annahmen jeder Metaphysik zum Vorschein, derzufolge jeder Begriff das Gegenstück eines wirklichen Dinges bildet, sondern auch in der der zweiten. Diese besteht, wie ich bemerkt habe,[2]) darin, dass die allgemeineren und umfangreicheren Begriffe und die ihnen entsprechenden Realitäten früher existieren als die weniger allgemeinen und inhaltreicheren Begriffe und deren entsprechende Realitäten, und dass die späteren Begriffe und Realitäten aus den ersteren entweder durch eine allmähliche Hinzufügung von Merkmalen oder Eigenschaften oder durch einen Entwicklungsprozess abgeleitet werden, indem die Merkmale oder Eigenschaften der ersteren als Verwicklungen derer der letzteren aufgefasst werden.

In den führenden metaphysischen Systemen ist die Ordnung der Realität völlig verkehrt. Die summa genera

---

[2]) Siehe oben S. 136 ff.

der Abstraktion — die höchsten Begriffe — werden als die realsten, und die Data sinnlicher Erfahrung als die am wenigsten realen Formen der Existenz geschätzt. Der Grund dieser Grille ist der, dass man von ersteren, welche die allen Dingen gemeinsamen Eigenschaften umfassen, annimmt, dass sie deren Substanz zusammensetzen, d. i. das beständige, unveränderliche Substrat der Eigenschaften, durch die sich die besonderen Dinge auszeichnen, wobei diese wegen ihrer Veränderlichkeit als blosse zufällige, unwesentliche Eigenschaften betrachtet werden. Nach dieser älteren Ansicht von der Beziehung der „Accidentien" zur Substanz oder der charakteristischen Merkmale der niederen zu denen der höheren Begriffe werden die niederen Begriffe oder Realitäten durch allmähliche Hinzufügung der Merkmale oder Eigenschaften zu den höheren Begriffen oder Realitäten gebildet; die Verschiedenheit der objektiven Realitäten denkt man sich hierbei durch eine Synthese von Substanz und Accidentien zuwege gebracht. Diese Ansicht mag somit als die synthetische bezeichnet werden. Im Gegensatz zu ihr steht die spätere, analytische, die sich in den Entwicklungs- oder pantheistischen Systemen uns zeigt, in denen die niederen begrifflichen oder realen Formen als in den höheren enthalten und aus ihnen durch Entwicklungsprozesse ableitbar vorausgesetzt werden. All das findet seine genaue Analogie in der mechanischen Theorie. Vor 40 Jahren war das Glaubensbekenntnis eines gewöhnlichen Physikers ungefähr das folgende: Zu Uranfang existierten vermöge eines Schöpfungsaktes oder von Ewigkeit her Myriaden harter und unveränderlicher materieller Partikeln. Desgleichen existierten bestimmte unveränderliche Kräfte, wie die der Attraktion und Kohäsion, der Wärme, der Elektrizität, des Magnetismus, Chemismus und so fort. Der konstanten oder veränderlichen, geteilten oder vereinten Wirkung dieser Kräfte auf die materiellen Partikeln verdanken alle Erscheinungen physischer Realität ihre Entstehung. Bei diesem Vorgang bilden die materiellen Partikeln das passive und die Kräfte das aktive Element; diese Elemente existieren aber natürlich vor ihrer Wirkung. Die Materie ist an sich passiv, tot; alle Bewegung, alles Leben wird durch Kraft verursacht; die einzig mögliche Lösung der Probleme der Physiologie, nicht minder wie die der Physik und Chemie besteht in der Aufzählung der Kräfte, welche auf die materiellen Partikeln einwirken, und in der genauen quantitativen Bestimmung der durch ihren Einfluss hervorgerufenen Effekte.

In der Hauptsache ist dieses Glaubensbekenntnis offenbar eine Reproduktion der alten synthetischen Anschauung der Metaphysik. Es ist nach und nach einer neuen Lehre gewichen, welche in ähnlicher Weise eine Reproduktion der nachfolgenden metaphysischen Anschauung ist, welche ich als die analytische oder Entwicklungslehre bezeichnet habe. Die neuen Theorieen von der Wechselbeziehung und gegenseitigen Verwandelbarkeit der Kräfte gemäss dem Prinzipe von der Erhaltung der Energie haben den Begriff einer Vielheit von einander unabhängiger Kräfte erschüttert, wenn nicht zerstört, und überdies anerkennen Physiologen wie DU BOIS-REYMOND die Kraft als den unveränderlichen Begleiter, wenn nicht als das wesentliche Merkmal oder die primäre Qualität der Materie, indem sie behaupten, dass zu jeder konstanten Urmasse ein konstantes Urquantum an Kraft gehöre, und dass alle Transformationen der Materie durch Differenziierung dieser Urkraft verursacht werden. Daraus ergibt sich in natürlicher Weise die Vermutung, dass alle Verschiedenheiten physikalischer Existenz potentiell in der Materie im allgemeinen oder in der Materie per se (an sich) enthalten sind und sich aus ihr allmählich entwickelt haben.

Im August 1874 trug Professor TYNDALL, damals Präsident der British Association, eine Inauguraladresse der Versammlung der Gesellschaft zu Belfast vor, in der folgende Erklärung enthalten war:

„Wenn ich jede Maske fallen lasse, so fühle ich mich genötigt, Ihnen zu bekennen, dass wenn ich den Blick zurück über die Grenzen experimenteller Gewissheit schweifen lasse, ich in jener Materie, die wir in unserer Unkenntnis und trotz der eingestandenen Ehrfurcht für Ihren Schöpfer bisher nur mit Schimpf bedacht haben, die Verheissung und die Macht jedweder Art oder Form des Lebens erblicke."

Diese Ankündigung gab Veranlassung zur Entstehung einer Bewegung, die kaum durch den wesentlichen Inhalt derselben gerechtfertigt ist; denn die Feierlichkeit ihres Geständnisses stand einigermassen ausser Verhältnis zu ihrer Neuheit. TYNDALLS Worte sind wenig mehr, als eine neue Verkündigung eines alten Gedankens von FRANCIS BACON, der mehr als zwei Jahrhunderte vorher erklärt hatte:

„Und die Materie (was auch immer sie ist) muss so ausgestattet, hergerichtet und gebildet angenommen werden, dass alles Gute, alle Wirklichkeit, jede Wirkung und Bewegung deren natürliche Folge und Emanation ist." [3])

Das nämliche ist auch seither des öfteren durch die metaphysischen Evolutionisten in Ausdrücken wiederholt worden, die im wesentlichen dem folgenden von SCHELLING gleichkommen. „Die Materie ist das allgemeine Samenkorn des Universums, worin alles verhüllt ist, was in späteren Entwicklungen sich entfaltet." [4])

Nichtsdestoweniger bleibt TYNDALL's Aufstellung be-

---

[3]) „Atque asserenda materia (qualiscunque ea sit) ita ornata et apparata et formata, ut omnis virtus, essentia, actus atque motus naturalis eius consecutio et emanatio esse possit." BACO, De Princ. atque Origg., Opp. ed. Bohn, vol. II, p. 691.

[4]) SCHELLING, Ideen zu einer Philosophie der Natur, 2. Aufl., S. 315.

merkenswert und bezeichnend, indem sie die Veränderungen anzeigt, denen die mechanische Theorie in den Augen der modernen Physiker unterworfen ist.

Tyndall ist einer der eifrigsten Verteidiger der mechanischen Atomtheorie und ein beharrlicher Verfechter ihrer charakteristischen Züge. Wenn er von Materie spricht, meint er eine bestimmte Gruppe von einander verschiedener, realer Atome oder Molekeln. „Viele Chemiker der Gegenwart,“ sagt er in einer zweiten Adresse (die ebenfalls vor der British Association und zwar in Liverpool vorgetragen und von ihm kurz vor der Belfaster Versammlung wieder veröffentlicht wurde),[5]) „vermeiden es, von Atomen und Molekeln wie von wirklichen Dingen zu sprechen. Ihre Vorsicht führt sie dazu, bei der klaren, scharfen, mechanisch-verständlichen Atomtheorie Dalton's oder einer anderen Form dieser Theorie stehen zu bleiben und die Lehre von den multiplen Proportionen zur Grenze ihres geistigen Horizontes zu machen. Ich achte diese Vorsicht, wiewohl ich denke, dass sie nicht am Platze ist. Die Chemiker, welche vor diesen Begriffen von Atomen und Molekeln zurückschrecken, nehmen ohne Zögern die Wellentheorie des Lichtes an. Sowie Sie und ich, glauben sie alle an einen Äther, dessen Schwingungen das Licht erzeugen. Lasst uns nun betrachten, was alles dieser Glaube in sich schliesst. Bringen Sie Ihre Phantasie noch einmal ins Spiel und stellen Sie sich eine Reihe von Schallwellen vor, wie sie die Luft passieren. Folgen Sie ihnen bis zu ihrem Ursprung, und was finden Sie? Einen bestimmten, fühlbaren, schwingenden Körper. Es können die Stimmbänder eines menschlichen Wesens sein, eine Orgelpfeife oder eine gespannte Saite. Folgen Sie in der gleichen Weise einem Zug von Ätherwellen bis zu seiner Quelle; erinnern Sie sich gleichzeitig,

---

[5]) Fragments of Science (Am. ed.), p. 358.

dass Ihr Äther materiell, dicht, elastisch und fähig ist, Bewegungen auszuführen, die mechanischen Gesetzen unterworfen und durch sie bestimmt sind. Was hoffen Sie nun als Quelle einer Reihe von Ätherwellen zu finden? Fragen Sie Ihre Einbildungskraft, ob sie sich mit einer schwingenden multiplen Proportion zufrieden gibt — einem numerischen Verhältnis in einem Zustande der Schwingung.[6]) Ich glaube nicht, dass sie dies thun wird. Sie können nicht das Gebäude durch diese Abstraktion krönen. Die wissenschaftliche Einbildungskraft, welche hier autoritativ ist, verlangt als Ursprung und Ursache einer Reihe von Ätherwellen ein Partikel schwingender Materie, genau so bestimmt, wenn auch ungeheuer klein, wie das, welches einen musikalischen Ton verursacht. Solch ein Partikel nennen wir ein Atom oder ein Molekel. Ich glaube, wenn der forschende Geist so eingestellt wird, dass er eine Definition ohne den Nebelrändern des Halbschattens gibt, er sicherlich schliesslich dieses Bild geben würde."

Der klare Sinn dieser Sätze ist der, dass ein Äther- oder anderes Atom oder Molekel sich zu seiner schwingenden Bewegung ebenso verhält wie irgend ein gewöhnlicher Körper zu seiner fortschreitenden Bewegung — wie z. B. ein Fixstern oder Planet zu seiner Umdrehungs- oder Umlaufsbewegung; und dass ebenso wie der Begriff eines Stern- oder Planetenkörpers mit Notwendigkeit dem Begriffe seiner

---

[6]) Als TYNDALL dies schrieb, hatte er wahrscheinlich vor sich W. K. CLIFFORD's Vortrag vor der Royal Institution vom Jahre 1867, in dem sich folgende Stelle findet: „Um die Erscheinungen des Lichtes zu erklären, ist es nicht notwendig, mehr als eine periodische Zustandsänderung an einem gegebenen Punkte des Raumes anzunehmen." (CLIFFORD's Lectures and Essay's, vol. I, p. 85.) Oder es kann sich auch die Anspielung beziehen auf J. S. MILL, der in einer Note zum 14. Kapitel des 3. Buches seiner Logik bei Bezugnahme auf gewisse Beobachtungen von Dr. WHEWELL den imponderablen Äther als ein „schwingendes Agens" charakterisiert.

Umdrehungs- oder Umlaufsbewegung vorhergeht, so auch der Begriff eines Atoms oder Molekels mit Notwendigkeit dem Begriffe seiner schwingenden Bewegung vorausgeht, von der Licht, Wärme, Elektrizität, chemische Wirkung u. s. f. bekannte oder als bekannt angenommene Formen sind. Mit anderen Worten: um die Existenz von Materie, wie sie sich uns in ihrer Wirkung und in unseren Gedanken zeigt, zu begreifen, sind wir nach TYNDALL genötigt, letzte materielle Teile als vor diesen Bewegungen oder Äusserungen von Kraft, wie sie von uns als Licht, Wärme, Elektrizität, chemische Wirkung u. s. f. aufgefasst werden, existierend anzunehmen. Und was vom Begriffe, muss auch vom Dinge gelten. Das Ding muss sein, bevor es wirken kann oder bevor auf dasselbe gewirkt werden kann, in Gemässheit der alten Maxime: „Operari sequitur esse." [7])

---

[7]) Es erfordert nur wenig Überlegung, um einzusehen, dass das Bild bestimmter Atome oder Molekeln, die der Aufnahme von Bewegung fähig sind, vor derselben jedoch existieren, im Brennpunkte von TYNDALL's „forschendem Geist" reine Täuschung ist. Lasst uns für einen Augenblick ein letztes Teilchen der Materie in seinem Zustande der Existenz vor aller Bewegung betrachten. Es ist ohne Farbe und weder licht noch dunkel; denn Farbe und Licht sind gemäss der Theorie, zu deren eifrigsten Verfechtern TYNDALL zählt, blosse Arten von Bewegung. Es ist in gleicher Weise ohne Temperatur — weder heiss noch kalt, denn auch die Wärme ist eine Art von Bewegung. Aus demselben Grunde ist es auch ohne elektrische, magnetische, chemische Eigenschaften, kurz es ist aller jener Eigenschaften bar, vermöge deren es abgesehen von seiner Grösse, Gegenstand der Sinneswahrnehmung werden könnte, wenn wir die Eigenschaften des Gewichtes und der Ausdehnung ausnehmen. Gewicht ist aber ein blosses Spiel anziehender Kräfte, und Ausdehnung ist uns ja bloss als Widerstand bekannt, der wieder eine Äusserung von Kraft, also eine Art von Bewegung ist. Die Schwierigkeit, dieser Urteilchen habhaft zu werden, liegt somit nicht in ihrer ausserordentlichen Kleinheit, sondern in ihrer völligen Entblössung von jeder Eigenschaft. Die feste, fühlbare von TYNDALL's „wissenschaftlicher Einbildungskraft" begehrte Realität ist „nec quid, nec quantum, nec

Diese von TYNDALL in seiner Liverpooler Adresse vorgetragene Anschauung ist der alte synthetische Verstandesbegriff des metaphysischen Realismus. Die Atome oder Molekeln sind die vor den verschiedenen Bewegungsarten existierenden Substanzen, zu denen die ersteren als deren Accidentien hinzutreten. In der Belfaster Adresse ist jedoch diese Ansicht (sicherlich unbewusst) derart abgeändert, dass sie einen Übergang zu der evolutionistischen oder analytischen bildet. Die Materie soll nun selbst die Formen und Eigenschaften des Lebens gleich von Anfang an einschliessen — sie, wenn nicht in Wirklichkeit, so doch wenigstens potentiell in sich bergen —, so dass sie aus ihr durch von selbst eintretende Entwicklung hervorgehen.

Dass alle Versuche, physikalische Erscheinungen durch eine Synthese hypothetischer begrifflicher Elemente zu konstruieren, unter Zugrundelegung der ersten oder synthetischen Anschauung, vergeblich sind und dies in der Physik nicht minder wie in der Metaphysik, ist nun auf Grund verschiedenartiger Betrachtungen hinlänglich evident. Ob diese Elemente Substanz und Accidentien, oder Materie und Kraft heissen, sie sind in gleicher Weise unreal, und keine Realität kann aus ihrer Verbindung erstehen. Und auch die eingebildete Entwicklung der Dinge oder vielmehr die der inhaltreicheren aus den umfangreicheren höheren Begriffen in Gemässheit der zweiten analytischen Anschauung erweist sich bei einer einfachen Betrachtung über die Natur des Prozesses der Begriffsbildung als ebenso täuschend. Höhere Begriffe werden aus den niederen durch Nichtbeachtung oder Verwerfung der unterscheidenden Merkmale gebildet; und bei diesem logischen Prozess gibt es sicherlich nichts, woraus mit Berechtigung geschlossen werden

---

quale" und verschwindet völlig vor dem „forschenden Geiste" in dem Augenblicke, wo dieser sie frei von Bewegung zu begreifen sucht, die ihrer angeblich als eines Substrates bedarf.

könnte, dass die zurückgewiesenen Merkmale in den beibehaltenen enthalten sind, und dass in deren Vereinigung der höhere Begriff besteht.

Es ist, wie ich wohl glaube, nicht nötig, ausdrücklich zu sagen, dass diese Erörterungen in keiner Weise die Giltigkeit der Entwicklungstheorieen auf dem Gebiete wirklicher physischer Existenz in ihrer Anwendung auf organische (und mit gewissen Beschränkungen auf unorganische) Formen berührt. Fragen der Ableitung und Abstammung, der organischen und funktionellen Differenziierung und Verteilung sind Fragen über Thatsachen, die in Übereinstimmung mit den Daten der Beobachtung und des Experimentes entschieden werden müssen. Existenzformen können genetisch mit einander verknüpft sein, wenn sie auch nicht implicite in einander enthalten sind, und wenn auch keine Form physischer Realität sich berechtigterweise aus einem Begriff herleiten lässt. Aristoteles' Spruch „*ἐκ δὲ τῶν νοητῶν οὐδὲν γίνεται μέγεθος*" besitzt einen tieferen Sinn als den ihm von seinen scholastischen Schülern beigelegten: Dinge entstehen nicht aus Begriffen. Und wie es noch im Verlaufe des folgenden Kapitels deutlicher werden wird, ist die Verzweigung der Begriffe durchaus nicht identisch mit der der Dinge.

Die Irrtümer des Evolutionismus in seinen eingestandenermassen metaphysischen Formen (wie er sich in zahlreichen hylozoischen und pantheistischen Doktrinen zeigt), sind allerdings offenkundiger als die des materialistischen Evolutionismus. Es ist für viele der ausgezeichnetesten metaphysischen Systeme charakteristisch, dass die summa genera, welche als Grundlage der Entwicklung dienen, durch einen Sprung in das Leere jenseits der Grenzen berechtigter Verallgemeinerung erreicht werden. So entwickelt Hegel alle Dinge aus dem reinen Sein, welches, wie er selbst sagt, aller Eigenschaften bar ist — ein blosses logisches Phantom, dass durch eine gezwungene Abwerfung der letzten Merkmale, die das summum genus irgend einer Klassifikation von Erscheinungen zusammensetzen, heraufbeschworen wird.[8]) Dieses Phantom lässt sich, wie HEGEL ausdrücklich bemerkt, vom reinen Nichts nicht unterscheiden und ist somit mit demselben identisch, und deshalb haben es einige von HEGEL's geistigen Nachfolgern — DELLINGHAUSEN, ROHMER, WERDER, GEORGE u. a. — kühn unternommen, die Welt der Erscheinungen aus diesem angeblichen Begriff Nichts oder Null abzuleiten. Derselbe Versuch ist von anderen Metaphysikern gemacht worden, in deren Systemen das anfängliche Nichts unter verschiedenen Vermummungen erscheint — z. B. von SCHOPENHAUER und HARTMANN, deren treibendes Prinzip ein unpersönlicher Wille ist, ein Begriff, dessen Merkmale einander widersprechen, und der deshalb ebenso leer ist wie der Pseudobegriff Nichts. Die imposantesten unter den Vermummungen des substanziellen Nichts als Quelle und Ursprung der gesamten Erscheinungswelt sind das Absolute und das Ding an sich, die beide durch ihren Ausdruck jede mögliche Beziehung leugnen, und somit Verleugnungen aller denkbaren Eigenschaften

---

[8]) Genau genommen ist die Grundlage von HEGEL's „dialektischer Methode" nicht einmal ein Phantom von Realität. „An sich Sein" ist nicht einmal so viel wie der Ort eines verschwundenen Merkmales. Die Copula zwischen Subjekt und Prädikat ist nicht mehr als der formale Ausdruck der Thatsache, dass zwischen zwei Merkmalen oder zwischen einem Merkmal und einer Gruppe von solchen die Relation der Identität, Subsumtion oder Koexistenz besteht. Es ist eine blosse abstrakte Linie (oder ein Paar solcher), die von den Gattungsmerkmalen zu den unterscheidenden Merkmalen eines Begriffes führt. „Reines Sein" ist lediglich das Gespenst einer Copula zwischen einem unterdrückten Subjekt und einem verschwundenen Prädikat. Es ist ein Zeichen der Behauptung, das „überflüssiger Weise auf der Bühne bleibt," nachdem sowohl das Prädikat wie Subjekt verschwunden ist.

sind, da ja jedes Merkmal im wesentlichen eine Beziehung ist. Wiewohl aber solche Begriffe, wie Masse und Kraft etwas weniger hohl sind, sind sie doch nicht weniger nutzlos als Ausgangspunkte für die Entwicklung konkreter physischer Realitäten.

Wie alle metaphysischen Theorieen hat auch die mechanische Theorie durch ihre Identifizierung von Begriffen mit Dingen Anlass zur Entstehung einer Reihe falscher Antagonismen und grundloser Diskussionen gegeben. Eine der bemerkenswertesten Kontroversen unserer Zeit ist die zwischen den Kämpen der mechanischen oder Corpusculartheorie der Materie, welche behaupten, dass es ein reelles von der Kraft unabhängiges Ding gebe, und den Verteidigern der dynamischen Theorie, welche den materiellen Partikeln die Rolle von blossen Kraftzentren zuschreiben. Die Corpusculartheorie wird von der Majorität der Physiker wie von der Meinung des gemeinen Mannes gehalten, während die dynamische Ansicht — ursprünglich ein Auswuchs metaphysischer Spekulation — auf Grund angeblich nicht metaphysischer Erwägungen von BOSCOVICH, AMPÈRE, FARADAY und manchen anderen vorgebracht wurde. FARADAY's Ansicht ist von TYNDALL kurz und bündig skizziert worden:[9]) „Was wissen wir vom Atom ohne Kraft? Sie denken sich einen Kern, der a heissen mag, und denselben von Kräften umgeben, die mit b bezeichnet werden mögen; für mich verschwindet der Kern a und die Substanz besteht aus den Kräften b. Und in der That, welchen Begriff können wir uns von dem Kern, unabhängig von seinen Kräften bilden? Welcher Gedanke verbleibt, an dem die

[9]) Faraday as a Discoverer, Am. ed., p. 123. Bezüglich FARADAY's eigener Entwicklung seiner Ansicht vgl. seine „Speculation touching Electric Conduction and the Nature of Matter", Phil. Mag., ser. III, vol. XXIV, p. 136.

Einbildung eines von den erkannten Kräften unabhängigen a haften bleiben kann?"

Als FARADAY solcher Weise urteilte, befand er sich wohl in Unkenntnis darüber, dass er bloss alte Überlegungen von ARISTOTELES wiederholte,[10]) die seither oft Ausdruck in den Schriften moderner Denker[11]) gefunden haben, denen folgendes Beispiel entnommen werden möge:

„Es ist eine blosse Täuschung der Einbildungskraft, dass, nachdem man einem Objekt die einzigen Prädikate, die es hat, hinweggenommen hat, noch Etwas, man weiss nicht was, von ihm zurückbleibe." [12])

Der sich hier darbietende Gegensatz ist völlig unbegründet. Die Materie kann als rein passive räumliche Gegenwart nicht besser vergegenwärtigt oder begriffen werden wie als eine blosse Verkörperung von Kräften. Die Kraft ist nichts ohne Masse, und die Masse nichts ohne der Kraft. Gerade so wie der Metaphysiker das „Ding" oder die Substanz nicht gesondert von ihren Eigenschaften betrachten kann, oder umgekehrt die Eigenschaften abgesondert von der Substanz, so kann der Physiker nicht der Materie (d. i. Masse) ohne Kraft, oder der Kraft ohne der Materie habhaft werden. Masse, Trägheit oder Materie an sich ist vom absoluten Nichts nicht zu unterscheiden; denn die Masse enthüllt ihre Gegenwart oder beweist ihre Realität lediglich durch ihre Wirkung, ihre Kraft, mag sie durch eine andere ausgeglichen sein oder nicht, ihre Ausdehnung oder Bewegung. Andererseits ist die blosse Kraft ebenfalls nichts; denn wenn wir die Masse, auf die eine gegebene wiewohl schwache Kraft wirkt, bis zu ihrer Grenze Null, — oder mathematisch ausgedrückt, bis sie unendlich klein wird —

---

[10]) De Gen. et Corrupt., II, 1, 3, 4, 6; Met., III, 5; IV, 2; VI, 1.

[11]) Vgl. u. a. LOCKE, Essay on Human Understanding, book II, chapters XXIII u. XXIV.

[12]) SCHELLING, Logik, S. 18.

reduzieren, so ist die Folge davon die, dass die Geschwindigkeit der resultierenden Bewegung unendlich gross wird, und dass das „Ding“ (wenn wir unter diesen Umständen noch von einem Ding sprechen mögen) in einem gegebenen Moment weder hier noch dort ist, sondern überall — kurz, dass es keine wirkliche Gegenwart gibt. Es ist somit unmöglich, Materie durch eine Synthese von Kräften zu konstruieren. Auch ist es unkorrekt, mit BAIN zu sagen,[13]) dass „Materie, Kraft und Trägheit drei Namen für wesentlich das gleiche Ding wären“, oder dass „Kraft und Materie nicht zwei Dinge sind, sondern eines“,[14]) oder dass „Kraft, Trägheit, Moment, Materie alle nur eine Thatsache sind“, da in Wirklichkeit Kraft und Trägheit begriffliche Bestandteile der Materie sind, und keines im eigentlichen Sinne eine Thatsache vorstellt.

Der radikale Irrtum der Corpuscular- so gut wie der dynamischen Theorie besteht in der Täuschung, dass die begrifflichen Elemente der Materie als gesonderte und selbständige Realitäten aufgefasst werden könnten. Die Corpusculartheorie greift das Element der T r ä g h e i t heraus und behandelt es als ein an und für sich Seiendes, Reales, während BOSCOVICH, FECHNER und all die anderen, welche Atome oder Molekeln als blosse „Kraftzentra“ definieren, das entsprechende Element „Kraft“ als ein für sich bestehendes Ganzes hinzustellen suchen. In beiden Fällen werden Ergebnisse der Abstraktion fälschlicherweise für Arten von Realitäten angesehen.

Eine erschöpfende Prüfung der begriftlichen Ausdrücke T r ä g h e i t und K r a f t und ihres wahren Verhältnisses ist hier unmöglich, ohne Betrachtungen zu anticipieren, die eigentlich den folgenden Kapiteln zukommen. Die wesent-

---

[13]) Logic, vol. II, p. 225.

[14]) Ibid., p. 389.

liche Beziehung der Trägheit zur Kraft geht aus ihren frühesten Definitionen hervor. NEWTON spricht ausdrücklich von der Trägheit als einer Kraft. „Der Materie ist," erklärt er, „eine Kraft angeboren, vermöge deren jeder Körper, so viel an ihm liegt, in seinem Zustand der Ruhe oder der gleichförmigen geradlinigen Bewegung verharrt."[15]) Seit NEWTON's Zeit ist bei der Definition diese Ausdrucksweise üblich. YOUNG[16]) definiert die Trägheit als die „Unfähigkeit der Materie, den Zustand zu ändern, in den sie durch irgend eine äussere Ursache versetzt worden ist, mag nun dieser Zustand in Ruhe oder Bewegung bestehen;" und ähnlich spricht WHEWELL[17]) von „der Quantität der Materie, die der Mitteilung der Bewegung widerstehend angenommen wird." Alle diese Definitionen bringen es indessen mit sich, dass die einen Körper oder ein Partikel als ein Ganzes bewegenden Kräfte streng und unbedingt äussere Kräfte sind. In der Sprache von NEWTON[18]) ist die Kraft eine „vis impressa", „die auf einen Körper wirkt und sich bemüht, seinen Zustand der Ruhe oder der geradlinigen, gleichförmigen Bewegung zu ändern."

Es ist leicht einzusehen, wie die Unterscheidung von Materie und Kraft und die etymologische Bedeutung des Wortes „Trägheit" zu der Annahme führt, dass die Materie ihrem Wesen nach passiv, oder wie der gewöhnliche Ausdruck lautet, tot ist. Wenn ein Körper an sich betrachtet wird — begrifflich losgelöst von den Beziehungen, die seine Merkmale entstehen lassen — ist er in der That träg und all seine Wirkung kommt von aussen. Dieser isolierte Zustand eines Körpers ist jedoch eine reine Fiktion des Verstandes. Körper existieren nur vermöge ihrer Beziehungen;

---

15) Princ., Def. III.

16) Mechanics, p. 117.

17) Mechanics, p. 245.

18) Princ., Def. IV.

ihre Realität liegt in ihren gegenseitigen Einwirkungen. Träge Materie im Sinne der mechanischen Theorie ist der Erfahrung unbekannt und ist in Gedanken unbegreiflich. Jedes Teilchen der Materie, von dem wir irgend eine Kenntnis haben, zieht jedes andere Teilchen in Gemässheit der Gravitationsgesetze an; und jedes materielle Teilchen übt chemische, elektrische und andere Kräfte auf andere Elemente, die in Bezug auf diese Kräfte seine Korrelate sind. Ein Körper kann sich thatsächlich nicht von selbst bewegen; dies ist aber aus dem gleichen Grunde wahr, wegen dessen er nicht an und für sich existieren kann. Die wirkliche Anwesenheit eines Körpers in Zeit und Raum, so gut wie seine Bewegung, bedingt eine gegenseitige Wirkung zwischen ihm und anderen Körpern und somit eine actio in distans; es sind daher alle Versuche, die Gravitation oder die chemische Wirkung auf blossen Stoss zurückzuführen, ziellos und absurd.

Die Physiker wissen gar wohl, dass der gewöhnlich dem Worte Trägheit bei seiner Anwendung auf die Materie beigelegte Sinn falsch ist. „Die Unfähigkeit aller materiellen Punkte," sagt POISSON, „sich selbst in Bewegung zu setzen oder die ihnen mitgeteilte Bewegung ohne Hilfe einer Kraft zu ändern, ist das, was die Trägheit der Materie bildet. Dies Wort bedeutet nicht, dass die Materie unfähig einer Wirkung sei; im Gegenteil findet jeder materielle Punkt zu jeder Zeit das Prinzip seiner Bewegung in der Wirkung anderer Punkte, aber niemals in sich selbst." [19])

[19]) „L'impossibilité où sont tous les points matériels de se mettre en mouvement ou de changer le mouvement qui leur a été communiqué, sans le secours d'une force, est ce qu'on entend par l'inertie de la matière. Ce mot ne signifie pas que la matière soit capable d'agir; car, au contraire, chaque point matériel trouve toujours dans l'action d'autres points matériels, mais jamais en lui même, le principe de son mouvement." Poisson, Traité de Mecanique, liv. II, chap. I, 110.

Trotz der Aufstellung solcher Behauptungen wie dieser und ungeachtet der klaren Auffassung der wahren Bedeutung der Trägheitslehre von Seite der leitenden Physiker drängt sich indessen das Phantom einer „toten Materie“ unaufhörlich wieder vor als Grundlage kosmologischer Spekulationen. So hat Professor PHILIPP SPILLER, der Verfasser eines sehr geschickten Handbuches der Physik und ein fruchtbarer Schriftsteller über wissenschaftliche Dinge, vor einigen Jahren eine kosmologische Abhandlung veröffentlicht, [20]) deren Sätze auf die ausdrückliche Behauptung gestützt sind, dass „kein materieller Bestandteil eines Körpers, kein Atom an sich ursprünglich mit Kraft ausgestattet ist, sondern dass jedes Atom völlig tot ist und ihm keine Kraft beiwohnt, in die Entfernung zu wirken.“ [21]) Aus dem weiteren Inhalt dieses Buches wird es klar, dass der Verfasser nicht nur die den Atomen einzeln zukommenden Kräfte leugnet, sondern auch die Möglichkeit ihrer gegenseitigen Einwirkung. Er sieht sich infolgedessen zu der Behauptung der unabhängigen Substanzialität der Kraft genötigt; und nimmt demgemäss die Kraft als eine alles durchdringende gleichsam materielle Allgegenwart an — oder wie er sich ausdrückt, als einen „unkörperlichen Stoff“. In völligster Missachtung der fundamentalen Wechselbeziehung von Kraft und Masse identifiziert SPILLER seine Kraftsubstanz mit dem alles vermittelnden Äther, so dass dieser hypothetische Halbbegriff, der nach der Anschauung aller Physiker nicht nur unwägbar, sondern auch bar aller Kohäsions-, chemischen, thermischen, elektrischen und magnetischen Kräfte ist (der in der That von denselben völlig verlassen sein muss, wenn er das blosse Substrat dieser verschiedenen Arten von Bewegung sein soll) und daher noch mehr „tot“ ist, sofern dies überhaupt

[20]) Der Weltäther als kosmische Kraft. Berlin, Denicke's Verlag 1873.

[21]) Loc. cit., S. 4.

möglich ist, als die gewöhnliche Materie, nun plötzlich, ohne seinen Namen zu ändern und ohne aufzuhören, das Substrat für Licht- oder andere Schwingungen abzugeben, die wahre Quintessenz aller möglichen Energie wird.

Professor SPILLER's Spekulationen stellen eine sonderbare Wiederbelebung von KEPLER's wohlbekannten Träumen vor, der sich einbildete, dass die Planeten in ihren Bahnen getragen und geleitet würden durch eine „immaterielle Species" (species immateriata), die im Stande wäre, die Trägheit der Körper zu überwinden.[22]) KEPLER's „immateriata species" ist dasselbe hölzerne Eisen, das SPILLER unter dem Namen „unkörperlicher Stoff" hervorhebt, mit dem einzigen Unterschiede, dass die Absurdität der KEPLER'schen Chimäre in der nebeligen Dämmerung der mechanischen Vorstellungen jener Zeit weniger in die Augen fallend war, als die Überspanntheit des SPILLER'schen Einfalles im Lichte unserer heutigen wissenschaftlichen Atmosphäre.

Welche Rolle SPILLER's tote Materie möglicherweise in einem kosmologischen System hätte spielen können, ist schwer zu sagen. Selbst wenn die Wirkung von Kräften auf unveränderliche Teilchen, die bar jeder Schwere und aller anderen Kräfte wären, begreiflich wäre, so müssten diese von allen Seiten in gleicher Weise der Wirkung des allgegenwärtigen Äthers unterliegen und könnten somit nicht in irgend einer Weise dazu dienen, Unterschiede in der Dichte zu bedingen oder andere, die nicht im Äther enthalten oder aus demselben entwickelbar wären. Sie könnten

---

[22]) „Relinquitur igitur, ut quemadmodum lux omnia terrena illustrans species est immateriata ignis illius, qui est in corpore Solis: ita virtus haec, planetarum corpora complexa et vehens, sit species immateriata ejus virtutis, quae in ipso Sole residet, inaestimabilis vigoris, adeoque actus primus omnis molûs mundani," etc. KEPLER, De Motibus Stellae Martis, pars tertia, cap. XXXIII; Kepleri Opp., ed. Frisch, vol. III, p. 302.

nicht einmal zur Ausdehnung eines Körpers etwas hinzufügen, und noch viel weniger zu seiner Härte, da sie ohne alle Widerstandskraft wären; aber selbst wenn man das zugibt und Ausdehnung ohne Widerstand für möglich ansieht, würden sie blosse Blasen von leeren Räumen vorstellen, die im Äther des Weltalls eingeschlossen wären und auf dieser Verschiedenheit des Äthers würden alle Erscheinungen der materiellen Welt. beruhen.

Die herrschenden Irrtümer über die Trägheit der Materie haben naturgemäss zu entsprechenden Täuschungen über die Natur der Kraft geführt. Hier stossen wir bereits in limine auf eine Zweideutigkeit in der Bedeutung des Wortes Kraft in der Physik und Mechanik. Wenn wir von einer „Naturkraft" reden, gebrauchen wir das Wort Kraft in einem von dem in der Mechanik gebräuchlichen völlig verschiedenen Sinne. Eine „Naturkraft" ist ein Überbleibsel ontologischer Spekulation; in der gewöhnlichen Sprache steht der Ausdruck für ein unterscheidbares, reelles Wesen. In seiner bestimmten mechanischen Rolle bezeichnet Kraft einfach das Mass der Veränderung des Momentes — mathematisch ausgedrückt, das Differential des Momentes für einen gegeben Zeitmoment. „Moment," sagt TAIT,[23]) „ist das Zeitintegral der Kraft, weil die Kraft der Differentialquotient des Momentes ist." In den üblichen Lehrbüchern der Physik wird die Kraft als Ursache der Bewegung definiert. „Eine Ursache," sagt WHEWELL,[24]) „welche einen Körper bewegt oder zu bewegen strebt, oder die seine Bewegung ändert oder zu ändern strebt, wird Kraft genannt." So sagt CLERK MAXWELL:[25]) „Kraft ist, was immer die Bewegung eines Körpers ändert oder zu ändern strebt, indem

[23]) On Some Recent Advances in Physical Science, second ed., p. 347.

[24]) Mechanics, p. 1.

[25]) Theory of Heat, p. 83.

es ihre Richtung oder ihre Grösse verändert.“ Einen weit grösseren Einblick in die Natur der Kraft zeigt die Definition von SOMOFF, wiewohl das Wort „Ursache“ noch beibehalten ist: „Ein materieller Punkt wird durch die Anwesenheit von Materie ausserhalb desselben bewegt. Diese Wirkung äusserer Materie wird einer Ursache zugeschrieben, welche Kraft heisst.“ [26]) Nimmt man diese Definitionen für den korrekten Ausdruck anerkannter Theorieen der physikalischen Wissenschaft, so ist es auch, abgesehen von den Betrachtungen, die ich in diesem und in den vorigen Abschnitten angestellt habe, klar, dass Kraft kein individuelles Ding oder Ganzes ist, das sich direkt der Beobachtung oder dem Denken darbietet, sondern dass, sofern sie als bestimmter und einheitlicher Ausdruck in Denkakten auftritt, sie lediglich einen Umstand bei der Auffassung der gegenseitigen Abhängigkeit bewegter Massen bedeutet. — Die Ursache der Bewegung oder der Veränderung der Bewegung in einem Körper ist die Bedingung oder die Gruppe von Bedingungen, unter denen die Bewegung stattfindet; und diese Bedingung oder Gruppe von Bedingungen ist stets eine entsprechende Bewegung oder Veränderung der Bewegung von Körpern ausserhalb des Körpers, die seine dynamischen Korrelate bilden. [27]) Anders ausgedrückt ist die Kraft ein blosser Schluss, der aus der Bewegung selbst unter den allgemeinen Bedingungen der Realität gezogen wird, und ihre Messung und Bestimmung beruht bloss auf der Wirkung, für welche sie als Ursache gefordert wird; eine andere Existenz hat sie nicht. Die einzige Realität der Kraft und ihrer Wirkung besteht in der Übereinstimmung

---

[26]) SOMOFF, Theoretische Mechanik, 2 Bd., S. 155.

[27]) „Der gegenwärtig klar entwickelte mechanische Begriff der Kraft,“ sagt ZÖLLNER (Natur der Kometen, S. 323), „enthält nichts anderes als den Ausdruck einer räumlichen und zeitlichen Beziehung zweier Körper.“

zwischen den physikalischen Erscheinungen in Gemässheit des Prinzips der Relativität aller Formen physischer Existenz.

Dass die Kraft keine unabhängige Realität besitzt, ist so klar und augenfällig, dass von einigen Denkern vorgeschlagen worden ist, den Ausdruck Kraft, wie den Ausdruck Ursache abzuschaffen. Wie wünschenswert auch ein sparsamer Gebrauch derartiger Ausdrücke sein mag (was z. B. die Klarheit einiger moderner Lehrbücher der Mechanik zeigt),[28]) erscheint es doch unthunlich, sich derselben gänzlich zu enthalten, da ja die Kraft als Begriffselement, wenn sie in passender Weise nach den Bedingungen der Erfahrung aufgefasst wird, einen berechtigten Umstand bei der Auffassung physikalischer Wirkung vorstellt, und wenn der Gebrauch ihres Namens abkäme, sie sofort wieder unter einem anderen Namen auftauchen würde. Es gibt nur wenige Begriffe, welche nicht in der Wissenschaft wie in der Metaphysik Anlass zu der gleichen Verwirrung, wie sie in Betreff der „Kraft" und der „Ursache" vorhanden ist, Anlass gegeben hätten; und der gegen diese geführte Schlag würde alle Begriffe zerstören. Dessenungeachtet bleibt es von der grössten Bedeutung, bei allen Spekulationen über die gegenseitige Abhängigkeit der Naturerscheinungen niemals die Thatsache aus den Augen zu lassen, dass die Kraft ein bloss begrifflicher Ausdruck ist und nicht ein unterscheidbares, wahrnehmbares oder nicht wahrnehmbares Ding.

Wie unvollkommen das alles heutzutage verstanden wird, zeigt die oberflächlichste Prüfung unserer elementaren Lehrbücher der Physik so gut wie die der wissenschaftlichen Originalabhandlungen. Die Beziehung zwischen Kraft und mechanischer Bewegung wird in einem fort als eine That-

---

[28]) Vgl. u. a. KIRCHHOFF, Vorlesungen über mathematische Physik, Leipzig 1876.

sache hingestellt, „die durch Beobachtung erhalten und durch das Experiment bestätigt worden ist.“ In einem im Juli 1872 veröffentlichten Artikel wird gesagt: „In Bezug auf die erste Frage (Was erzeugt Bewegung) gibt es keine Meinungsverschiedenheit. Alle stimmen darin überein, dass es die Kraft ist, welche Bewegung erzeugt oder verursacht.“ [29]) Der augenscheinliche Sinn dieser Rede ist der, dass es fraglich erscheinen könnte, ob materielle Veränderung oder Bewegung durch Kraft oder durch etwas anderes hervorgerufen würde, und dass die Physiker in ihrer Gesamtheit zu dem Schlusse gekommen sind, dass sie durch Kraft erzeugt wird. Solch eine Frage müsste wahrlich ernstlich erwogen werden! Sie kommt gleich der Frage, welche SACHS in seiner Verzweiflung der Welt verkündet: „Wer will uns dessen vergewissern, dass das, was die Astronomen als Uranus ansehen, der Uranus wirklich ist?“ [30])

In einer anderen Beziehung als über die Natur der Kraft befinden sich die Physiker allgemein in noch viel grösserer Verwirrung. Von den Körpern sagt man, sie wären mit einem bestimmten Quantum an Kraft versehen; man nimmt an, dass zu jedem besonderen Körper oder Atom ein unveränderliches Mass an Energie gehöre, oder solch einem Körper oder Atom angeboren sei. Abgesehen davon, dass diese Behauptung den soeben besprochenen Begriff von der unabhängigen Realität der Kraft in sich schliesst, liegt in ihr noch die Annahme, dass die Kraft ein Attribut oder ein Begleiter eines solchen einzelnen Partikels sein könne, wobei die sonst den Physikern wohl bekannte Thatsache ausseracht gelassen wird, dass die wirkliche Auffassung der Kraft von der Beziehung zwischen

---

[29]) What determines Molecular Motion, etc. Von JAMES CROLL. Phil. Mag., fourth series, vol. 40, p. 37.

[30]) Das Sonnensystem, oder neue Theorie vom Bau der Welten, von S. SACHS, S. 193 (bei FECHNER citiert).

wenigstens zwei Gliedern abhängig ist. „Kraft," sagt CLERK MAXWELL[31]) ist eine Seite jener gegenseitigen Wirkung zwischen zwei Körpern, welche von NEWTON Wirkung und Rückwirkung genannt wurde, und welche wir jetzt kurz durch das einzige Wort ‚Stress' bezeichnen." Und an einem anderen Ort:[32]) „Betrachten wir das ganze Phänomen der Wirkung zweier materieller Teile auf einander, so nennen wir es dynamische Einwirkung (stress) . . . Wenn wir aber unsere Aufmerksamkeit auf den einen der materiellen Teile beschränken, dann sehen wir die Sache so, als wäre bloss eine einseitige Wirkung da, diejenige nämlich, welche den von uns in Betracht genommenen Teil beeinflusst, und wir nennen die Erscheinung, von diesem Gesichtspunkte aus betrachtet, rücksichtlich ihrer Wirkung eine äussere Kraft, welche auf unseren materiellen Teil wirkt, und rücksichtlich ihrer Ursache nennen wir sie die Wirkung des anderen materiellen Teiles. Die dynamische Einwirkung, von entgegengesetztem Gesichtspunkt aus betrachtet, heisst Reaktion auf den anderen materiellen Teil." Von gleicher Bedeutung ist die Behauptung von RANKINE:[33]) „Die Kraft ist eine Wirkung zweier Körper, die eine Änderung ihrer relativen Ruhe oder Bewegung verursacht oder zu verursachen strebt." Daraus folgt, dass eine „konstante Centralkraft", wie sie zu einem individuellen Atom oder Molekel gehören würde, ein Ding der Unmöglichkeit ist.

---

[31]) Matter and motion (deutsch v. FLEISCHL v. MARXOW, S. 92).

[32]) Ib., cap. XXXVII, XXXVIII.

[33]) Applied Mechanics, fourth ed., p. 15.

XI.

Charakter und Ursprung der mechanischen Theorie (Fortsetzung). Die Darlegung ihres dritten metaphysischen Grundfehlers.

Es gibt nur wenige Überzeugungen, die allgemein für unzweifelhafter gehalten werden, als die von der absoluten Starrheit der Materie, von ihrer Undurchdringlichkeit. Mit Ausnahme von DESCARTES und dessen unmittelbaren Nachfolgern, deren Behauptung, dass die Materie nichts als Ausdehnung ist, offenbar sich nicht verteidigen lässt, haben Philosophen und Physiker in gleicher Weise stets die Starrheit und Undurchdringlichkeit der Materie an die erste Stelle ihrer primären Qualitäten gestellt. Angesichts der beobachteten Umformungen materieller Dinge führt dieser Glaube unausweichlich zu der Lehre, dass die Materie aus unteilbaren absolut starren Partikeln bestehe. TYNDALL's an der im letzten Kapitel citierten Stelle seiner Liverpooler Adresse ausgedrückte Meinung ist sowohl die des grossen wissenschaftlichen Publikums, wie auch die der Personen ohne wissenschaftlicher Bildung. Allen diesen erscheint es gleich TYNDALL absurd zu sein, zu leugnen, dass der Begriff der Materie den Begriff einer bestimmten, fühlbaren und unzerstörbaren Starrheit in sich schliesst. Die allgemeine stillschweigende Annahme geht dahin, dass von den drei Aggregatzuständen, in denen sich die Materie den Sinnen darbietet — dem festen, flüssigen und gasförmigen — die beiden letzten einfach Vermummungen oder Zusammensetzungen des ersten sind; dass ein Gas z. B. in Wirklichkeit eine Gruppe oder ein Haufen fester Körper ähnlich einer Staubwolke ist, nur mit dem Unterschiede, dass die Formen und Entfernungen der Teilchen, aus denen das Gas zusammengesetzt ist, eine grössere Regelmässigkeit als bei einer Staubwolke zeigen, und dass diese Teilchen in dem Falle eines Gases durch ihre gegenseitigen Anziehungen und Abstossungen beherrscht werden, während in dem Falle einer Staubwolke sie sich unter dem Einflusse äusserer Kraft befinden. Und weil der Übergang der drei Aggregatzustände in einander in regelmässiger und unveränderlicher Ordnung in einer Weise vor sich geht, die zu augenfällig ist, um übersehen zu werden, nimmt man an, dass der feste Zustand der ursprüngliche ist, von dem der flüssige und gasförmige einfach Ableitungen vorstellen, und dass, wenn diese Zustände unter dem Gesichtspunkt der Entwicklung betrachtet werden, die Reihenfolge derselben die vom festen Zustand zum Dampf oder Gas ist. Nach dieser Anschauung bildet die feste Form der Materie nicht nur die Grundlage und den Ursprung aller weiteren Bestimmungen — aller Entwicklungen und Veränderungen — derselben, sondern auch das wahre und eigentliche Element ihres Gedankenbildes und Begriffes.

Während nun diese Ansicht von der Beziehung der drei Aggregatzustände zu einander die allgemein herrschende ist, ist es andererseits nicht schwer zu zeigen, dass sie mit den Thatsachen unvereinbar ist. Alle Entwicklung schreitet von dem verhältnismässig Unbestimmten zu dem verhältnismässig Bestimmten fort und von dem vergleichsweise Einfachen zu dem vergleichsweise Verwickelten. Eine Vergleichung des gasförmigen mit dem festen Zustand (wenn wir unsere Aufmerksamkeit für den Augenblick zunächst auf die beiden Endpunkte der Reihe, den festen Körper und das Gas beschränken und von dem Mittelglied, der Flüssigkeit, absehen) zeigt uns, dass der erstere nicht das

Ende, sondern den Beginn der Entwicklung bildet. Das Gas ist nicht nur verhältnismässig unbestimmt — ohne festem Volumen, ohne krystallinische oder andere Struktur —, sondern es zeigt auch in seinen Grundeigenschaften jene Einfachheit und Regelmässigkeit, welche für alle Typen primärer Formen charakteristisch ist. Betrachten wir fürs erste die physikalischen Seiten eines Gases — wobei ich natürlich nur von Gasen spreche, die annähernd vollkommen sind, mit Ausschluss von Dämpfen bei niederer Temperatur und von Gasen, die leicht coërcibel sind, so zeigt sich: ihr Volumen dehnt sich aus und zieht sich zusammen, entsprechend der Variation des Druckes, dem es unterworfen ist; ihre Diffusionsgeschwindigkeit ist umgekehrt proportinal der Quadratwurzel aus ihrer Dichte; das Mass ihrer Ausdehnung ist für gleiche Zuwüchse der Temperatur gleich; ihre spezifische Wärme ist bei allen Temperaturen dieselbe und bei einem gegebenen Gewicht auch für alle Dichten und Drucke die gleiche; die spezifischen Wärmen gleicher Volumen einfacher und unverdichtbarer Gase, sowie der ohne Verdichtung gebildeter zusammengesetzter Gase, sind für alle Gase was immer für einer Art die gleichen, und so weiter. Nach all diesen Richtungen hin ist der Kontrast zu der flüssigen wie zu der festen Form, bei der die Verhältnisse ihres Volumens oder ihres Baues oder beider zur Temperatur, zum äusseren Druck oder zu anderen Kräften die verwickeltesten sind, gross und überraschend. Dieser Kontrast wird jedoch bei der Betrachtung vom chemischen Gesichtspunkte aus noch grösser. Wir sind in keiner Weise im Stande, die Volumsverhältnisse anzugeben, in denen sich feste und flüssige Körper mit einander verbinden — die Verbindung von festen Körpern als solcher ist thatsächlich unmöglich — und die Zahlen, welche die Verbindungsgewichtsverhältnisse ausdrücken, zeigen einen solchen Mangel an angebbaren Beziehungen und an Regelmässigkeit, dass die beharrlichsten

Anstrengungen der Vertreter der Wissenschaft (wie DUMAS, STAS, H. CAREY LEA, COOKE, L. MEYER, MENDELEJEFF, BAUMHAUER) nicht im Stande waren, ihn zu beheben. Bei der Verbindung der Gase herrscht im Gegenteil alle Ordnung und Einfachheit. „Das Verhältnis der Volumen, in denen sich die Gase verbinden, ist stets ein einfaches und das Volumen der sich ergebenden Gasverbindung steht in einem einfachen Verhältnis zu den Volumen ihrer Bestandteile" — lautet das Gesetz von GAY-LUSSAC. Dem Gewichte nach ist das Verbindungsverhältnis zwischen Wasserstoff und Chlor gleich 1 : 35,5; dem Volumen nach verbindet sich ein Volumen von Wasserstoff mit einem Volumen von Chlor (natürlich beide bei derselben Temperatur und dem gleichen Drucke gemessen) zu zwei Volumen Chlorwasserstoffsäure. Sauerstoff und Wasserstoff verbinden sich im Gewichtsverhältnisse 16 : 2; hingegen bildet 1 Volumen von Sauerstoff mit 2 Volumen Wasserstoff 2 Volumen Wasserdampf. Stickstoff und Wasserstoff, deren sogenannte Atomgewichte 14 und 1 sind, verbinden sich in dem einfachen Verhältnis eines Volumens Stickstoffs zu drei Volumen Wasserstoff, dabei 2 Volumina Ammoniak gebend. Und Kohlenstoff, dessen „Atomgewicht" 12 ist, obwohl es nicht wirklich in Gasform erhalten werden kann, verbindet sich nach allgemeiner Annahme der Chemiker (deren Gründe hier nicht auseinandergesetzt zu werden brauchen) mit Wasserstoff in dem Volumsverhältnisse 1 : 4, um 2 Volumen Sumpfgas zu geben.

All dies berechtigt zu dem Schlusse, dass, falls es einen typischen und primären Zustand der Materie gäbe, dies nicht der feste, sondern der gasförmige sein müsste. Und da dies so ist, folgt, dass sich die molekulare Entwicklung der Materie gemäss dem Entwicklungsgesetze vom Unbestimmten zum Bestimmten, vom Einfachen zum Verwickelten, von der gasförmigen zur festen Form vollzieht. Insofern also die Erklärung einer Erscheinung auf eine Hinweisung ihres Entstehens aus den einfachsten Anfängen, den frühesten Formen hinauskommt, bildet der gasförmige Zustand der Materie die wirkliche Grundlage für die Erklärung des festen, und nicht umgekehrt der feste für die des gasförmigen Zustandes.

Ich nehme an, dass es aus den vorhergehenden Betrachtungen klar geworden ist, dass das wahre Verhältnis zwischen den molekularen Zuständen der Materie genau das umgekehrte von dem allgemein angenommenen ist. Die Allgemeinheit dieser Annahme lehrt indessen, dass sie nicht durch einen blossen Denkfehler, sondern durch einen natürlichen Hang des Geistes zu stande kommt. Es entsteht daher die Frage: Worin liegt der Ursprung dieser allgemeinen Täuschung über die Beschaffenheit der Materie? Ich glaube, dass die Antwort auf diese Frage ausserordentlich einfach und im Verhältnis zu ihrer Einfachheit wichtig ist. Eine von den Täuschungen, denen der menschliche Geist infolge der Gesetze seiner Natur unterworfen ist, und die ich strukturelle Täuschungen zu nennen gewagt habe, besteht darin, dass der Geist die Reihenfolge der Entstehung seiner Ideen über materielle Objekte mit der Reihenfolge der Entstehung dieser Objekte selbst verwechselt. Ich habe bisher gezeigt, dass der Fortschritt unserer Kenntnis auf Vergleichung (analogy) beruht, — auf einer Zurückführung des Seltsamen und Unbekannten auf Vertrautes und Bekanntes. In einem gewissen Sinne ist es richtig, was so oft gesagt worden ist, dass alle Erkenntnis auf Wiedererkennung beruhe. „Der Mensch,“ sagt Pott,[1] „stellt fortwährend Vergleichungen an zwischen dem Neuen, das sich ihm darbietet, und dem Alten, das er bereits kennt.“ Dass dem

[1] Pott, Etymologische Forschungen, 2. Aufl., 2 Bd., S. 139.

so ist, lehrt die Entwicklung der Sprache. Das Hauptagens bei der Entwicklung der Sprache bildet die Metapher — die Übertragung des Wortes von seiner gewöhnlichen überlieferten Bedeutung auf eine analoge. Diese Übertragung eines Namens, der bekannte und vertraute Dinge beschreibt, zur Bezeichnung von unbekannten und nicht vertrauten ist typisch für das Verfahren des Geistes in allen Fällen, wo es sich um neue und seltsame Erscheinungen handelt. Sie lässt diese Erscheinungen ähnlich den uns bekannten erscheinen; sie identificiert das Fremde, so weit als es möglich ist, mit dem Vertrauten; sie lehrt uns das Ausserordentliche und Ungewöhnliche in Ausdrücken dessen kennen, was uns ordentlich und gewöhnlich ist. Das Sinnenfälligste ist aber das, was zuerst im Bewusstsein auftritt und darin am beständigsten verharrt; auf diese Weise erhält es den Stempel grösster Vertrautheit. Nun ist die am meisten sich aufdrängende Form der Materie die feste, und aus diesem Grunde ist sie diejenige, die zuerst vom kindlichen Gemüte der Menschheit aufgefasst wird und damit als Grundlage für die nachfolgende Erkennung anderer Formen dient. Dementsprechend finden wir, dass auf den ersten Stufen menschlicher Kultur das Feste allein als materiell aufgefasst wird. Es hat lange gedauert, bis selbst die atmosphärische Luft, die sich uns doch in Wind und Sturm so auffällig bemerkbar macht, als eine Form der Materie erkannt wurde. Bis auf den heutigen Tag bedeuten Worte, die einen Wind oder Hauch bezeichnen — animus, spiritus, Geist u. s. w. — das fundamentale Korrelat der Materie selbst in den Sprachen zivilisierter Völker. Und es ist sehr fraglich, ob selbst die alten Philosophen oder die mittelalterlichen Alchimisten deutlich eine andere gasförmige Substanz ausser der Luft als materiell unterschieden. Es ist gewiss, dass bis zu den Zeiten von VAN HELMONT im letzten Teil des 16. und in den ersten Jahrzehnten des

17. Jahrhundertes die gasförmige Materie keinen Gegenstand wissenschaftlicher Forschung gebildet hat.*)

Es ist nun klar, dass, während der Fortschritt der Entwicklung in der Natur vom gasförmigen zum festen Zustand geht, der Fortschritt der Entwicklung der Kenntnis des menschlichen Geistes umgekehrt in der Richtung vom festen zum gasförmigen geschah; und infolgedessen der gasförmige Zustand als blosse Modifikation des festen aufgefasst wurde. Aus dem gleichen Grunde war die erste Form materieller Einwirkung, die von dem erwachenden Menschengeiste aufgefasst wurde, die zwischen festen Körpern, und daraus folgt wieder, dass der Unterschied zwischen einem festen und gasförmigen Körper als ein blosser Unterschied der Entfernung zwischen festen Teilchen, wie er durch mechanische Bewegung erzeugt wird, angesehen wurde.

Dazu kommt, dass in dem Geiste des gewöhnlichen Mannes die Vertrautheit allgemein mit der Einfachheit verwechselt wird. Wenn nun die Erklärung einer Erscheinung, wie wir gesehen haben, auf eine Darlegung ihrer Entstehung aus den frühesten Anfängen hinauskommt, verfolgt der Geist bei seinen Versuchen einer Erklärung der Gasform naturgemäss die Schritte in der Entwicklung seiner Ideen über die Materie — seines Begriffes Materie — zurück bis zu den frühesten, vertrautesten und daher scheinbar einfachsten Formen, in denen die Materie von ihm wahrgenommen wurde und wird, und nimmt das feste Teilchen, das Atom, als letzte Thatsache, als primäres Element für die Vorstellung und begriffliche Auffassung materieller Existenz.

Die Annahme der Identität in der Reihenfolge der Begriffsbildung und der der Realität (die dritte der im 9. Abschnitt aufgezählten trügerischen Annahmen) bildet

*) VAN HELMONT gebraucht zuerst den Ausdruck „Gas". Anm. des Herausg.

einen der verhängnisvollsten Irrtümer ontologischer Spekulation, und ist als solcher von J. S. MILL dargethan worden, der indessen darin fehlt, dass er die wahre Quelle dieses Irrtums verkennt, wie oben auseinandergesetzt worden ist, indem er (nach seiner Gewohnheit) die Ordnung und Verbindung unserer Ideen einer bloss zufälligen Association zuschreibt. „Ein grosser Teil des irrigen Denkens, das in der Welt existiert," erklärt er,[2]) „geht von der stillschweigenden Voraussetzung aus, dass dieselbe Ordnung zwischen den Gegenständen der Natur wie zwischen unseren Vorstellungen von denselben bestehen müsse." Die Hartnäckigkeit dieser Annahme und ihre unvermeidliche Herrschaft in der ontologischen Spekulation könnte an zahlreichen Beispielen belegt werden. SPINOZA erklärt ausdrücklich, „dass die Ordnung und der Zusammenhang der Ideen von gleicher Art sind, wie die Ordnung und der Zusammenhang der Dinge."[3]) Und selbst in einem neueren Lehrbuch der Logik lesen wir, dass „die logische Verkettung der Ideen der wirklichen Verkettung der Dinge entspreche."[4]) Es tritt hier also wieder der metaphysische Charakter der mechanischen Theorie deutlich hervor.

Wiewohl die Ansicht, dass Starrheit und Undurchdringlichkeit nicht nur unvermeidliche, sondern auch vollkommen einfache Merkmale der Materie sind, durchaus nicht allgemein ist, gibt es nur wenige Denker, welche nicht verkennen, dass sie einem Vorurteil des Geistes ihre Entstehung verdankt. „In der Hypothese," sagt COURNOT,[5]) „zu welcher die modernen Physiker geführt worden sind —

---

[2]) Logic, 8th ed., p. 521.

[3]) „Ordo et connexio idearum idem est ac ordo et connexio rerum." Eth. II, prop. 7.

[4]) „L'enchainement logique des idées correspond à l'enchainement réel des choses." DELBOEUF, Logique p. 91.

[5]) De l'Enchainement, etc., vol. I, p. 246 seq.

nämlich der von Atomen, die von einander getrennt sind und zwar sogar durch solche Entfernungen, die (wiewohl durch keine Erfahrung abschätzbar) dennoch im Vergleiche zu den Grössenverhältnissen der Atome oder Elementarkörperchen sehr gross sind — nötigt uns nichts, die Atome eher als kleine harte oder starre statt als kleine weiche, dehnbare oder flüssige Körper vorzustellen. Der Vorzug, den wir der Härte über die Weichheit geben, die Neigung, die wir zeigen, uns die Atome oder das Urmolekel lieber als eine Miniatur des festen Körpers statt einer flüssigen Masse von derselben Kleinheit vorzustellen, sind lediglich Vorurteile der Erziehung, die sich aus unseren Gewohnheiten und den Bedingungen unseres animalen Lebens ergeben. Dieser Hang ist somit um nichts weniger begründeter, als der bei den alten Scholastikern so eingewurzelte und in modernen Lehren sich fortsetzende alte Glaube, dass die Undurchdringlichkeit zusammen mit der Ausdehnung den wesentlichen Charakter, die Grundeigenschaft der Materie und der Körper ausmache. Es ist ganz klar, dass Atome, die nie zur Berührung kommen, sich noch viel weniger zu durchdringen vermögen: so zwar, dass die angebliche Grundeigenschaft im Gegenteil eine nutzlose müssige Eigenschaft sein würde, die niemals in Aktion treten, niemals zur Erklärung einer Erscheinung in Verwendung kommen könnte und von uns ganz umsonst aufgestellt sein würde. Dasselbe lässt sich auch von der Ausdehnung sagen, insofern sie ein Merkmal oder eine Eigenschaft der Atome ist, denn bei weitestgehender Analyse und bei dem jetzigen Zustand der Wissenschaft bleiben alle Erklärungen, die man von den physikalisch-chemischen Erscheinungen geben kann, vollkommen unabhängig von den Hypothesen, die man über die Gestalt und die Grössenverhältnisse der Atome oder der Elementarmolekeln machen könnte. Was die sinnlich wahrnehmbaren Körper endlicher

Grösse anbelangt, so sind sie sicherlich durchdringlich; und was sie betrifft, ist die Kontinuität der Formen der Ausdehnung nur eine Illusion."

„Bei den sinnlich wahrnehmbaren Körpern sind Festigkeit und Starrheit gerade so wie Biegsamkeit, Weichheit oder Flüssigkeit sehr verwickelte Erscheinungen, die wir, so gut es geht, mit Hilfe von Hypothesen über das Gesetz der Kräfte, welche die Elementarmolekeln in bestimmten Distanzen erhalten, und über die Ausdehnung ihrer Wirkungssphäre, verglichen mit der in dieser Sphäre enthaltenen Molekelzahl und deren gegenseitigen Entfernungen, zu erklären suchen. Während nun die vertraute Vorstellung der Körper im festen Zustand die Begriffsbildung eines starren Körperchens oder eines elementaren Atoms als philosophisches und wissenschaftliches Prinzip der Erklärung eingegeben hat, ist das mit Hilfe des Atombegriffes am schwierigsten in zufriedenstellender Weise zu Erklärende gerade die Zusammensetzung der Körper im festen Zustand."

Ich habe bereits im siebenten Kapitel eine Stelle von ähnlicher Bedeutung aus den Vorlesungen von Cauchy citiert, in welcher der berühmte Mathematiker die Notwendigkeit in Frage stellt, der Materie entweder Undurchdringlichkeit oder Ausdehnung (ohne denen oder ohne einer von denen natürlich keine Starrheit möglich ist) als primäre Qualität zuzuschreiben.

Starrheit in dem Sinne, in welchem sie einem Atom beigelegt wird, ist keine Thatsache, sondern die Realisierung einer Abstraktion. Wie Cournot bemerkt, ist ein absolut starrer Körper der Erfahrung unbekannt. Der Zusammenhang der Körper, mit denen es der Experimentalphysiker zu thun hat, hängt von dem Übergewicht oder Gleichgewicht der Kräfte, wie der Kohäsion, Krystallisation und Wärme ab; und die Annahme der absoluten Starrheit der Materie ist eine Folge jener oberflächlichen und unvollkommenen

Auffassung der Data sinnlicher Erfahrung (und der Nichtachtung der wesentlichen Relativität aller Eigenschaften der Dinge, die nachher eingehender betrachtet werden soll), die sich in allen frühen Begriffsbildungen der Menschheit zeigt.

Dieselbe primitive, nachlässige und unvollkommene Auffassung der Data sinnlicher Erfahrung hat die fernere Annahme entstehen lassen, dass alle physikalische Wirkung durch Stoss vor sich gehe. Die einzige Einwirkung zwischen Körpern, die durch die Sinne des Gesichtes und Gefühles direkt wahrnehmbar ist, ist die Veränderung in dem Zustande der Ruhe oder Bewegung durch Stoss. Ein Stoss ist somit die früheste und vertrauteste aller beobachtbaren Wirkungen eines Körpers auf einen anderen. Und wenn ein Stoss zwischen zwei sich mit verschiedenen Geschwindigkeiten bewegenden festen Körpern, oder (was dasselbe ist) zwischen einem ruhenden und einem bewegten festen Körper stattfindet, sieht der gewöhnliche Beobachter nicht mehr als eine Verdrängung des einen Körpers durch den anderen und eine direkte Übertragung von Bewegung. Von dieser Verdrängung und Übertragung nimmt man an, dass sie augenblicklich geschehe, und von den Körpern, dass sie absolut starr sind. Aber die Beobachtung dieser Thatsache ist ebenso roh, wie ihre Deutung ungenau. Ein sorgfältigeres Studium der Erscheinung zeigt, dass es keine derartige unvermittelte Verdrängung gibt; dass keine direkte Übertragung von Bewegung stattfindet; dass die Körper nicht absolut starr sind; dass der scheinbar einfache Stoss fester Körper eine sehr verwickelte Reihe oder Gruppe von Ereignissen ist, die nicht nur direkte Wirkung und Gegenwirkung, sondern auch abwechselnde Zusammendrückung und Ausdehnung, ein Lösen und Anziehen der Kohäsions- und krystallischen Bande, Umformungen von geradliniger in schwingende, von Massen- in Molekularbewegung, Entwicklung und Verbrauch von Energie — kurz, momentane, wenn nicht beständige Veränderungen fast aller Eigenschaften der Körper in sich schliesst, zwischen denen der Stoss stattfindet. Was will nun in Anbetracht dessen das Verlangen der mechanischen Atomtheorie heissen, keine andere Einwirkung von Körpern zuzulassen als die durch Stoss? Offenbar nichts weniger, als dass die ersten rudimentären und unvernünftigen Äusserungen des ungeschulten Wilden für immer die Grundlage jeder möglichen Wissenschaft zu bilden hätten.

Nehmen wir an, Hobbes wäre mit den Umständen über Ursprung und Umformung der Bewegung, wie sie durch Beobachtung und Experiment in neuerer Zeit ans Licht gebracht worden sind, vertraut gewesen; nehmen wir an, er wäre fähig gewesen, so klar wie Helmholtz und Mayer, oder wie Thomson und Joule nicht nur die Bewegung unseres Planeten um seine Axe und um die Sonne, sondern auch jede Störung derselben — jeden durch eine lebende Hand erteilten Schlag und jede durch den Fall oder Wurf unbelebter Masse erzeugte Erschütterung — bis zu der undifferentiierten Energie eines gasigen Ursphäroids zurückzuverfolgen, aus dem sich Sonne und Erde allmählich niedergeschlagen oder entwickelt haben sollen; nehmen wir an, seine Gedanken wären, sobald er die Erscheinung des Stosses zwischen zwei festen Körpern und die scheinbare Übertragung sichtbarer Bewegung von dem einen auf den anderen beobachtet hätte, unwillkürlich auf die Urform dieser Erscheinung verfallen, die abwechselnde Zusammenziehung und Ausdehnung eines formlosen beweglichen Gases: würde er dann den Satz geschrieben haben, dass „es keine andere Ursache von Bewegung geben könne als die eines anstossenden und bewegten Körpers?“

Die logische und mathematische Unzulässigkeit der Annahme von der absoluten Starrheit ausgedehnter Atome oder Molekeln wurde in der ersten Hälfte des 18. Jahrhunderts durch JOHANN BERNOULLI hervorgehoben, der gezeigt hat, dass sie den Begriff einer unendlich grossen Widerstandskraft gegen Deformation oder Kompression bedingen würde. Und dass der feste Zustand nicht die einfachste, sondern die verwickelteste Phase materiellen Zusammenhanges darstellt, ist vor fast 60 Jahren mit Nachdruck von FRIES hervorgehoben worden, der allen Atomtheorieen vorwarf, dass „sie das, was das schwierigste ist, nämlich den Bestand fester Formen als gegeben und als Ausgangspunkt der Erklärung annehmen,“ [6]) während „die grosse Schwierigkeit der mathematischen Naturphilosophie in der Möglichkeit starrer Körper bestehe.“ [7])

Die absolute Starrheit der Materie ist eine der Formen, in denen der Pseudobegriff eines „Ding an sich“ oder eines „reinen Seins“ greifbare Gestalt unter Missachtung der wesentlichen Relativität der materiellen Dinge angenommen hat, zu deren Diskussion ich mich im nächsten Abschnitt wende.

---

6) FRIES, Mathematische Naturphilosophie (Heidelberg 1822), S. 446.

7) Id. ib., S. 616. Es mag bemerkt werden, dass hier FRIES die früher citierten Beobachtungen von COURNOT anticipiert.

XII.

Charakter und Ursprung der mechanischen Theorie (Fortsetzung). Darlegung ihres vierten metaphysischen Grundfehlers.

Die Realität aller Dinge, welche Gegenstand der Erkenntnis sind oder sein können, beruht auf ihren gegenseitigen Beziehungen oder besteht vielmehr in denselben. Ein Ding an und für sich kann weder aufgefasst noch begriffen werden; seine Existenz ist weder eine Vorstellung der Sinne noch eine Äusserung des Denkens. Dinge sind uns lediglich durch ihre Eigenschaften bekannt; und die Eigenschaften der Dinge sind nichts anderes als ihre gegenseitigen Einwirkungen und Beziehungen. „Jede Eigenschaft oder Qualität eines Dinges," sagt HELMHOLTZ[1]) (bei der Besprechung der eingewurzelten Vorurteile, nach denen die Eigenschaften der Dinge analog oder identisch mit unseren Vorstellungen von denselben sein sollen), „ist in Wirklichkeit nichts anderes als die Fähigkeit desselben auf andere Dinge gewisse Wirkungen auszuüben. Die Wirkung geschieht entweder zwischen den gleichartigen Teilen desselben Körpers, wovon die Verschiedenheiten ihres Aggregatzustandes abhängen, oder schreitet, wie die chemischen Reaktionen, von einem Körper zu dem anderen, oder sie geschieht auf unsere Sinnesorgane und äussert sich dann durch Empfindungen, wie die, mit denen wir es hier zu thun haben. (Gesichtsempfindungen.) Eine solche Wirkung nennen

---

[1]) Die neueren Fortschritte in der Theorie des Sehens. Pop. wiss. Vorträge II, 55 ff. [Vorträge und Reden, I. 321, Anm. d. Her.].

wir Eigenschaft, wenn wir das Reagens, an dem sie sich äussert, als selbstverständlich im Sinne behalten, ohne es zu nennen. So sprechen wir von der Löslichkeit einer Substanz, das ist ihr Verhalten gegen Wasser; wir sprechen von ihrer Schwere, das ist ihre Anziehung gegen die Erde, und ebenso nennen wir sie mit demselben Rechte blau, indem dabei als selbstverständlich vorausgesetzt wird, dass es sich bloss darum handelt, ihre Wirkung auf ein normales Auge zu bezeichnen. Wenn aber überall, was wir eine Eigenschaft nennen, immer eine Beziehung zwischen zwei Dingen betrifft, so kann eine solche Wirkung natürlich nie allein von der Natur des einen Wirkenden abhängen, sondern sie besteht überhaupt nur in Beziehung auf und hängt ab von der Natur eines zweiten, auf welches gewirkt wird. Es hat also gar keinen reellen Sinn, von Eigenschaften des Lichtes reden zu wollen, die ihm an und für sich zukämen, unabhängig von allen anderen Objekten, und die durch die Empfindungen des Auges wieder dargestellt werden sollen. Der Begriff solcher Eigenschaften ist ein Widerspruch in sich; es kann solche überhaupt nicht geben; und es kann deshalb auch nicht die Übereinstimmung der Farbenempfindungen mit solchen Qualitäten des Lichts verlangt werden.“

Die Wahrheit, welche diesen Sätzen zu Grunde liegt, ist von so ungeheurer Tragweite, dass es schwer möglich ist, in ihrer Verkündigung zu überschwänglich oder in ihrer Erläuterung an Beispielen zu verschwenderisch zu sein. Die wirkliche Existenz der Dinge reicht gerade so weit, als deren qualitative und quantitative Bestimmungen. Beide sind ihrer Natur nach relativ, indem sich die Qualität aus der gegenseitigen Wirkung ergibt, und die Quantität einfach ein Verhältnis von Gliedern vorstellt, von denen keines absolute Bedeutung besitzt. Jedes objektiv existierende Ding ist somit ein Glied in einer unendlichen Reihe gegenseitig von einander abhängiger Verwickelungen; andere Formen von Realität sind der Erfahrung wie dem Denken unbekannt. Es gibt keine absolute materielle Qualität, keine absolute materielle Substanz, keine absolute physikalische Einheit, kein absolut einfaches physikalisches Wesen, keinen absoluten Massstab, weder für die Grösse, noch für die Beschaffenheit, keine absolute Bewegung, keine absolute Ruhe, keine absolute Zeit, keinen absoluten Raum. Es gibt keine Form materieller Existenz, die ihre eigene Stütze oder ihr eigenes Mass ist, und die, sei es in quantitativer, sei es in qualitativer Beziehung, anders als im beständigen Wechsel, im unaufhörlichen Fluss von Veränderungen existiert. Ein Gegenstand ist gross nur im Vergleich zu einem anderen, der als Glied dieser Vergleichung klein ist, jedoch im Vergleich zu einem dritten Gegenstand sehr gross sein kann; und die Vergleichung, welche die Grösse der Gegenstände bestimmt, findet bloss zwischen denselben und nicht zwischen einem derselben oder zwischen allen und einem absoluten Massstab statt. Ein Gegenstand ist hart im Vergleich zu einem zweiten, der weich ist, der jedoch in Vergleich zu einem dritten noch weicheren gestellt werden kann: es gibt eben keinen Normalgegenstand, der entweder absolut hart oder absolut weich ist. Ein Körper ist einfach im Vergleich zu der Verbindung, in die er als Bestandteil eintreten kann; es gibt jedoch kein physisch reales Ding und kann keines geben, das absolut einfach ist.[2])

[2]) Eines der merkwürdigsten Beispiele ontologischer Schlussweise bildet das Argument, das die Existenz absolut einfacher Substanzen aus der Existenz zusammengesetzter erschliesst. LEIBNIZ stellt diese Beweisführung an die Spitze seiner „Monadologie". „Necesse est," sagt er, „dari substantias simplices quia dantur compositae; neque enim compositum est nisi aggregatum simplicium." (LEIBNITII, Opera omnia, ed. DUTENS, t. II., p. 21.) Dieses Enthymem ist aber offenbar ein Fehlschluss — ein Trugschluss von der in der Logik unter dem Namen eines Fehlers der unterdrückten Relativität be-

Es mag in diesem Zusammenhange bemerkt werden dass nicht nur das Gesetz der Kausalität, der Erhaltung der Energie und der sogenannten Unzerstörbarkeit der Materie ihre Wurzel in der Relativität aller objektiven Existenz haben — indem sie einfach verschiedene Seiten dieser Relativität vorstellen —, sondern dass auch NEWTON's erstes und drittes Bewegungsgesetz ebenso wie auch alle Gesetze der kleinsten Wirkung in der Mechanik (einschliesslich des GAUSS'schen Gesetzes des kleinsten Zwanges) blosse Folgesätze desselben Prinzipes sind. Und die Thatsache, dass alles in seiner sich offenbarenden Existenz nur eine Gruppe von Beziehungen und Gegenwirkungen ist, klärt mit einem Schlag die der Natur anhaftende Teleologie auf.

Obwohl die Wahrheit, dass alle unsere Kenntnis der objektiven Welt von der Aufstellung oder Erkennung von Beziehungen abhängt, hinlänglich einleuchtend ist und oft verkündet worden ist, ist sie doch sowohl von den Männern der Wissenschaft wie von den Metaphysikern fast völlig ignoriert worden. Bis zum heutigen Tage wird von den Physikern und Mathematikern, nicht minder wie von den Metaphysikern an dem Glauben festgehalten, dass alle Realität in letzter Linie eine absolute ist. Und auf dieser Annahme wird am strengsten von denen beharrt, deren wissenschaftliche Überzeugung mit dem Satze beginnt, dass alle unsere Kenntnis physikalischer Dinge aus der Erfahrung stammt. So behauptet der Mathematiker, der die Giltigkeit dieses Satzes voll anerkennt und gleichzeitig zugibt, dass wir keine andere wirkliche Kenntnis des Bewegungszustandes der Körper besitzen und besitzen können als in Bezug auf andere Körper, dessenungeachtet, dass Ruhe und Bewegung

kannten Art. Die Existenz einer zusammengesetzten Substanz beweist sicherlich die Existenz von Bestandteilen, die im Vergleich zu dieser Substanz einfach sind. Doch sie beweist gar nichts über die Einfachheit dieser Teile an sich.

bloss insofern reell sind, als sie und ihre Elemente, Raum und Zeit, absolut sind. Der Physiker erinnert uns bei einem jedem Schritte, dass auf dem Gebiete seiner Forschungen es keine Wahrheiten a priori gibt, und dass nichts von der materiellen Welt bekannt ist, ausser was durch Beobachtung und Experiment ermittelt wird; er verkündet dann als das einmütige Ergebnis seiner Beobachtungen und Experimente, dass alle Formen materieller Existenz zusammengesetzt und veränderlich sind; und doch behauptet er, dass nicht nur die Gesetze der Veränderung konstant sind, sondern auch dass die reellen Elemente der materiellen Welt absolut einfache, unveränderliche, individuelle Dinge sind.

Die Annahme, dass alle physische Realität in letzter Linie absoluter Natur ist — dass das materielle Weltall ein Aggregat absolut konstanter physischer Einheiten ist, welche an sich in absoluter Ruhe sich befinden, deren Bewegung indessen, wiewohl sie übertragen ist, in Ausdrücken des absoluten Raumes und der absoluten Zeit messbar ist — bildet die wahre logische Grundlage der mechanischen Atomtheorie. Und diese Annahme ist identisch mit jener, welche allen metaphysischen Systemen zu Grunde liegt, mit dem einzigen Unterschiede, dass in einigen dieser Systeme das physische Substrat der Bewegung (die sogenannte „Substanz“ der Dinge) nicht in individuelle Atome spezialisiert erscheint.

Um zu zeigen, in welch unabwendbarer Weise sich das ontologische Vorurteil, dass nichts physisch reell ist, was nicht absolut ist, in der Wissenschaft während der drei letzten Jahrhunderte behauptet hat, nehme ich mir vor, einen kurzen Überblick über die Lehren einiger der berühmtesten Mathematiker und Physiker über Raum und Bewegung (und gelegentlich auch über die Zeit) zu geben, wobei ich mit denen des Descartes beginne.

In den einleitenden Teilen seiner Principia stellt Descartes in ausdrücklichster Weise fest, dass Raum und Bewegung wesentlich relativ sind. „Damit der Platz (eines Körpers) bestimmt werden könne," sagt er, [3]) „müssen wir ihn auf andere Körper beziehen, die wir als unbeweglich betrachten mögen, und je nachdem wir ihn auf verschiedene Körper beziehen, können wir sagen, dass dasselbe Ding seinen Platz ändert und nicht ändert. Wenn sich ein Schiff längst des Ufers bewegt, so bleibt der am Heck Sitzende stets an demselben Orte im Vergleich zu den Teilen des Schiffes, zu denen er in gleicher Lage verbleibt, ändert aber unaufhörlich seinen Ort in Bezug auf die Küsten ... Und wenn wir ausserdem zugeben, dass sich die Erde bewegt und zwar genau so von West nach Ost rückt, als sich das Schiff unterdessen von Ost nach West bewegt, werden wir wieder sagen, dass der, wer am Heck sitzt, seinen Platz nicht ändert, weil wir ihn auf einen unbeweglichen Punkt am Himmel beziehen. Wenn wir aber endlich zugeben, dass im ganzen Weltall keine wirklich unbeweglichen Punkte gefunden werden können, was, wie ich später zeigen werde, wahrscheinlich ist, müssen wir zu dem Schlusse gelangen, dass es keinen festen Ort ausser einen gedachten gibt." [4])

Behauptungen ähnlichen Sinnes finden sich in verschiedenen anderen Teilen desselben Buches. [5]) Und vom Raume zweifelt DESCARTES nicht, dass er nichts an sich sei, und dass ein „leerer Raum" eine contradictio in ad-

---

[3]) Princ. II, § 18.

[4]) Die Illustrierung der Relativität der Bewegung durch die Bewegung eines Schiffes kehrt immer wieder, wo auf die im Text erörterte Frage Bezug genommen wird. Vgl. LEIBNIZ, Opp. ed. Erdmann, p. 604; NEWTON, Princ., Def. VIII, Schol. 3; EULER, Theoria motus corporum solidorum, vol. I, 9, 10; BERKELEY, Principles of Human Knowledge, § 114; KANT, Metaphysische Anfangsgründe der Naturwissenschaft, Phor. Grundsatz I; COURNOT, De l'Enchainement, etc., vol. I, p. 56; HERBERT SPENCER, First Principles, chapter III, § 17 u. s. w.

[5]) Princ., II, 24, 25, 29 etc.

jecto ist — dass, wie sich Sir JOHN HERSCHEL ausdrückt,[6]) „wenn der Zollstab nicht dazwischen wäre, sich die beiden Enden desselben auf demselben Orte befinden würden.“ Im weiteren Verlaufe der Diskussion, während der er mittlerweile erklärt hatte, dass Gott stets die gleiche Bewegungsgrösse im Weltall erhält, nimmt er es jedoch auf einmal als zugestanden an,[7]) dass Bewegung und Raum absolute und somit reelle Wesen sind.

Diese Inkonsequenz DESCARTES' ist von LEIBNIZ streng getadelt worden. „Es folgt,“ sagt LEIBNIZ,[8]) „dass Bewegung nichts als Ortsveränderung ist und daher, so weit als es sich um Erscheinungen handelt, in einer blossen Beziehung besteht. Dies erkennt auch CARTESIUS an; aber im Verlaufe seiner Entwicklungen vergisst er seine eigene Definition und stellt sein Bewegungsgesetz auf, als ob Bewegung etwas reelles und absolutes wäre.“ Wie bemerkt werden wird, nimmt hier LEIBNIZ es als etwas selbstverständliches an, dass das, was reell ist, auch absolut ist. In Anbetracht dessen ist es kaum überraschend, dass er in dieselbe Inkonsequenz verfällt wie DESCARTES und in seinen Briefen an CLARKE von einem „unbeweglichen Raum“ und einer „absolut wirklichen Bewegung von Körpern“ spricht.[9])

NEWTON unterscheidet in dem grossen Scholium am Schluss der den Prinzipien vorgedruckten „Definitionen“ scharf zwischen absoluter und relativer Zeit und Bewegung. „Die absolute, wahre und mathematische Zeit,“ erklärt er,[10]) „fliesst an sich und ihrer Natur nach ohne Beziehung auf irgend ein Aussending gleichmässig dahin und wird auch Dauer genannt; die relative, scheinbare und gewöhnliche

---

[6]) Familiar Lectures, p. 455.

[7]) Princ. II, §§ 37—39.

[8]) LEIBNIZ, Opp. math., ed. Gerhardt, sect. II, vol. II, p. 247.

[9]) Opp. ed. ERDMANN, pp. 766, 770.

[10]) Princ. (ed. Le Seur & Jacq.), p. 8.

Zeit ist irgend ein sinnliches und äusseres, genaues oder ungleichmässiges Mass der Dauer vermittels einer Bewegung, das gewöhnlich für die wahre Zeit gehalten wird ... Die absolute Zeit unterscheidet sich in der Astronomie von der relativen durch die Gleichung der gemeinen Zeit. Denn die natürlichen Tage, welche bei der gewöhnlichen Messung der Zeit als gleich genommen werden, sind ungleich lang ... Es kann sein, dass es keine gleichförmige Bewegung gibt, durch welche die Zeit genau gemessen werden könnte."[11])

„Absoluter Raum, seiner Natur nach ohne Bezug auf ein Aussending, bleibt sich stets ähnlich und unbeweglich; von diesem (absoluten Raume) ist der relative Raum irgend ein bewegliches Mass oder eine Abmessung dieses Raumes, die durch ihre Lage zu anderen Körpern von unseren Sinnen bestimmt wird und gewöhnlich für den unbeweglichen Raum genommen wird ...[12]) Wir definieren alle Orte durch die Entfernungen der Dinge von einem gegebenen Körper, den wir als unbeweglich ansehen ... Es mag sein, dass es keinen wirklich ruhenden Körper gibt, auf welchen die Orte und Bewegungen zu beziehen wären."[13])

Absolute Bewegung ist nach NEWTON „die Übertragung eines Körpers von einem absoluten Orte auf einen anderen" und relative Bewegung „die Übertragung eines Körpers von einem relativen Orte an einen anderen ..." „Absolute Ruhe und Bewegung unterscheiden sich von relativer Ruhe und Bewegung durch ihre Eigenschaften und durch ihre Ursachen und Wirkungen. Es ist eine Eigentümlichkeit der Ruhe, dass Körper, die sich wirklich in Ruhe befinden, in Bezug auf einander in Ruhe verbleiben. Während es nun möglich ist, dass in den Gegenden der Fixsterne oder

---

[11]) L. c., p. 10.
[12]) L. c., p. 9.
[13]) Ib., p. 10.

jenseits derselben es einen Körper gibt, der sich in absoluter Ruhe befindet, ist es trotzdem unmöglich, aus den relativen Orten der Körper in unseren Gegenden zu erkennen, ob ein solcher entfernter Körper in der gegebenen Lage verharrt, und ob daher die wahre Ruhe aus der gegenseitigen Lage derselben definiert werden kann" (d. h. aus der Lage der Körper in unseren Gegenden) ... „Es ist eine Eigenschaft der Bewegung, dass die Teile, welche ihre gegebenen Lagen zu den Ganzen beibehalten, an deren Bewegung teilnehmen. Denn alle Teile rotierender Körper streben sich von der Umdrehungsaxe zu entfernen und das Bewegungsmoment bewegter Körper entsteht aus dem Bewegungsmomente der Teile. Wenn sich daher die umgebenden Körper mit bewegen, befinden sich die, welche sich mit bewegen, mit ihnen in relativer Ruhe. Und aus diesem Grunde kann wahre und absolute Bewegung nicht durch deren Übertragung aus benachbarten Körpern, die als ruhend angesehen werden, definiert werden ...[14]) Die Umstände, durch die sich wahre und relative Bewegungen von einander unterscheiden, sind die auf die Körper zur Erzeugung von Bewegung einwirkenden Kräfte. Wahre Bewegung wird bloss durch Kräfte, die auf die bewegten Körper einwirken, erzeugt oder verändert; relative Bewegung kann aber ohne der Wirkung von Kräften erzeugt oder verändert werden. Denn es reicht aus, dass Kräfte auf andere Körper einwirken, auf die Bezug genommen wird, so dass durch deren Nachgeben eine Veränderung der Beziehung entsteht, in der die relative Bewegung oder Ruhe von Körpern besteht ...[15]) Die Wirkungen, durch die sich absolute und relative Bewegung von einander unterscheiden, sind die

---

[14]) Ib., pp. 10, 11.

[15]) L. c., p. 11.

Kräfte, vermöge welcher sich die Körper von ihrer Umdrehungsaxe entfernen. Denn bei einer bloss relativen drehenden Bewegung sind diese Kräfte gleich Null, während sie bei einer wahren und absoluten Bewegung je nach der Bewegungsgrösse grösser oder kleiner sind." [16])

Es ist klar, dass in allen diesen Definitionen NEWTON sowie DESCARTES und LEIBNIZ die wirkliche Bewegung als eine absolute annimmt, und dass er die Ausdrücke „relative Bewegung" und „scheinbare Bewegung" streng synonym nimmt ungeachtet seines ausdrücklichen Eingeständnisses (an den von mir hervorgehobenen Stellen), dass es in Wirklichkeit weder eine absolute Zeit noch einen absoluten Raum geben könne. Dieses Zugeständnis führt natürlich zu dem weiteren, dass es in Wirklichkeit keine absolute Bewegung geben kann; vor diesem schreckt aber NEWTON zurück, weil er zu dem Auskunftsmittel greift, trotz der möglichen Nichtexistenz absoluter Zeit und absoluten Raumes einen haltbaren Grund für die Unterscheidung zwischen relativer und absoluter Bewegung in dem, was er deren Ursachen und Wirkungen nennt, zu suchen. Doch diese Ursachen und Wirkungen dienen nicht dazu, die relative von der absoluten Lageänderung zu unterscheiden, sondern einfach dazu, die Veränderung der Lage eines Körpers zu einem zweiten von der gleichzeitigen Veränderung der Lage beider in Vergleich zu einem dritten zu unterscheiden.

NEWTON's Lehre ist bis zu ihren letzten Konsequenzen von LEONHARD EULER verfolgt worden. In dem ersten Kapitel seiner „Theoria motus Corporum Solidorum" [17]) beginnt EULER mit der nachdrücklichen Versicherung, dass Ruhe und Bewegung, so weit als sie aus der sinnlichen

---

[16]) Ib.

[17]) cap. 1, explic. 2.

Erfahrung bekannt sind, bloss relativ sind. Nachdem er auf den typischen Fall eines Schiffers in seinem Schiffe Bezug genommen, fährt er folgendermassen fort: „Der hier besprochene Begriff der Ruhe ist daher relativer Natur, da er ja nicht lediglich aus dem Zustande des Punktes O, dem er zugeschrieben wird, hergeleitet ist, sondern aus einer Vergleichung mit irgend einem anderen Körper A ... Daraus erhellt sofort, dass derselbe Körper, welcher in Bezug auf einen Körper A sich in Ruhe befindet, verschiedene Bewegungen in Bezug auf andere Körper besitzt ... Was von relativer Ruhe gesagt worden ist, kann leicht auf relative Bewegung angewandt werden; denn wenn ein Punkt O seinen Ort mit Bezug auf einen Körper A beibehält, sagt man, dass er sich in relativer Ruhe befindet, und wenn er kontinuierlich seinen Platz ändert, sagt man, dass er sich in relativer Bewegung befinde ...[18]) Deshalb unterscheiden sich Ruhe und Bewegung nur dem Namen nach und sind einander nicht in Wirklichkeit entgegengesetzt, da ja beide zu gleicher Zeit demselben Punkte zugeschrieben werden können, je nachdem derselbe mit verschiedenen Körpern verglichen wird. Bewegung und Ruhe unterscheiden sich nicht anders von einander, als eine Bewegung von einer anderen."[19])

Nachdem auf diese Weise Euler die wesentliche Relativität von Ruhe und Bewegung ausdrücklich anerkannt hat, schreitet er in dem zweiten Kapitel „Über die inneren Prinzipien der Bewegung" zur Betrachtung der Frage, ob Ruhe und Bewegung sich von einem Körper ohne Bezug auf andere Körper aussagen lassen oder nicht. Auf diese Frage gibt er ohne Zögern eine bejahende Antwort, indem

---

[18]) Ib., p. 7.
[19]) Ib., p. 8.

er es als Axiom hinnimmt, dass „jeder Körper, selbst ohne Bezug auf andere Körper, sich entweder in Ruhe oder in Bewegung, d. h. in absoluter Ruhe oder absoluter Bewegung befinde ...[20]) Insolang wir den Sinnen folgten, haben wir keine andere Bewegung oder Ruhe erkannt als die in Bezug auf andere Körper, die wir daher als relative Bewegung und Ruhe bezeichnet haben. Wenn wir nun aber alle Körper bis auf einen wegdenken und wenn auf diese Weise die Bezugnahme, durch die wir bisher Ruhe und Bewegung unterschieden haben, unmöglich geworden ist, entsteht zuerst die Frage, ob der Schluss über Ruhe oder Bewegung des zurückbleibenden Körpers noch zu Recht besteht. Denn wenn dieser Schluss nur aus einer Vergleichung des Ortes des betreffenden Körpers mit jenen anderer Körper gezogen werden kann, so folgt, dass, wenn diese Körper fort sind, auch der Schluss mit ihnen verschwinden muss. Wiewohl wir aber von der Ruhe oder Bewegung eines Körpers ausser mit Bezug auf andere Körper nichts wissen, darf man dessenungeachtet nicht schliessen, dass diese Dinge (Ruhe und Bewegung) an sich nichts wären als eine blosse vom Verstande aufgestellte Beziehung, und dass es nichts den Körpern an sich Anhaftendes gäbe, das unseren Gedanken von Ruhe und Bewegung entsprechen würde. Denn wenn wir auch nicht im Stande sind, die Grösse anders als durch Vergleichung zu erkennen, bleibt noch immer, wenn die Dinge, die als Massstab der Vergleichung dienen, nicht mehr da sind, in dem Körper das fundamentum quantitatis, so zu sagen, zurück; denn wenn der Körper sich ausdehnt oder zusammenzieht, würde eine derartige Aus-

[20]) „Omne corpus, etiam sine respectu ad alia corpora, vel quiescit vel movetur, hoc est, vel absolute quiescit, vel absolute movetur.“ Ib., p. 30 (cap. II, axioma 7).

dehnung oder Zusammenziehung als eine wahre Veränderung betrachtet werden. Wenn daher nur ein Körper existieren würde, hätten wir zu sagen, dass er sich entweder in Bewegung oder in Ruhe befinde, da nicht beides oder keines von beiden angenommen werden könnte. Daraus schliesse ich, dass Ruhe und Bewegung nicht blosse Gedankendinge sind, die aus der Vergleichung allein entstehen, so zwar, dass es nichts den Körpern Anhaftendes gäbe, das ihnen entsprechen würde, sondern dass mit Recht mit Bezug auf einen alleinstehenden Körper gefragt werden könne, ob er sich in Ruhe oder Bewegung befinde... Da wir somit bezüglich eines einzelnen Körpers mit Recht, ohne Bezugnahme auf andere Körper oder unter der Voraussetzung, dass diese verschwunden sind, fragen können, ob er sich in Ruhe oder Bewegung befinde, müssen wir notwendigerweise entweder das eine oder das andere annehmen. Was aber diese Ruhe oder Bewegung bedeuten soll angesichts der Thatsache, dass es in diesem Falle keine Veränderung des Ortes mit Bezug auf andere Körper gibt, können wir uns nicht denken ohne der Zulassung eines absoluten Raumes, in dem unser Körper irgend einen gegebenen Platz annimmt, aus dem er auf andere Plätze ubergehen kann." [21]) Dementsprechend beharrt EULER streng auf der Notwendigkeit der Forderung eines absoluten unbeweglichen Raumes. „Wer immer," erklärt er, „den absoluten Raum leugnet, verfällt in die schwersten Verlegenheiten. Da er sich genötigt sieht, absolute Ruhe und Bewegung als leeren Schall ohne Sinn zu verwerfen, ist er nicht nur gezwungen, die Gesetze der Bewegung zu verwerfen, sondern auch zu behaupten, dass es keine Gesetze der Bewegung gebe. Denn wenn die Frage, die uns zu

---

[21]) Theoria motus etc., p. 31.

diesem Punkt geführt hat: Was ist der Zustand eines vereinzelten von seinen Verbindungen mit anderen Körpern abgeschnittenen Körpers? absurd ist, dann werden auch die Dinge, die aus der Einwirkung anderer Körper auf diesen sich ergeben, ungewiss und unbestimmbar, und auf diese Weise wird alles und jedes als zufällig und ohne vernünftigen Grund geschehen angenommen werden müssen." [22])

Dass die Grundlage dieses ganzen Raisonnements eine rein ontologische ist, ist klar. Und als die Denker des 18. Jahrhunderts der Trugschlüsse der ontologischen Spekulation gewahr wurden, konnte die Ungesundheit von EULER's „Axiom", dass Ruhe und Bewegung von aller Bezugnahme unabhängige wesentliche Merkmale der Substanz seien, schwerlich sich ihrer Kenntnisnahme entziehen. Trotzdem waren sie nicht im Stande, sich völlig von EULER's ontologischen Vorurteilen zu emanzipieren. Sie verwarfen nicht auf einmal sein Dilemma als unbegründet — dadurch dass sie geleugnet hätten, dass Bewegung und Ruhe nicht reell sein können, ohne absolut zu sein —, sondern versuchten die absolute Realität von Ruhe und Bewegung mit der in der Erscheinung hervortretenden Relativität dadurch in Einklang zu bringen, dass sie einen absolut ruhenden Punkt im Raume verlangten, auf den die Lagen aller Körper bezogen werden könnten. An erster Stelle unter denen, die diesen Versuch gemacht haben, steht KANT. [23]) In dem

---

[22]) Ib., p. 32.

[23]) Es ist bemerkenswert, wie viele der wissenschaftlichen Entdeckungen, Spekulationen und Phantasien der Gegenwart in den Schriften KANT's antizipiert oder wenigstens vorhergesehen erscheinen. Einige derselben werden von ZÖLLNER (Natur der Kometen, S. 455 ff.) aufgezählt — darunter die Beschaffenheit und die Bewegung des Fixsternsystems; der nebelige Ursprung von Planeten- und Sternsystemen; der Ursprung, die Beschaffenheit und die Rotation der Saturnringe und die Bedingungen ihrer Stabilität; die Nichtübereinstimmung des Mondschwerpunktes mit dem geometrischen Mittelpunkt; die physi-

siebenten Kapitel seiner „Naturgeschichte des Himmels" — demselben Werke, in dem er fast 50 Jahre vor LAPLACE die ersten Grundzüge der Nebularhypothese gegeben hatte — versucht er zu zeigen, dass es im Weltall irgendwo einen grossen Zentralkörper gebe, dessen Schwerpunkt der Kardinal-

---

kalische Beschaffenheit der Kometen; der hemmende Einfluss der Gezeiten auf die Rotation der Erde; die Theorie der Winde und DOVE's Gesetz. FRITZ SCHULZE hat gezeigt (KANT und DARWIN, Jena 1875), dass KANT einer der Vorläufer DARWIN's war. Diesbezüglich ist es auffallend, eine (ohne Zweifel ganz zufällige) Übereinstimmung an dem Beispiele zu bemerken, das sowohl KANT wie A. R. WALLACE zum Zwecke der Illustrierung der „Anpassung durch ein allgemeines Gesetz" benützen. Dieser von beiden vorgebrachte Fall ist der eines Flussbettes, das nach Ansicht der Teleologen, wie WALLACE sich ausdrückt (Contributions to the Theory of Natural Selection, p. 276 seq.), „mit Absicht hergestellt sein muss, da es seinen Zweck so gut erfüllt" oder wie KANT sagt „von Gott selbst ausgehöhlt sein muss". („Wenn man die physisch-theologischen Verfasser hört, so wird man dahin gebracht, sich vorzustellen, ihre Laufrinnen wären alle von Gott ausgehöhlt." Beweisgrund zu einer Demonstration des Daseins Gottes, KANT's Werke, I, S. 232.) Selbst von den Grillen der modernen transcendalen Geometrie finden sich Andeutungen in KANT's Abhandlungen „Von der wahren Schätzung der lebendigen Kräfte", Werke V, S. 5 und „Von dem ersten Grunde des Unterschiedes der Gegenden im Raume", ib., S. 293 — eine Thatsache, die sich nicht gut verträgt mit den Bestrebungen jener, die, wie J. K. BECKER, TOBIAS, WEISSENBORN, KRAUSE u. a. sich bemüht haben, die kantische Lehre zur Verteidigung des Euklidischen Raumes in's Feld zu führen. Es ist wahrscheinlich nicht ohne Bedeutung, dass in der 2. Auflage der Kritik der reinen Vernunft KANT den dritten Paragraphen des ersten Abschnittes der transcendentalen Ästhetik weglässt, in dem er die Notwendigkeit der Annahme des a priorischen Charakters der Idee des Raumes aus dem Grunde betont, dass ohne dieser Annahme die Sätze der Geometrie aufhören würden, von apodiktischer Gewissheit zu sein, und dass „alles, was von den Dimensionen des Raumes gesagt werden könnte, das wäre, dass bisher kein Raum von mehr als drei Dimensionen gefunden worden ist."

punkt der Beziehung für die Bewegungen sämtlicher Körper sei. „Wenn man in dem unermesslichen Raume," heisst es bei ihm,[24]) „darin alle Sonnen der Milchstrasse sich gebildet haben, einen Punkt annimmt, um welchen durch, ich weiss nicht was für eine Ursache, die erste Bildung der Natur aus dem Chaos angefangen hat, so wird daselbst die grösste Masse, und ein Körper von der ungemeinsten Attraktion, entstanden sein, der dadurch fähig geworden, in einer ungeheuren Sphäre um sich alle in der Bildung begriffene Systeme zu nötigen, sich gegen ihn, als ihren Mittelpunkt, zu senken, und um ihn ein gleiches System im ganzen zu errichten, als derselbe elementarische Grundstoff, der die Planeten bildete, um die Sonne im kleinen gemacht hat."

Eine der KANT'schen ähnliche Andeutung ist kürzlich von Professor C. NEUMANN gemacht worden, der die Notwendigkeit betont, die Existenz eines absolut starren Körpers an einem bestimmten und ständigen Orte im Raume anzunehmen, auf dessen Mittelpunkt alle Bewegungen bei physikalischen Betrachtungen zu beziehen wären. Die Richtung seines Gedankenganges erhellt aus den nachfolgenden Auszügen aus seiner Antrittsvorlesung „Über die Prinzipien der GALILEI-NEWTON'schen Theorie":[25]) „Die Prinzipien der GALILEI-NEWTON'schen Theorieen bestehen in zwei Gesetzen, in dem schon von GALILEI ausgesprochenen Trägheitsgesetz, und in dem später von NEWTON hinzugefügten Anziehungsgesetz ... Ein in Bewegung gesetzter materieller Punkt läuft, falls keine fremde Ursache auf ihn einwirkt, falls er vollständig sich selber überlassen ist, in gerader Linie fort, und legt in gleichen Zeiten gleiche Wegabschnitte zurück. — So lautet das von GALILEI

---

[24]) „Naturgeschichte des Himmels," Werke (her. v. ROSENKRANZ), Bd. VI, S. 152.

[25]) Leipzig, B. G. Teubner 1870.

ausgesprochene Trägheitsgesetz. In dieser Fassung kann der Satz als Grundstein eines wissenschaftlichen Gebäudes, als Ausgangspunkt mathematischer Deduktionen unmöglich stehen bleiben. Denn er ist vollständig unverständlich. Wir wissen ja nicht, was unter einer Bewegung in gerader Linie zu verstehen ist; oder wir wissen vielmehr, dass diese Worte in sehr verschiedenartiger Weise interpretiert werden können, unendlich vieler Bedeutungen fähig sind. Denn eine Bewegung z. B., welche von unserer Erde aus betrachtet, geradlinig ist, wird von der Sonne aus betrachtet krummlinig erscheinen, — und wird, wenn wir unseren Standpunkt auf den Jupiter, auf den Saturn, auf andere Himmelskörper verlegen, jedesmal durch eine andere krumme Linie repräsentiert sein. Kurz! Jede Bewegung, welche mit Bezug auf einen Himmelskörper geradlinig ist, wird mit Bezug auf jeden anderen Himmelskörper krummlinig erscheinen."

„Jene Worte des Galilei, dass ein sich selber überlassener Punkt in gerader Linie dahingeht, treten uns also entgegen als ein Satz ohne Inhalt, als ein in der Luft schwebender Satz, der (um verständlich zu sein) noch eines bestimmten Hintergrunds bedarf. Irgend ein spezieller Körper im Weltall muss uns gegeben sein, als Basis unserer Beurteilung, als derjenige Gegenstand, mit Bezug auf welchen alle Bewegungen zu taxieren sind, — nur dann erst werden wir mit jenen Worten einen bestimmten Inhalt zu verbinden im Stande sein. Welcher Körper ist es nun, dem wir diese bevorzugte Stellung einräumen sollen? Oder sind vielleicht verschiedene Körper anzuführen? Sind vielleicht die Bewegungen in der Nähe unserer Erde auf die Erdkugel, die Bewegungen in der Nähe der Sonne auf den Sonnenball zu beziehen?"

„Leider erhalten wir auf diese Fragen weder bei Galilei noch bei Newton eine bestimmte Antwort. Wenn wir aber das von ihnen begründete und bis auf die heutige Zeit mehr und mehr erweiterte theoretische Gebäude aufmerksam durchmustern, so können uns seine Fundamente nicht länger verborgen bleiben. Wir erkennen alsdann leicht, dass sämtliche im Universum vorhandene oder überhaupt denkbare Bewegungen zu beziehen sind auf ein und denselben Körper. Wo dieser Körper sich befindet, welche Gründe vorhanden sind, einem einzigen Körper eine so hervorragende, gleichsam souveräne Stellung einzuräumen, — hierauf allerdings erhalten wir keine Antwort."

„Als erstes Prinzip der GALILEI-NEWTON'schen Theorie würde daher der Satz hinzustellen sein, dass an irgend einer unbekannten Stelle des Weltraumes ein unbekannter Körper vorhanden ist, und zwar ein absolut starrer Körper, ein Körper, dessen Figur und Dimensionen für alle Zeiten unveränderlich sind."

„Es mag mir gestattet sein, diesen Körper kurzweg zu bezeichnen als den Körper Alpha. Hinzuzufügen würde sodann sein, dass unter der Bewegung eines Punktes nicht etwa seine Ortsveränderung in Bezug auf Erde oder Sonne, sondern seine Ortsveränderung in Bezug auf jenen Körper Alpha zu verstehen ist."

„Von hier aus betrachtet, gewinnt nun das GALILEI'sche Gesetz seinen deutlich erkennbaren Inhalt. Es präsentiert sich uns als ein zweites Prinzip, darin bestehend, dass ein sich selbst überlassener materieller Punkt in gerader Linie fortschreitet, also in einer Bahn dahingeht, die geradlinig ist in Bezug auf jenen Körper Alpha."

Nachdem so NEUMANN gezeigt oder zu zeigen versucht hat, dass die Realität der Bewegung mit Notwendigkeit eine Bezugnahme auf einen starren, unveränderlich in seiner Lage im Raume verharrenden Körper erfordert, versucht er diese Annahme dadurch zu verifizieren, dass er sich selbst die Frage stellt, welche Konsequenzen sich aus der Hypothese der blossen Relativität der Bewegung ergeben würden, wenn alle Körper bis auf einen vernichtet würden. „Nehmen wir an," fügt er hinzu [S. 27], „dass unter den Sternen sich einer befinde, der aus flüssiger Materie besteht, und der — ebenso etwa wie unsere Erdkugel — in rotierender Bewegung begriffen ist, um eine durch seinen Mittelpunkt gehende Axe. Infolge einer solchen Bewegung, infolge der durch sie entstehenden Centrifugalkräfte wird alsdann jener Stern die Form eines abgeplatteten Ellipsoids besitzen. Welche Form wird — fragen wir nun — der Stern annehmen, falls plötzlich alle übrigen Himmelskörper vernichtet (in nichts verwandelt) würden?"

„Jene Centrifugalkräfte hängen nur ab von dem Zustande des Sternes selber; sie sind völlig unabhängig von den übrigen Himmelskörpern. Folglich werden — so lautet unsere Antwort — jene Centrifugalkräfte und die durch sie bedingte ellipsoidische Gestalt ungeändert fortbestehen, völlig gleichgiltig, ob die übrigen Himmelskörper fortexistieren oder plötzlich verschwinden."

„Wir können aber, falls die Bewegung als etwas nur Relatives, nur als eine relative Ortsveränderung zweier Punkte gegen einander, definiert wird, die vorgelegte Frage noch von einer anderen Seite her in Erwägung ziehen, und gelangen alsdann zu einer ganz entgegengesetzten Antwort. Denken wir uns nämlich sämtliche übrigen Weltkörper vernichtet, so sind jetzt im Universum nur noch diejenigen materiellen Punkte vorhanden, aus denen der Stern selber besteht. Diese aber besitzen keine relative Ortsveränderung, befinden sich also (auf Grund der für den Augenblick acceptierten Definition) in Ruhe. Folglich wird der Stern — so lautet gegenwärtig unsere Antwort — von dem Augenblick an, wo die übrigen Weltkörper vernichtet sind, sich im Zustande der Ruhe befinden, mithin die diesem Zustande entsprechende Kugelgestalt annehmen."

„Ein so unleidlicher Widerspruch kann nur dadurch vermieden werden, dass man jene Definition, die Bewegung sei etwas Relatives, fallen lässt, also nur dadurch, dass man die Bewegung eines materiellen Punktes als etwas Absolutes auffasst; wodurch man dann zu jenem Prinzip des Körpers Alpha hingeleitet wird."

Welche Antwort kann nun auf diese Bedenken Professor NEUMANN's gegeben werden? Keine, wenn wir die Zulässigkeit der Hypothese von der Vernichtung aller Körper im Raume bis auf einen und die Zulässigkeit der ferneren Annahme zugeben, dass ein absolut starrer Körper mit einem absolut fixen Standorte im Weltall möglich ist. Ein solches Zugeständnis verbietet sich jedoch durch das allgemeine Prinzip der Relativität. In erster Linie würde die Vernichtung aller Körper bis auf einen nicht nur die Bewegung dieses einen zurückbleibenden Körpers zerstören und ihn zur Ruhe bringen, wie Professor NEUMANN bemerkt, sondern sie würde auch seine wahre Existenz zerstören und in ein Nichts verwandeln, was er nicht sieht. Ein Körper vermag das System von Beziehungen, in denen allein sein Sein besteht, nicht zu überleben; seine Anwesenheit oder Lage im Raume ist ohne Beziehung auf andere Körper nicht mehr möglich, als es die Veränderung der Lage oder Gegenwart ohne solche Bezugnahme ist. Wie überreichlich bereits gezeigt worden ist, sind alle Eigenschaften eines Körpers, welche die Elemente seiner erkennbaren Anwesenheit im Raume ausmachen, ihrer Natur nach Beziehungen und schliessen Glieder in sich, die über den Körper selbst hinausgehen.

In zweiter Linie ist die dem Körper Alpha zugeschriebene absolut feste Lage im Raume unter den bekannten Bedingungen der Realität unmöglich. Die feste Lage eines

Punktes im Raume bedingt die Beständigkeit der Grösse seiner Entfernungen von wenigstens vier festen Punkten im Raume, die sich nicht in einer Ebene befinden. Die fixe Lage dieser verschiedenen Punkte hängt aber wieder von der Konstanz der Entfernungen von anderen fixen Punkten ab und so weiter ad infinitum. Kurz, die fixe Lage eines Körpers im Raume ist nur unter der Voraussetzung der absoluten Endlichkeit des Weltalls möglich; und dies führt zur Lehre von der wirklichen Krümmung des Raumes und zu den anderen Lehren der modernen transcendentalen Geometrie, die später zur Erörterung gelangen sollen.

Es gibt nur eine Möglichkeit, den Verlegenheiten EULER's zu entrinnen, und das ist die Annahme, dass die Realität von Ruhe und Bewegung, weit entfernt im Absoluten zu bestehen, von ihrer Relativität abhänge. Die Quelle dieser Verlegenheiten ist leicht zu entdecken. Sie ist in der alten metaphysischen Lehre zu finden, dass das Reale nicht nur vom Phänomenalen verschieden, sondern sein gerades Gegenteil sei. Erscheinungen sind Äusserungen der Sinne, und von diesen heisst es, dass sie einander widersprechen und daher täuschend seien. Nun gibt es aber in Wahrheit keine physische Realität, die nicht phänomenaler Natur wäre. Der einzige Zeuge physischer Realität ist die sinnliche Erfahrung. Die Behauptung, dass das Zeugnis der Sinne trügerisch sei in dem Sinne, wie es von den Metaphysikern behauptet worden ist, ist grundlos. Das Zeugnis der Sinne ist lediglich deshalb widersprechend, weil die momentane Äusserung eines Sinnes unvollständig ist und der Kontrolle und Verbesserung entweder durch andere Äusserungen desselben Sinnes oder durch Äusserungen anderer Sinne bedarf. Wenn der Wüstenreisende vor sich einen See erblickt, der beständig vor ihm zurückweicht und schliesslich verschwindet, indem er sich als ein Erzeugnis der Luftspiegelung erweist, so sagt man, dass er durch seine Sinne getäuscht worden ist, da sich ja die angenommene Wassermasse als ein blosser Schein ohne Wirklichkeit herausgestellt hat. Allein die Sinne haben nicht getäuscht. Der See war ebenso wirklich als sein Bild. Der Irrtum liegt in den trügerischen Schlüssen des Reisenden, der nicht alle Thatsachen in Rechnung zieht, indem er die Brechung der vom wirklichen Gegenstande kommenden Strahlen, durch die deren Richtung und die scheinbare Lage des Gegenstandes verändert wird, vergisst oder sie nicht kennt. Der wahre Unterschied zwischen dem Schein und der Wirklichkeit liegt darin, dass ersterer eine unvollständige Sinnesäusserung ist, die fälschlicherweise für die vollständige genommen wird. Die Täuschung ergibt sich aus dem Umstande, dass die Sinne nicht geschickt und erschöpfend befragt worden sind und ihre ganze Erzählung nicht gehört worden ist.

Die überwältigende Macht der herrschenden ontologischen Begriffe des EULER'schen Zeitalters über den klaren Verstand des grossen Mathematikers zeigt sich am auffälligsten in seiner Behauptung, dass ohne Annahme eines absoluten Raumes und absoluter Bewegung keine Bewegungsgesetze bestehen könnten, so dass alle Erscheinungen physikalischer Wirkung ungewiss und unbestimmbar würden. Wäre diese Argumentation wohl begründet, so müsste a fortiori dasselbe von seinen wiederholten Zusicherungen im ersten Kapitel seines Buches gelten, dass wir keine wirkliche Kenntnis von Ruhe und Bewegung ausser jener besitzen, die von Körpern herstammt, die sich in Bezug auf andere Körper in Ruhe oder Bewegung befinden. EULER's Behauptung kann keinen anderen Sinn als den haben, dass die Gesetze der Bewegung nicht aufgestellt oder bestätigt werden können, wenn wir nicht deren absolute Richtung und deren absolutes Wachstum kennen. Eine solche Kenntnis ist aber, wie er selbst zeigt, unerreichbar. Daraus folgt, dass die Aufstellung und Bestätigung der Bewegungsgesetze unmöglich ist. Und doch wusste niemand besser als EULER selbst, dass alle experimentelle Bestimmung und Bestätigung dynamischer Gesetze, gleich allen Erkenntnisakten von der Isolierung der Erscheinungen abhängt; dass dieselbe nur dadurch ausgeführt werden kann, dass die Wirkungen gewisser Kräfte von den Wirkungen anderer Kräfte (die aliunde, d. h. durch andere Wirkungen zu bestimmen sind), mit denen sie verwickelt erscheinen, gesondert werden — ein Verfahren, das in vielen Fällen durch den Umstand erleichtert wird, dass diese letzteren Wirkungen unmerklich klein sind. Sicherlich hängt die Bestätigung des Trägheitsgesetzes durch die Einwohner unseres Planeten nicht von ihrer Kenntnis des genauen Masses seiner Winkelgeschwindigkeit um die Sonne in einem gegebenen Momente ab! Und die Giltigkeit der NEWTON'schen Theorie der Himmelsbewegung wird nicht darum in Frage gestellt, weil ihr Urheber annimmt, dass der Schwerpunkt unseres Sonnensystems sich in irgend einer elliptischen Bahn bewegt, deren Elemente nicht nur unbekannt sind, sondern wahrscheinlich niemals werden entdeckt werden! Ebenso gut könnte auch behauptet werden, dass die mathematischen Lehrsätze über die Eigenschaften der Ellipse von zweifelhafter Giltigkeit wären, da ja keine solche Kurve genau von irgend einem Himmelskörper beschrieben wird, noch auch in exakter Weise von einer menschlichen Hand gezogen werden kann!

Wiewohl wir bei besonderen Denkakten für den Augenblick gezwungen sein können, das Zusammengesetzte als einfach, das Veränderliche als konstant, das Vorübergehende als beständig und somit in einem gewissen Sinne die Erscheinungen „sub quadam specie absoluti" zu betrachten,[26])

---

[26]) „De natura rationis est res sub quadam aeternitatis specie percipere." SPINOZA, Eth., Pars II, Prop. XLIV, Coroll. 2.

so ist doch dessen ungeachtet nichts Wahres an der alten ontologischen Maxime, dass die wahre Natur der Dinge nur durch Entblössung derselben von ihren Beziehungen entdeckt werden könne — dass dieselben, um wirklich bekannt zu sein, uns so bekannt sein müssten, wie sie an sich sind in ihrer absoluten Existenz. Eine solche Kenntnis ist unmöglich, nachdem sich alle Erkenntnis auf eine Erkenntnis von Beziehungen richtet; und diese Unmöglichkeit tritt nirgends schärfer hervor, als in der Auseinandersetzung, die NEWTON und EULER von der Realität der Ruhe und Bewegung unter den Bedingungen ihrer Bestimmbarkeit gegeben haben.

Natürlich folgt aus der wesentlichen Relativität von Ruhe und Bewegung, dass die alte ontologische Unterscheidung zwischen beiden hinfällig wird, und dass in einem doppelten Sinne sich die Ruhe von der Bewegung nach den Worten EULER's [27]) „so wie eine Bewegung von der anderen" unterscheidet, oder, wie es moderne Mathematiker und Physiker ausdrücken, „die Ruhe nur ein besonderer Fall der Bewegung ist." [28]) Und es folgt daraus weiter, dass die Ruhe nicht das logische oder kosmologische p r i m u m materieller Existenz ist, dass sie nicht den natürlichen und ursprünglichen Zustand des Weltalls vorstellt, der keiner Erklärung bedürfen würde, während seine oder seiner Teile Bewegung eine solche erheischen sollte. Was einer Erklärung bedarf und einer solchen auch fähig ist, ist stets eine Veränderung des gegebenen Zustandes relativer Ruhe oder Bewegung eines endlichen materiellen Systems; die Erklärung besteht immer in der Hervorhebung einer äquivalenten Veränderung in einem anderen materiellen System. Die Frage nach dem Ursprunge der

[27]) „Neque motus a quiete aliter differt, atque alius motus ab alio." Theoria motus, etc., p. 8.

[28]) KIRCHHOFF, Vorl. über math. Physik [Mechanik], S. 32.

Bewegung im Weltall als einem Ganzen lässt somit keine Beantwortung zu, da sie eine Frage ohne verständlichen Sinn ist.

Die nämlichen Betrachtungen, welche die Relativität der Bewegung erweisen, bezeugen auch die Relativität ihrer begrifflichen Elemente Raum und Zeit. In betreff des Raumes ist dies sofort einleuchtend. Und was die Zeit betrifft, „die grosse unabhängige Variable", deren angenommener konstanter Fluss als das letzte Mass aller Dinge gilt, so reicht es aus, zu bemerken, dass sie selbst durch die Wiederkehr gewisser relativer Lagen von Gegenständen oder Punkten im Raume gemessen wird, und dass die Perioden dieser Wiederkehr veränderlich sind, abhängig von veränderlichen physikalischen Bedingungen. Dies gilt ebensogut von unseren modernen Zeitmessern, der Uhr und dem Chronometer, wie von der Wasseruhr und dem Stundenglase der Alten, die alle Veränderungen der Reibung, Temperatur, der Schwere je nach dem Breitengrad und so fort unterworfen sind. In gleicher Weise gilt dies auch von den Aufzeichnungen der grossen himmlischen Zeitmesser, der Sonne und der Sterne. Nachdem wir unseren scheinbaren Sonnentag auf den mittleren und diesen wieder auf den Sterntag reduziert haben, finden wir, dass die Zwischenzeit zwischen zwei Durchgängen der Äquinoktialpunkte nicht konstant ist, sondern infolge der Nutation, der Präcession der Tag- und Nachtgleichen und zahlreicher anderer säkularen Störungen und Variationen, die durch die wechselseitigen Einwirkungen der Himmelskörper entstehen, unregelmässigen Schwankungen unterworfen ist. Die Konstanz des Flusses der Zeit ist wie die der räumlichen Lagen, die als Grundlage für die Bestimmung des Masses und Betrages physischer Bewegung dienen, rein begrifflicher Natur.

Auf die Relativität der Masse ist in den vorhergehenden

Kapiteln zu widerholten Malen aufmerksam gemacht worden. Es ist gezeigt worden, dass das Mass der Masse der reciproke Wert der durch eine gegebene Kraft an einem Körper hervorgebrachten Beschleunigung ist, während die Kraft wieder durch die einer gegebenen Masse erteilte Beschleunigung gemessen wird. Es ist leicht einzusehen, dass der Begriff Masse derart erweitert werden kann, dass er nicht nur das Mass der Masse bei der mechanischen Bewegung allein, sondern allgemein bei einer jeden physikalischen Wirkung, einschliesslich der Wärme und der chemischen Affinität bezeichnet. Dies würde zu einer Äquivalenz von Massen führen, die verschieden sind je nach der Natur des als Grundlage der Vergleichung gewählten Agens. Thermisch äquivalente Massen wären die reciproken Werte der spezifischen Wärmen der auf die jetzige Art bestimmten Massen; chemisch äquivalente Massen die sogenannten Atomgewichte. Es ist bemerkenswert, dass die Bestimmung der Massen auf Grundlage der Schwere statt einer Bewertung auf Grund thermischer, chemischer oder einer anderen physikalischen Wirkung, eine blosse Sache der Übereinkunft ist und in keinem eigentlichen Sinne sich auf die Natur der Dinge gründet.

Aber selbst abgesehen davon wird die Relativität der Masse auch mit Rücksicht auf die gewöhnliche Methode der Bestimmung der Masse eines Körpers durch sein Gewicht offenkundig. Das Gewicht eines Körpers ist nicht nur eine Funktion seiner eigenen Masse allein, sondern auch eine des Körpers oder der Körper, von denen er angezogen wird, und der Entfernung zwischen denselben. Ein Körper, dessen durch eine Federwage oder ein Pendel bestimmtes Gewicht auf der Oberfläche der Erde ein Kilogramm wäre, würde auf dem Monde ein achtel, weniger als ein fünfzigstel auf mehreren der kleineren Planeten, fast ein halb am Mars und zweiundeinhalb Kilogramm am

Jupiter und mehr als 27 Kilogramm auf der Sonne wiegen. Und während der Fall von Körpern im Vacuum an der Oberfläche der Erde gegen 4,8 m (je nach der Breite etwas mehr oder weniger) in der ersten Sekunde ausmacht, erstreckt sich der entsprechende Fall an der Oberfläche der Sonne auf mehr denn 125 m.

Die Gedankenlosigkeit, mit der von Seite einiger der hervorragendsten Physiker angenommen wird, dass die Materie aus Teilchen zusammengesetzt ist, die ein absolutes, ursprüngliches, in allen Lagen und unter allen Umständen verbleibendes Gewicht besitzen, bildet eine der bezeichnendsten Thatsachen in der Geschichte der Wissenschaft. „Das absolute Gewicht der Atome ist unbekannt", sagt Professor REDTENBACHER[29]) — in der Meinung, wie aus dem Zusammenhange und dem ganzen Tenor seiner Ausführungen hervorgeht, dass unsere Unkenntnis des absoluten Gewichtes lediglich durch die praktische Unmöglichkeit der Isolierung eines Atoms und einer ausreichenden Verfeinerung der Instrumente bedingt ist.

Es gibt nichts Absolutes oder Unbedingtes in der Welt der objektiven Realität. So wie es keinen absoluten Massstab der Qualität gibt, so gibt es auch weder ein absolutes Mass der Dauer, noch ein absolutes System von Koordinaten im Raume, auf welches die Lagen der Körper und deren Veränderungen zu beziehen wären. Ein physikalisches ens per se und eine physikalische Konstante sind gleich unmöglich, denn alle physische Existenz zerfällt in Wirkung und Gegenwirkung und eine Wirkung bedeutet Veränderung.

---

[29]) Dynamidensystem, Mannheim, Bassermann, 1857, S. 14.

XIII.

Die Theorie von der absoluten Endlichkeit der Welt und des Raumes. — Die Annahme eines absoluten Maximums materieller Existenz — ein notwendiges Korrelat der Annahme des Atoms als absoluten Minimums. — Ontologie in der Mathematik. — Die Verdinglichung des Raumes. — Moderne transcendentale Geometrie. — Nichthomaloider (sphärischer und pseudosphärischer) Raum.

Im letzten Abschnitt ist gezeigt worden, wie die Theorie, nach welcher Raum und Bewegung bloss unter der Bedingung absoluten Seins wirklich wären, die Annahme der Existenz eines absolut festen Bezugspunktes bedingt, und diese wieder mit Notwendigkeit zu der Lehre von der absoluten Endlichkeit der Welt führt. Wiewohl der Zusammenhang zwischen dieser Lehre und den herrschenden ontologischen Lehrsätzen über Raum und Bewegung bis jetzt, so weit ich hiervon unterrichtet bin, nicht hervorgehoben worden ist, ist auf die Lehre selbst vielfach zu Gunsten kosmologischer, auf die mechanische Atomtheorie gegründeter Spekulationen eingegangen worden, um dieselben dadurch von einigen unvermeidlichen Konsequenzen dieser Theorie, mit der diese Spekulationen sich schliesslich als unvereinbar ergeben haben, zu befreien. Und in jüngster Zeit sind von Seite hervorragender Mathematiker mit grossem Eifer Betrachtungen über die wahre Natur des Raumes und den wirklichen Charakter der räumlichen Beziehungen vorgebracht worden.

Man sieht leicht ein, dass die Behauptung der absoluten Endlichkeit des materiellen Weltalls ein logisch integrierender Bestandteil der allgemeinen Behauptung ist, dass das, was reell, absolut ist, und dass die Annahme eines absoluten Maximums materieller Existenz ein notwendiges Korrelat der Annahme ihres absoluten Minimums, des Atoms, ist. Die erste ausdrückliche Verkündigung eines wissenschaftlichen Glaubens an dieses Maximum scheint von K. F. GAUSS [1]) in einem seiner Briefe an SCHUMACHER gemacht worden zu sein, in dem er die Versuche seines siebenbürgischen Freundes BOLYAI und die des russischen Geometers LOBATSCHEWSKY diskutiert, ein geometrisches System zu finden, das unabhängig von dem Euklidischen Parallelenaxiom wäre. Die von GAUSS in den soeben genannten Briefen wie in verschiedenen Teilen seiner anderen Schriften [2]) hingeworfenen Winke haben innerhalb der letzten zwanzig Jahre zu einer ergiebigen Diskussion über die Natur

[1]) GAUSS, Briefwechsel mit SCHUMACHER, Bd. 2, S. 268—271.

[2]) Vgl. „Disquisitiones generales circa seriem infinitam $1 + \frac{\alpha . \beta}{1 . \gamma} x + \ldots$" etc. (Comm. recent. Soc. Gott., II, 1811—13); „Theoria residuorum biquadriticorum Commentatio secunda" (ib., VII, 1828—32). Jenen, die mit HERBARTS Theorie, dass unsere Idee der räumlichen Ausdehnung ein psychisches Erzeugnis qualitativer Data, d. h. Empfindungen ist, die an sich ohne Ausdehnung sind, vertraut sind, wird es nicht unwahrscheinlich erscheinen, dass GAUSS' mathemathischer Transcendentalismus bis zu einem gewissen Grade den Spekulationen seines Kollegen in der philosophischen Fakultät von Göttingen zu verdanken ist, wiewohl GAUSS gewöhnlich grosse Verachtung für das HERBART'sche System bezeugte — gerade so wie DESCARTES durch die Lehren seines Gegners GASSENDI beeinflusst wurde. Der Zusammenhang zwischen GAUSS' metageometrischen oder (wie sich LOBATSCHEWSKY ausdrückt) pangeometrischen Ansichten und seinen Forschungen über die geometrische Interpretation der imaginären Grössen und die Theorie der komplexen Zahlen ist augenscheinlich.

des Raumes, die Begründung der Geometrie und den Ursprung und die Bedeutung der geometrischen Axiome geführt, welche bereits eine ausgedehnte und rasch anwachsende Literatur hervorgebracht hat.[3]) Der erste wirkliche Anstoss zu diesem Betreten neuer Bahnen in der mathematischen Theorie wurde von RIEMANN in einer bemerkenswerten Dissertation[4]) gegeben, die am 10. Juni 1854 vor der philosophischen Fakultät Göttingen gelesen (und 1866 nach RIEMANN's Tod durch DEDEKIND veröffentlicht wurde), sowie durch HELMHOLTZ in einer gleichfalls bemerkenswerten zwei Jahre später erschienenen Arbeit.[5]) Diesen Publikationen folgten zahlreiche Artikel, Flugschriften und Bücher, die sich mit der Auseinandersetzung der vorgebrachten Lehren befassten, und wie zu erwarten stand, gab es keinen Mangel an Schriften, die diesen Lehren mit abweisender Kritik entgegentraten.

Die Glaubenssätze des neuen geometrischen Glaubens sind sicherlich überraschend. Unter diesen befinden sich Sätze wie die: dass unser gewöhnlicher „euklidische", dreidimensionale und „homaloide" (ebene) Raum nur ein Spezialfall mehrerer möglicher Raumformen sei; dass der Vorrang dieses Euklidischen Raumes vor anderen Raumformen nur aus empirischen Gründen aufrecht erhalten werden kann, und im Sinne der logischen und psychologischen Grundsätze der sensualistischen Schule bloss von Zufälligkeiten der Begriffsassociation abhängt, die umgestossen

[3]) Vgl. HALSTEADT, Bibliography of Hyper-Space and non-Euclidean Geometry. American Journal of Mathematics, vol. I., pp. 261 seq. and 384 seq.; ib., vol. II, p. 65 seq.

[4]) „Über die Hypothesen, welche der Geometrie zu Grunde liegen" (Abhandlungen der kgl. Gesellschaft der Wissenschaften zu Göttingen, Bd. 13, S. 133 ff.).

[5]) Über die Thatsachen, die der Geometrie zu Grunde liegen" (Nachrichten der kgl. Gesellschaft der Wissenschaften zu Göttingen, 3. Juni 1865).

werden könnten (und nach der Meinung einiger enthusiastischer Verteidiger der neuen Lehren es auch sind) durch die Entdeckung, dass die Existenz mehrerer Dimensionen ein notwendiger Schluss aus gewissen Thatsachen der Erfahrung ist, die nicht anders erklärt werden können, — gerade so wie auch von der dritten Dimension gesagt wird, dass sie nicht direkt wahrnehmbar ist, sondern einfach aus bekannten Thatsachen der Gesichts- und Tastempfindung erschlossen wird, für deren Erklärung die dritte Dimension ein unabweisliches Postulat bildet; dass deshalb der wahre und wirkliche Raum nicht drei, sondern vier oder selbst eine grössere Zahl von Dimensionen hat oder wenigstens, so viel wir urteilen können, haben könnte; dass der Raum, in dem wir uns bewegen, nicht homaloidal oder eben ist oder sein muss, sondern seinem Wesen nach nicht homaloidal, gekrümmt, sphärisch oder pseudosphärisch ist oder sein kann, so dass jede Linie, die wir bisher als Gerade betrachtet haben, bei hinlänglicher Verlängerung sich als geschlossene Kurve erweisen könnte; dass infolge der wirklich vorhandenen Krümmung des Raumes das Weltall, wiewohl unbegrenzt, doch nicht unendlich, sondern endlich sein kann und wahrscheinlich auch ist; dass auf Grund der Voraussetzung des pseudosphärischen Charakters des Raumes ein ganzes Büschel „kürzester Linien“ durch denselben Punkt gezogen werden kann, die alle zu einer gegebenen anderen „kürzesten Linie“ in dem Sinne parallel sind, dass sie sich mit ihr, wie weit sie auch verlängert werden mögen, niemals schneiden; dass nicht nur das Krümmungsmass des Raumes, wie die Zahl seiner Dimensionen in verschiedenen Gegenden des Raumes verschieden sein kann und vermutlich auch ist, so dass kein giltiger Schluss aus unseren Erfahrungen in den Gegenden, in denen wir uns zufällig aufhalten, auf die Krümmung oder die Dimensionen unmessbar entfernten oder unmessbar kleinen Raumes gezogen werden kann, sondern dass auch in einer bestimmten Gegend sowohl die Krümmung des Raumes wie der Grad oder die Zahl seiner Dimensionen eine allmähliche Änderung erleiden mag und wahrscheinlich auch erleidet, u. s. w.[6])

---

[6]) Die vorsichtigsten Pangeometer haben kürzlich Neigung gezeigt, einige der hier aufgezählten Lehren, insbesondere jene, die sich auf die Vermehrung der Zahl der Dimensionen des Raumes und die lokalen Unterschiede und Veränderungen in der Beschaffenheit des Raumes beziehen, als Erfindungen ihrer Feinde oder als Überschwänglichkeiten von Personen, die durch ihren Enthusiasmus zu weit fortgerissen wurden, zu brandmarken. Es mag mir daher verziehen werden, eine Stelle aus einem Vortrag von Professor P. G. TAIT zu citieren (der sicherlich hinlängliche Neigung hat, wie das Buch, aus dem ich citiere, es beweist, wenigstens auf Nüchternheit in Mathematik und Physik zu bestehen, wie auch immer seiner Meinung nach die passende Form des Geistes beschaffen sein mag, um das „unsichtbare Weltall" zu überblicken): „The properties of space," erklärt er, „involving (we know not why) the essential element of three dimensions, have recently been subjected to a careful scrutiny by mathematicians of the highest order, such as RIEMANN and HELMHOLTZ; and the result of their inquiries leaves it as yet undecided wheter space may or may not have precisely the same properties throughout the universe. To obtain an idea of what is meant by such a statement, consider that in crumpling a leaf of paper, which may be taken as representing space of two dimensions, we may have some portions of it plane, and other portions more or less cylindrically or conically curved. But an inhabitant of such a sheet, though living in space of two dimensions only, and therefore, we might say beforehand, incapable of appreciating the third dimension, would certainly feel some difference of sensations in passing from portions of his space which were less to other portions which were more curved. So it is possible that, in the rapid march of the solar system through space, we may be gradually passing to regions in which space has not precisely the same properties as we find here — where it may have something in three dimensions analogous to curvature in two dimensions — something, in fact, which will necessarily imply a

So sehr auch diese Lehren von der uns geläufigen Erfahrung abzuweichen scheinen, wird doch der Anspruch

---

fourth-dimension change of form in portions of matter in order that they may adapt themselves to their new locality." P. G. TAIT, On Some Recent Advances in Physical Science, p. 5. Von derselben Art wie diese Stelle ist eine Note des berühmten Mathematikers, Professor J. J. SYLVESTER, zu seiner Eröffnungsanrede bei der mathematisch-physikalischen Sektion der British Association zu Exeter 1869, die, wie folgt, lautet: „It is well known, to those who have gone into these views, that the laws of motion accepted as a fact suffice to prove in a general way that the space we live in is a flat or level space (a ‚homaloid'), our existence therein being assimilable to the life of a bookworm in the flat space; but what if the page should be undergoing a process of gradual bending into a curved form? Mr. W. K. CLIFFORD has indulged in some remarkable speculations as to the possibility of our being able to infer, from certain unexplained phenomena of light and magnetism, the fact of our level space of three dimensions being in the act of undergoing in space of four dimensions (space as inconceivable to us as our space to our supposititious bookworm) a distortion analogous to the rumpling of the page. I know there are many who, like my honored and deeply lamented friend, the late eminent Professor DONKIN, regard the alleged notion of generalized space as only a disguised form of algebraical formulization; but the same might be said with equal truth of our notion of infinity in algebra, or of impossible lines, or lines making a zero angle in geometry, the utility of dealing with which as positive substantiated notions no one will be found to dispute. Dr. SALMON, in his extensions of CHASLES's theory of characteristics to surfaces, Mr. CLIFFORD in a question of probability, and myself in my theory of partitions, and also in my paper on Barycentric Projection, in the Philosophical Magazine, have all felt and given evidence of the practical utility of handling space of four dimensions as if it were conceivable space. Moreover, it should be borne in mind, that every perspective representation of figured space of four dimensions is a figure in real space, and that the properties of figures admit of being studied, to a great extent, if not completely, in their perspective representations." Nature, vol. I, p. 237 seq. Die gesperrte Schrift der obigen Stellen rührt von mir her.

erhoben, dass dieselben keineswegs der empirischen Grundlage entbehren. Es wird hervorgehoben, dass es zahlreiche optische, magnetische und andere physikalische Erscheinungen giebt, von denen sie die einzig ausreichende Erklärung bilden. Überdies ist gesagt worden, dass sie allein den Schlüssel zu den Geheimnissen des modernen Spiritismus an die Hand geben, indem sie uns in den Stand setzen, gewisse magische Leistungen, die wir sonst gezwungen wären, in das Gebiet des Übernatürlichen zu verweisen, in den natürlichen kausalen Zusammenhang einzureihen. In dem ersten Artikel der ersten Nummer des American Journal of Mathematics zeigt Professor SIMON NEWCOMB analytisch, dass, „wenn eine vierte Dimension dem Raume hinzugefügt wird, eine geschlossene materielle Oberfläche (oder eine Schale) durch einfache Biegung ohne Streckung oder Zerreissung umgewendet werden könne", nachdem FELIX KLEIN bereits einige Zeit vorher gezeigt hatte, dass Knoten in einem vierdimensionalen Raume nicht existieren können. Demgemäss erklärt Professor ZÖLLNER die bekannten Kunststücke des amerikanischen „Mediums" SLADE auf Grund des Prinzips der vierten Dimension — wobei eines dieser Kunststücke seltsam genug in der Herstellung eines wirklichen kleeblattförmigen Knotens in einem Seil, dessen Enden mit einander versiegelt und von ZÖLLNER's Hand gehalten wurden, bestand. Schliesslich ist behauptet worden, dass die Theoreme von LOBATSCHEWSKY, RIEMANN, HELMHOLTZ und BELTRAMI [7]) die einzig richtige Grundlage

[7]) Ein italienischer Mathematiker, der die Eigenschaften der pseudosphärischen Oberflächen untersuchte, welche sich von anderen Oberflächen konstanter Krümmung durch die Thatsache unterscheiden, dass sie eine Sorte von Parallelismus im transcendentalen Sinne zwischen ihren „kürzesten Linien" zulassen. Eine Bezugnahme auf BELTRAMI's Schriften und eine kurze Auseinandersetzung ihres Inhaltes findet sich in HELMHOLTZ's Abhandlung „The Origin and Meaning of Geometrical Axioms", Mind, vol. I, p. 306 vor.

einer besonderen und erschöpfenden Theorie der Parallelen bilden. Im Vollgefühle ihres Vertrauens auf die Uneinnehmbarkeit ihrer Stellungen verkündeten die Anhänger des geometrischen Transcendentalismus stolz, dass mit dem Erscheinen von LOBATSCHEWSKY's „geometrischen Untersuchungen“ [8]) eine neue Ära über die mathematische Welt aufgegangen sei, und dass im Lichte dieser Ära die Gesamtheit der geometrischen Wahrheiten in ähnlicher Weise geordnet und vereinfacht würde, wie die Theorie der himmlischen Bewegungen durch den grossen Gedanken von KOPERNIKUS. „Was VESALIUS im Vergleich zu GALEN,“ ruft Professor CLIFFORD [9]) aus, „was KOPERNIKUS im Vergleich zu PTOLEMAEUS war, das war LOBATSCHEWSKY im Vergleich zu EUKLID.“

Der Streit zwischen den Schülern der neuen transcendentalen oder pangeometrischen Schule und den Anhängern der alten geometrischen Überlieferung bietet ein Schauspiel dar, das nicht verfehlen kann, den gewöhnlichen Beobachter in einiges Erstaunen zu versetzen. Die Schüler der neuen Schule nehmen ihren Standpunkt mit Festigkeit auf empirischem Boden ein; ihr eigentlich erster Satz ist der, dass alle geometrischen Wahrheiten empirischen Ursprungs sind, und dass alles, was wir vom Raume und seinen Eigenschaften wissen, uns durch die sinnliche Erfahrung bekannt wird. Dieser Satz und die sich daraus ergebende Verleugnung des transcendentalen Ursprungs der geometrischen Axiome werden von RIEMANN und HELMHOLTZ mit gleichem Nachdruck hervorgehoben. Und nun errichten sie auf dieser Grundlage eine Theorie, die uns in die entlegensten Gebiete des Transcendentalismus führt — in das Reich

---

[8]) „Geometrische Untersuchungen zur Theorie der Parallellinien“, von NIKOLAUS LOBATSCHEWSKY, Berlin, Fincke'sche Buchhandlung 1840.

[9]) Philosophy of the Pure Sciences, W. K. CLIFFORD's Lectures and Essays, vol. I. 297.

eines metageometrischen Raumes, in dem alle unsere gewohnten Kräfte der Einbildung und Begriffsbildung uns im Stiche lassen, und in dem die Thatsachen der täglichen Erfahrung wie deren gegenseitige Beziehungen völlig ausser acht gelassen werden. Andererseits berufen sich die berühmtesten Meister der alten geometrischen Glaubenslehre bei ihrer Verteidigung der bekannten Data der sinnlichen Erfahrung und in ihrem Gegensatz zu den „Ausschweifungen" der transcendentalen Geometrie auf die Lehre von dem nichtempirischen oder transcendentalen Ursprunge unserer Ideen vom Raume und seinen wesentlichen Beziehungen. Die Pangeometer errichten ein transcendentales Gebäude auf empirischen Grundlagen, während die gewöhnlichen Geometer ein den Daten der Erfahrung entsprechendes System auf transcendentalem Grunde errichten. Dieser Umstand wird indessen, so seltsam er auch auf den ersten Blick erscheint, schwerlich den denkenden Studierenden der Geschichte der Erkennsnislehre oder den verständigen Leser der vorhergehenden Seiten überraschen. Es ist keineswegs etwas Ungewöhnliches, wenn man findet, dass ontologische Spekulationen, mögen sie sich nun in der Maske physikalischer oder metaphysischer Theorien einstellen, sich schliesslich nicht nur für die Thatsachen, zu deren Erklärung sie ersonnen worden sind, sondern auch für die Stützen selbst, durch die man sie aufrecht zu erhalten vermeinte, vernichtend erweisen.

Nachdem ich im allgemeinen Sinn und Zweck der transcendentalen Theorie des Raumes auseinandergesetzt habe, gehe ich nun an die Prüfung der Prämissen, auf denen sie beruht, und der Gründe, durch die man sie zu stützen sucht. Hier stossen wir von allem Anfang an auf eine Annahme, die offenbar der ganzen Theorie zu Grunde liegt: die Annahme, dass der Raum ein physisch reelles Ding ist — nicht bloss ein Gegenstand der Erfahrung, sondern ein selbständiger Gegenstand der direkten Empfindung, dessen Eigenschaften mit Hilfe der gewöhnlichen Instrumente physikalischer und astronomischer Forschung zu ermitteln wären — dessen Krümmungsmass z. B. mit Hilfe des Fernrohres zu bestimmen wäre. Diese Annahme ist von jedem der drei grossen Ausleger der fraglichen Theorie ausdrücklich gemacht worden. „Das einzige uns zur Verfügung stehende Mittel," sagt LOBATSCHEWSKY,[10]) „um den Grad der Genauigkeit der Sätze der gewöhnlichen Geometrie zu bestimmen, ist die Berufung auf astronomische Beobachtungen." Ebenso RIEMANN:[11]) „Wenn wir annehmen, dass Körper unabhängig von ihrem Orte im Raume existieren, bleibt das Krümmungsmass überall konstant; und dann folgt aus astronomischen Beobachtungen, dass es nicht von Null verschieden ist." In demselben Sinne drückt sich HELMHOLTZ aus:[12]) „Alle Systeme praktisch ausgeführter geometrischer Messungen, bei denen die drei Winkel grosser geradliniger Dreiecke einzeln gemessen worden sind, also auch namentlich alle Systeme astronomischer Messungen, welche die Parallaxe der unmessbar weit entfernten Fixsterne gleich Null ergeben (im pseudosphärischen Raume müssten auch die unendlich entfernten Punkte positive Parallaxe haben), bestätigen empirisch das Axiom von den Parallelen und zeigen, dass in unserem Raume und bei Anwendung unserer Messungsmethoden das Krümmungsmass des Raumes als von Null unterscheidbar erscheint. Freilich muss mit RIEMANN die Frage aufgeworfen werden, ob sich dies nicht vielleicht anders verhalten würde, wenn

---

[10]) Geometrische Untersuchungen u. s. f., S. 60.

[11]) Über die Hypothesen u. s. f.

[12]) „On the Origin and Meaning of Geometrical Axioms", Mind, vol. I, p. 314. [Citiert nach „Über den Ursprung und die Natur der geometrischen Axiome", Vorträge u. Reden, II. Bd., S. 23].

wir statt unserer begrenzten Standlinien, deren grösste die grosse Axe der Erdbahn ist, grössere Standlinien benutzen könnten."

Die hier eingenommenen Ansichten über die Natur des Raumes und den Ursprung der räumlichen Begriffe bedeuten offenbar eine entschiedene Überschreitung der äussersten Aussenposten des alten sensualistischen Terrains. Trotzdem finden sie, im Grunde genommen, eine Stütze in den Werken eines in diesem Buche schon wiederholt citierten englischen Denkers, J. St. MILL, der namentlich auf dem Kontinente als der geschickteste moderne Ausleger und Verteidiger der Lehren des Sensualismus gilt, wenigstens soweit sich dieselben auf den in Rede stehenden Gegenstand beziehen.[13]) In wenigen Worten ausgedrückt gehen diese Lehren dahin, dass die Idee oder der Begriff des Raumes direkt aus der sinnlichen Erfahrung abgeleitet ist; dass die Eigenschaften des Raumes durch Beobachtung oder Experiment zu ermitteln seien; dass die Grundwahrheiten der Geometrie, gleich allen anderen Wahrheiten der physikalischen Wissenschaft, induktiven Ursprunges und von induktiver Giltigkeit seien; und dass die den geometrischen

[13]) Ich will nicht sagen, dass sich RIEMANN und HELMHOLTZ direkt auf MILL beziehen. Es gibt aber nur wenige deutsche Physiker und Mathematiker, die nicht eifrig MILL's Logik studiert hätten, insbesondere seit dem Erscheinen der SCHIEL'schen Übersetzung und dem überschwänglichen Lobe LIEBIG's, und das kommt in den meisten Schriften der Pangeometer deutlich zum Vorschein. Das Interesse, mit dem jede neue Auflage von MILL's Logik von Seite der Männer der Wissenschaft aufgenommen wurde, verdankt sie ohne Zweifel ihrer häufigen Bezugnahme auf wissenschaftliche Methoden und Resultate. Thatsache ist, dass MILL durch eine Reihe von Jahren der offizielle Logiker und Metaphysiker der kontinentalen Naturforscher und Mathematiker gewesen ist. Die Achtung, die ihm von Seiten der zeitgenössischen Vertreter der Wissenschaft entgegengebracht wurde, ist nicht unähnlich jener, die ARISTOTELES unter den frühen mittelalterlichen Scholastikern genossen hatte.

Sätzen zukommende Gewissheit, wenn auch möglicherweise dem Grade nach verschieden, der Art nach sich nicht von jener unterscheidet, die irgend einem allgemeinen Satze über physikalische Thatsachen zukommt. Nachdem sich die besonderen Sätze der Pangeometrie wenigstens zum grossen Teile auf die allgemeine sensualistische Theorie stützen, wird es von Nutzen sein, auf eine nähere Prüfung dieser Theorie einzugehen, bevor an die Erörterung der pangeometrischen Sätze selbst geschritten wird. Zu diesem Zweck wähle ich eine Auseinandersetzung dieser Theorie in dem oben citierten Buche, dem System der Logik von J. S. Mill, in dem das fünfte Kapitel des zweiten Buches „Vom Beweise und den notwendigen Wahrheiten" eine ausführliche Darlegung der Ansichten des Verfassers über Grundlage und Methode der geometrischen Wissenschaft enthält.

„Die Grundlage aller, selbst der deduktiven oder beweisenden Wissenschaften," sagt Mill, [14]) „ist die Induktion; jeder Schritt in den Schlussfolgerungen der Geometrie ist ein Akt der Induktion ..... Der Charakter der Notwendigkeit, den man den Wahrheiten der Mathematik zuschreibt, und sogar (mit einigen später vorzubringenden Einschränkungen) die eigentümliche Gewissheit, welche man ihnen zuschreibt, ist eine Täuschung, die man nicht anders aufrecht erhalten kann, als indem man annimmt, dass sich jene Wahrheiten auf rein imaginäre Gegenstände beziehen und nur deren Eigenschaften ausdrücken. Es ist anerkannt, dass die Sätze der Geometrie, zum Teil wenigstens, aus den sogenannten Definitionen hergeleitet werden, und dass diese Definitionen, soweit als sie sich erstrecken, für korrekte Darstellungen der Gegenstände gehalten werden, mit denen es die Geometrie zu thun hat. Nun haben wir nach-

---

[14]) A system of Logic (eight ed.), p. 168 seq.

gewiesen, dass aus einer Definition als solcher niemals ein Satz, es wäre denn einer in Betreff der Bedeutung eines Wortes, folgen kann, und dass alles, was anscheinend aus einer Definition folgt, in Wahrheit aus der stillschweigenden Voraussetzung folgt, dass es ein dem entsprechendes wirkliches Ding gibt. Diese Voraussetzung trifft in dem Falle der Definitionen der Geometrie nicht völlig zu; es gibt keine wirklichen Dinge, die den Definitionen völlig entsprechen. Es gibt keine Punkte ohne Ausdehnung, keine Linien ohne Breite, keine Kreise, deren Halbmesser alle genau gleich gross sind, noch auch Quadrate, deren Winkel alle vollkommen rechte sind. Man wird vielleicht sagen, dass die Voraussetzung sich nicht auf das wirkliche, sondern nur auf das mögliche Dasein solcher Dinge erstreckt. Ich antworte, dass nach jedem Massstabe von Möglichkeit, den wir besitzen, es nicht einmal mögliche Dinge sind. Ihr Dasein scheint, so weit wir irgend darüber urteilen können, mindestens mit der physischen Beschaffenheit unseres Planeten, wenn nicht des Weltalls unvereinbar zu sein. Um diese Schwierigkeit zu beseitigen und zugleich das Ansehen des angeblichen Systems notwendiger Wahrheiten zu retten, pflegt man zu sagen, dass die Punkte, Linien, Kreise und Quadrate, die den Gegenstand der Geometrie bilden, bloss in unseren Vorstellungen vorhanden sind und einen Teil unseres Geistes ausmachen, der aus seinem eigenen Material heraus eine aprioristische Wissenschaft aufbaut, deren Gewissheit im Gedanken allein gelegen ist und mit äusserer Erfahrung nichts zu schaffen hat. Von so hochstehenden Autoritäten auch diese Lehre gebilligt worden sein mag, erscheint sie mir doch psychologisch unkorrekt. Die Punkte, Linien, Kreise und Quadrate, die jemand in seinem Bewusstsein hat, sind (denke ich) bloss Abbilder der Punkte, Linien, Kreise und Quadrate, die er in seiner Erfahrung kennen gelernt hat. Unsere Vorstellung von einem Punkte ist, denke ich, einfach unsere Vorstellung von dem minimum visibile, dem kleinsten Teil einer Fläche, den wir sehen können. Eine Linie, wie sie in der Geometrie definiert wird, ist ganz undenkbar. Wir können über eine Linie sprechen, als wenn sie keine Breite hätte, weil wir eine Fähigkeit besitzen, welche die Grundbedingung der Herrschaft ist, die wir über unsere Geistesthätigkeiten ausüben, die Fähigkeit nämlich, wenn eine Anschauung unseren Sinnen oder eine Vorstellung unserem Geiste gegenwärtig ist, nur einen Teil dieser Anschauung oder Vorstellung statt des Ganzen zu beachten. Allein wir können uns nicht eine Linie ohne Breite vorstellen, wir können uns kein geistiges Bild von einer solchen Linie entwerfen; alle die Linien, die wir in unserem Bewusstsein haben, sind Linien, welche Breite besitzen. Wenn jemand daran zweifelt, so können wir ihn nur auf seine eigene Erfahrung verweisen. Schwerlich glaubt jemand, der sich einbildet, er könne sich das vorstellen, was man eine mathematische Linie nennt, dies auf Grund seines eigenen Bewusstseins; er glaubt dies, wie ich vermute, vielmehr darum, weil er annimmt, die Mathematik könnte ohne die Möglichkeit einer solchen Vorstellung nicht als Wissenschaft bestehen, eine Annahme, deren völlige Grundlosigkeit darzuthun nicht schwer halten wird."

„Da es also weder in der Aussenwelt, noch im menschlichen Geiste irgend welche Gegenstände gibt, die den Definitionen der Geometrie völlig entsprechen, während man doch nicht annehmen kann, dass es jene Wissenschaft mit Nichtseiendem zu thun hat, so bleibt nichts übrig, als zu denken, dass es die Geometrie mit solchen Winkeln, Linien und Figuren zu thun hat, wie sie in der Wirklichkeit vorhanden sind, und die Definitionen, wie man sie nennt, muss man als einige unserer frühesten und nächstliegendsten Verallgemeinerungen in Betreff jener natürlichen

Gegenstände betrachten. Die Korrektheit dieser Verallgemeinerungen als solcher ist makellos; die Gleichheit aller Halbmesser eines Kreises ist von allen Kreisen wahr, so weit sie es von irgend einem ist, allein sie ist nicht von irgend einem einzigen Kreise genau wahr, sie ist es nur annähernd, — so annähernd, dass man praktisch keinen Irrtum von Bedeutung begehen wird, wenn man sie als genau wahr annimmt. Wenn wir Veranlassung finden, diese Induktionen oder ihre Folgesätze auf Fälle auszudehnen, bei denen der Irrtum bemerklich wäre — auf Linien von wahrnehmbarer Breite oder Dicke, auf Parallele, die merklich von der gleichen Entfernung abweichen, und Ähnliches, so berichtigen wir unsere Schlüsse dadurch, dass wir eine neue Reihe von Sätzen, die auf die Abweichung Bezug haben, mit ihnen in Verbindung setzen, gerade wie wir auch Sätze in Betreff der physikalischen oder chemischen Eigenschaften des Materials mit einbeziehen, wenn jene Eigenschaften das Ergebnis irgendwie beeinflussen können, und sie können dies sehr leicht, selbst in Bezug auf Gestalt und Grösse, wie z. B. in dem Fall der Ausdehnung eines Körpers durch Wärme. So lange jedoch keine praktische Notwendigkeit vorhanden ist, andere Eigenschaften des Gegenstandes als seine rein geometrischen, oder auch irgend welche von den natürlichen Unregelmässigkeiten in diesen zu beachten, so ist es zweckmässig, die Betrachtung dieser anderen Eigenschaften und Unregelmässigkeiten zu vernachlässigen und so zu verfahren, als ob sie nicht vorhanden wären; demzufolge kündigen wir in den Definitionen ausdrücklich unsere Absicht an, in dieser Weise vorzugehen. Irrig wäre jedoch die Voraussetzung, dass, weil wir unsere Aufmerksamkeit auf eine gewisse Anzahl von den Eigenschaften eines Gegenstandes zu beschränken beschliessen, wir uns darum den Gegenstand seiner anderen Eigenschaften entkleidet denken oder eine dem entsprechende Vorstellung von ihm haben. Wir denken die ganze Zeit über an genau solche Gegenstände, wie wir sie gesehen und getastet haben, und mit all den Eigenschaften, die ihnen von Natur aus zukommen, aber der wissenschaftlichen Zweckmässigkeit zu Liebe nehmen wir an, sie wären aller Eigenschaften mit Ausnahme derjenigen entkleidet, die für unseren Zweck wesentlich sind, und in Bezug auf welche wir sie zu untersuchen gedenken."

„Die eigentümliche Genauigkeit, die man für eine charakteristische Eigenschaft der ersten Grundsätze der Geometrie hält, scheint mithin auf einer Fiktion zu beruhen. Die Sätze, auf denen die Deduktionen der Wissenschaft beruhen, entsprechen so wenig als in anderen Wissenschaften den Thatsachen genau; allein wir nehmen an, dass sie es thun, um die Konsequenzen, die sich aus dieser Annahme ergeben, weiter zu verfolgen. Die Ansicht DUGALD STEWART's rücksichtlich der Grundlagen der Geometrie ist meines Erachtens wesentlich richtig; dass diese Wissenschaft nämlich auf Hypothesen gebaut ist, dass sie diesen allein die besondere Gewissheit verdankt, die man für ihre unterscheidende Eigentümlichkeit hält und dass wir in jeder Wissenschaft ohne Ausnahme, sobald wir von einer Reihe von Hypothesen ausgehen, zu einem System von Lehren gelangen können, die ebenso gewiss wie die der Geometrie sind, d. h. sich ebenso streng im Einklang mit den Hypothesen befinden und mit ebenso unwiderstehlicher Gewalt unsere Beistimmung erzwingen, vorausgesetzt, dass jene Hypothesen wahr sind."

Ich habe diese Stelle aus MILL's Logik ausführlich citiert, nicht nur weil sie die durchgearbeitetste und zusammenhängendste Aufstellung der sensualistischen Theorieen über den Charakter notwendiger Wahrheiten, insbesondere der der Geometrie ist, sondern auch weil diese Auseinandersetzung gewisse Besonderheiten in sich birgt, die der Aufmerksamkeit wert sind. Eine dieser Eigentümlichkeiten ist das Zugeständnis, dass der Geist das Vermögen der Abstraktion besitzt und Verallgemeinerungen bilden und diskutieren kann, die „als Verallgemeinerungen makellos sind". Die Unverträglichkeit dieses Eingeständnisses mit der Behauptung, dass „die Punkte, Linien, Kreise und Quadrate, die jemand in seinem Bewusstsein hat, bloss Abbilder der Punkte, Linien, Kreise und Quadrate, die er in seiner Erfahrung kennen gelernt hat, seien", ist evident. Diese Unverträglichkeit entging auch nicht der Kenntnisnahme anderer Verkünder der empirischen oder sensualistischen Lehre, wie es sich z. B. in den Schriften von BUCKLE zeigt, der nicht zögert, die wahren Konsequenzen (vor denen MILL selbst zurückgeschreckt zu haben scheint) aus MILL's Prämissen zu ziehen. BUCKLE behauptet nicht nur kühn, dass es keine Linien ohne Breite gibt (auf die Dicke vergisst er seltsamerweise), sondern auch, dass die Vernachlässigung dieser Breite durch die Geometer alle Ergebnisse geometrischer Schlüsse ungiltig macht und uns der einzige Trost bleibt, dass dieser Fehler im Grunde nicht sehr beträchtlich ist. „Nachdem ja," erklärt er,[15]) „die Breite der feinsten Linie so unbedeutend ist, dass sie ausser durch ein Instrument unter dem Mikroskop einer Messung nicht fähig ist, so folgt, dass die Annahme, es könne Linien ohne Breite geben, so nahe der Wahrheit kommt, dass unsere Sinne, wenn sie nicht durch die Kunst unterstützt werden, den Fehler nicht entdecken können. Früher, vor der Erfindung des Mikrometers, war es überhaupt unmöglich, ihn zu entdecken. Infolgedessen kommen die Schlüsse der Geometer der Wahrheit so nahe, dass wir berechtigt sind, sie für richtig zu halten. Der Fehler ist zu klein, um wahrge-

[15]) History of Civilization in England, vol. II, p. 342 (Appleton's American edition).

nommen werden zu können. Dass aber ein Fehler da ist, scheint mir sicher zu sein. Es scheint gewiss, dass, wenn etwas in den Prämissen verschwiegen wird, etwas in den Schlüssen mangelhaft sein muss. In allen solchen Fällen ist das Untersuchungsgebiet nicht vollständig berücksichtigt worden; und da ein Teil der vorauszusetzenden Thatsachen unterdrückt wurde, muss, glaube ich, zugegeben werden, dass die ganze Wahrheit unerreichbar ist, und dass kein Problem der Geometrie eine erschöpfende Lösung gefunden hat.“

Ob Buckle im Stande war, sich eine Linie als Grenze zweier Flächen zu denken und ob seiner Meinung nach eine solche Grenze Breite besitzt (d. h. selbst wieder eine Fläche ist, so dass wir von Grenze zu Grenze getrieben würden, ad infinitum), sagt er uns nicht. Noch sagt er uns, ob in Anbetracht der Thatsache, als die Breite der Linie von dem Material, aus dem sie hergestellt ist, abhängt, wir eine Papp-, eine Holz-, eine Steingeometrie u. s. w. als verschiedene Wissenschaften zu unterscheiden hätten oder nicht.

Um jedoch Mill und dem unter Diskussion befindlichen Gegenstand Gerechtigkeit widerfahren zu lassen, müssen wir uns Mill's eigene Ausführung vor Augen halten. Kehren wir zu seiner Auseinandersetzung zurück, so erhebt sich sofort die Frage: Was meint er mit der Behauptung, dass keine räumlichen Elemente in Wirklichkeit so sind, wie sie in der Wissenschaft der Geometrie betrachtet werden — dass es z. B. keine vollkommen geraden Linien gibt? Der einzig mögliche Sinn ist der, dass keine der sogenannten geraden Linien, von denen wir empirische Kenntnis besitzen, mit den geraden Linien, von denen wir anderweitige Kenntnis haben, kongruent sind, — dass sie nicht übereinstimmen mit den Normaltypen der Geraden in unserem Bewusstsein. Mill behauptet aber, dass „die

Linien u. s. f., die jemand in seinem Bewusstsein hat, bloss Abbilder der Linien sind, die er in seiner Erfahrung kennen gelernt hat." Es gibt somit keinen Massstab, mit dem die Linien der Erfahrung verglichen werden und von dem sie sich als abweichend herausstellen könnten. MILL's Theorie bricht also gleich mit der ersten Thatsache, die er zu ihrer Unterstützung anführt, in sich zusammen.[16]) Es ist dies keine blosse tadelsüchtige Kritik; es ist eine einfache Darlegung der völligen Sinnlosigkeit der Prämissen, aus denen MILL's Schlüsse gezogen worden sind. Die ganze Grundlage seiner Theorie zerbröckelt in dem Augenblick, wo an ihr gerührt wird. Bei weiterer Prüfung zeigt sich, dass er vollständig die Bedeutung der Thatsachen verkennt, die er anführt. Die wirkliche Bedeutung der eben angeführten Behauptung MILL's ist ganz verschieden von der, welche er ihr beilegt. Die Wahrheit, welche dieser Behauptung zu Grunde liegt, ist, dass wir, im Sinne MILL's, überhaupt keine empirische Kenntnis von Linien, Kreisen und Quadraten besitzen. Wir haben empirische Kenntnis von sogenannten geraden Stäben, Seilen, Kanten oder Rinnen, von sphärischen und kubischen Körpern mit kreisförmigen oder quadratischen Durchschnitten oder Seiten; unsere Kenntnis von Punkten,

---

[16]) Dass ein so scharfer Denker wie J. St. MILL gegen die mannigfachen Widersprüche und Absurditäten blind war, an denen seine Logik und Teile seiner anderen Schriften so reich sind, ist lediglich aus der Thatsache erklärlich, dass er seine Erkenntnistheorie auf gut Glauben als ein heiliges Vermächtnis von seinem Vater übernommen hatte, der sie wieder seinerseits von französischen und englischen Nominalisten und Sensualisten des 17. und 18. Jahrhunderts übernommen hatte. Die Lehren dieser Sensualisten waren notwendigerweise roh und ungereift, da sie zu einer Zeit entstanden sind, wo die rationale Psychologie in ihrer Kindheit war und an die vergleichende nicht einmal noch gedacht worden war; und sie waren überspannt, weil sie durch den Widerstand gegen einen ebenso überspannten Realismus erzeugt wurden.

Linien, Oberflächen und geometrischen Körpern kommt aber lediglich durch den Prozess der Abstraktion zu Stande. Nichts ist klarer und leichter zu beweisen, als dass die Elemente der geometrischen Wissenschaft — die Grundlagen, auf denen die Wissenschaft der Geometrie beruht, — nicht durch Induktion haben erhalten werden können, und dass es a fortiori nicht richtig ist, wie Mill behauptet, dass „jeder Schritt in den Schlussfolgerungen der Geometrie ein Akt der Induktion ist.“ Induktion besteht in der Anhäufung von Beispielen, die alle dasselbe Element oder denselben charakteristischen Zug unter anderen Elementen und Eigentümlichkeiten enthalten. Doch hat noch niemand zwei Körper gesehen, deren Kanten, wiewohl gerade genannt, sich nicht durch eine Prüfung bei einer hinlänglichen Vergrösserung als in verschiedenen Graden gebrochen erwiesen hätten. Die Erfahrung liefert nicht zwei Beispiele, die die Form der Geradheit in gleichem Grade darbieten. Noch weniger hat jemand eine grössere Zahl von Körpern gesehen, deren Kanten genau übereinstimmend gewesen wären. Dasselbe gilt natürlich mutatis mutandis von Punkten, Kurven, Oberflächen und Körpern. Die Unterschiede ihrer Formen wie ihrer Grössen werden in dem Masse offenbarer, als die Vergrösserung wächst, mit der sie betrachtet werden. Ihre wahren Gestalten bleiben aber unentdeckbar durch jede noch so grosse uns zur Verfügung stehende Vergrösserung. In Wirklichkeit können wir nie Einblick gewinnen in die wirkliche Gegenwart einer streng richtigen und vollständigen geometrischen Thatsache. Es ist also einfach ein Unsinn, mit Mill zu sagen, dass die Punkte, Linien, Flächen, Körper u. s. f., von welchen die Geometrie handelt und über die sie giltige Schlüsse ziehen kann, w i r k l i c h e, d. h. physische und nicht imaginäre Punkte, Linien, Flächen und Körper sind, und dass die Punkte, Linien, Flächen und Körper unseres Bewusstseins Kopien derselben vorstellen. Es ist allerdings richtig, dass die geometrischen Elemente nicht imaginärer Natur sind, da sie sich ja auf wirkliche Thatsachen beziehen; auch sind sie in keinem eigentlichen Sinne hypothetischer Art, wie von DUGALD STEWART behauptet worden ist; sie sind vielmehr Begriffe, Ergebnisse der Abstraktion. Wäre dies anders, so würde ein geometrisches deduktives Verfahren — und in der That jede andere Art eines Vernunftschlusses — völlig unmöglich sein. Jedes deduktive Verfahren hängt von dem Vermögen der Abstraktion ab. Diese Wahrheit findet ihre Anwendung nicht nur in der Geometrie und in der Mathematik überhaupt, sondern auch in was immer für einer Wissenschaft. Es ist dies aus zwei Gründen so: Erstens wird uns kein physisches Ding (oder historisches Ereignis) je experimentell mit allen seinen Eigenschaften, Beziehungen und Nebensächlichkeiten bekannt; Empfindung und Wahrnehmung teilen dem Verstande nie die vollständige Thatsache mit. Zweitens ist, wie ich oben gezeigt habe, der Verstand bei der Behandlung der sogenannten Thatsachen, die die sinnliche Erfahrung liefert, an gewisse bestimmte Beziehungen eingeschränkt, die er von anderen absondert oder abstrahiert. In den Prozessen des diskursiven Denkens hat der Verstand niemals die sinnlichen Objekte oder die Gesamtheit von Beziehungen, die deren geistige Bilder oder Repräsentanten ausmachen, vor sich, sondern nur eine einzige Beziehung oder eine Klasse von Beziehungen. Er operiert nach den Richtungen der Abstraktion, und das Endergebnis seiner Bemühungen enthält nie mehr als die Grundzüge des vorgestellten Gegenstandes. Während aller seiner Operationen ist der Verstand völlig eingedenk des Umstandes, dass kein Glied seiner Kette von Abstraktionen noch auch die Gruppe seiner Abstraktionsergebnisse, die wir einen Begriff nennen (in dem engeren Sinne einer Vereinigung von Merkmalen, die einen Gegenstand der Anschauung oder Empfindung darstellt) eine Kopie oder ein genaues Abbild des dargestellten Gegenstandes ist. Er ist sich stets dessen bewusst, dass, um wahre Übereinstimmung zwischen Begriffen oder einem Teile ihrer Merkmale mit den Formen objektiver Realität herzustellen, die in den Begriffen verkörperte Gruppe von Beziehungen durch eine unbestimmbare Zahl anderer Beziehungen ergänzt werden müsste, die nicht wahrgenommen wurden und möglicherweise einer Wahrnehmung nicht fähig sind. Doch beeinträchtigt dies in keiner Weise die Giltigkeit der Denkhandlung. Wenn der Mathematiker die Eigenschaften eines Kegelschnittes bestimmt, weiss er sehr wohl, dass er keinen Körper finden wird, dessen geometrischer Umriss eine genaue Verwirklichung des Gesetzes von der Konstanz des Verhältnisses zwischen den Entfernungen eines seiner Punkte von einem fixen Punkt und einer fixen Geraden vorstellt, und dass es in der Natur keine Wurfbahn gibt, die genau mit einer solchen Kurve übereinstimmt. Diese Kenntnis erschüttert indes nicht im geringsten sein Vertrauen auf die uneingeschränkte Giltigkeit seiner Schlüsse. Kommt er dazu, die Ergebnisse seiner Schlüsse auf natürliche Thatsachen anzuwenden, so ergänzt er sie, soweit er es vermag, durch die Ergebnisse anderer Schlussweisen, die sich auf andere bekannte Beziehungen derselben Thatsache stützen, und kommt so der Thatsache so nahe als möglich, ohne vor der stets vor Augen gehaltenen Überlegung zu erschrecken, dass es ihm niemals gelingen wird, bis zum wirklichen Vorhandensein der ganzen Thatsache mit samt allen ihren Beziehungen vorzudringen.

Es ist klar, dass die Übereinstimmung der Ergebnisse des abstrakten oder begrifflichen Denkens mit den Daten der Erfahrung in direktem Verhältnisse steht zu dem Grade der Unabhängigkeit der benützten Beziehungen von anderen Beziehungen, welche die Bedingungen der wirklichen Existenz des durch das Denken dargestellten Gegenstandes ausmachen. Hierin liegt der Vorrang der Geometrie vor den physikalischen Wissenschaften. In den sogenannten physikalischen Wissenschaften stehen die Beziehungen, von denen diese Wissenschaften handeln, mit einander in einem engen Zusammenhang; die thermischen, elektrischen, magnetischen, optischen und chemischen Eigenschaften bestimmen einander in verschiedener Weise. Wenn die Natur und der Grad dieser gegenseitigen Abhängigkeit genau bekannt wäre und in den Bereich einer erschöpfenden begrifflichen Analyse gebracht werden könnte, würden diese Wissenschaften in demselben Masse deduktiv werden, wie es die Geometrie ist. Alle physikalischen Wissenschaften streben den Fortschritt in dieser Richtung an, doch ist derselbe so gering, dass wenig Hoffnung vorhanden ist, das hier gesteckte Ziel zu erreichen. Ein Grund dafür ist der, dass die Zahl der neu entdeckten Beziehungen sich in demselben (wenn nicht in einem stärkeren) Verhältnis vervielfältigt wie die Natur und der Grad der gegenseitigen Abhängigkeit zwischen den schon bekannten und ans Licht gebrachten Beziehungen. Die Schwierigkeit der Bestimmung der fraglichen gegenseitigen Abhängigkeit wächst im geometrischen Verhältnisse, wenn die Zahl der neuen Beziehungen im arithmetischen zunimmt.

Die vorhergehenden Betrachtungen reichen meines Erachtens nach aus, die Unhaltbarkeit der sensualistischen Ansicht über den Raum und die Natur der Berechtigung geometrischer Wahrheiten zum mindesten in der ihr von Mill gegebenen Form darzuthun. Diese Überlegungen vermögen jedoch nicht im geringsten den allgemeinen Satz anzufechten, dass alle unsere Kenntnis der objektiven Welt aus der Erfahrung abgeleitet ist. Dieser Satz scheint mir unleugbar zu sein und wird ohne Zweifel, ausdrücklich oder mehr weniger indirekt, gegenwärtig von jedem Menschen gesunden Geistes gebilligt, nachdem sich die einzigen diesbezüglich vorhandenen Streitfragen nur um den Sinn von Worten bewegen. Die Sensualisten aber und besonders, wie ich bereits gezeigt habe, die Begründer und Förderer der transcendentalen Geometrie fügen noch einen Satz hinzu, der sorgsam von dem eben aufgestellten zu unterscheiden ist. Sie behaupten, dass der Raum nicht nur objektive Realität besitzt, sondern ein direkter und unabhängiger Gegenstand der Empfindung ist, dessen Eigenschaften in empirischer Weise wie die irgend eines anderen physischen Dinges ermittelt werden können. Dieser Behauptung ist von den Gegnern des geometrischen Transcendentalismus die Gegenbehauptung entgegengestellt worden, dass der Raum gleich der Zeit kein unabhängiger Gegenstand der Empfindung, sondern wie es Kant gelehrt oder gelehrt haben soll, eine blosse Form der Anschauung ist, ein Zustand oder eine Bedingung des Geistes, die unabhängig von und vor aller sinnlichen Erfahrung vorhanden ist. Der Streit zwischen den Verfechtern der neuen Lehre und ihren Gegnern ist in dem durchgängigen beiden Parteien gemeinsamen Glauben geführt worden, dass diese Ansichten strikte Alternativen sind, und dass keine andere Ansicht zulässig oder möglich ist. Es sei nun gestattet, diese zwei widerstreitenden Behauptungen durch Thatsachen der Erkenntnis zu prüfen, über die keine Meinungsverschiedenheit besteht, oder die vernünftigerweise nicht angefochten werden können.

Was nun zunächst die Behauptung von Riemann und Helmholtz angeht, so befindet sich der Raum, wenn er ein physischer reeller Gegenstand ist, sicherlich nicht ausserhalb der anderen physischen Gegenstände, ist denselben nicht koordiniert und von ihnen verschieden. Wenn wir sagen, dass sich alle Dinge im Raume befinden, so meinen wir damit nicht, dass sie in ihm enthalten sind wie Wasser in einem Gefässe, sondern wir meinen, dass es keinen objektiv reellen Gegenstand gibt, der nicht räumlich ausgedehnt wäre oder, in der gewöhnlichen Sprechweise, dass die räumliche Ausdehnung eine primäre Eigenschaft aller Arten objektiver Existenz ist. Diese Thatsache ist so klar, dass sich DESCARTES durch sie zu der Behauptung verleiten liess, die räumliche Ausdehnung sei die einzige wahre Eigenschaft objektiver Existenz. In welcher Weise denn und durch welche Mittel unterscheiden wir den Raum von den gewöhnlich sogenannten physischen Dingen? Sicherlich nicht, oder wenigstens nicht direkt durch die Empfindung. Verschiedene Empfindungsakte können verschiedene Eigenschaften desselben Gegenstandes zeigen, und diese Eigenschaften können somit von einander getrennt werden. Kein Akt der Empfindung sondert die Ausdehnung eines Körpers von allen seinen anderen Eigenschaften ab und zeigt die Eigenschaft der Ausdehnung für sich allein. Die Sensualisten behaupten aber (und hier stossen sie auf den Grund ihrer Gegner, der kantischen Idealisten), dass, wiewohl es keine physischen Gegenstände ohne räumliche Ausdehnung gibt, und wiewohl die Ausdehnung in einem Sinne eine gemeinsame Eigenschaft aller physischen Gegenstände ist, trotzdem diese Gegenstände nicht allen Raum erfüllen, indem sich zwischen ihnen reiner Raum befinde. Die Antwort darauf besteht darin, dass diese Behauptung, auch wenn sie wahr ist, den Sensualisten nichts hilft. Denn eine Empfindung ist nur dann und dort möglich, wo eine objektive Verschiedenheit und Veränderung vorkommt; wir haben direkte Empfindungen von den verschiedenen und veränderlichen sogenannten physikalischen Eigenschaften und nicht von jenen, die durchaus homogen und unveränderlich sind. Hier kommt das HOBBES'sche Gesetz zur Geltung: „Sentire semper idem et non sentire ad idem recidunt". Es ist gerade die Thatsache der

Homogeneität und Unveränderlichkeit im Verein mit der der beständigen Anwesenheit bei allen physischen Gegenständen, welche die Eigenschaft der räumlichen Ausdehnung von allen anderen charakteristischen Eigenschaften eines realen Dinges unterscheidet und den Sensualisten in den Stand setzt, von der Existenz des Raumes überhaupt zu reden. Könnte dieser Unterschied verwischt werden — könnte diese Schranke begrifflicher Art, welche die durch physische Wirkung erzeugten Empfindungen von den Bewusstseinszuständen sondert, die den Raum vorstellen, einmal niedergerissen werden — dann wäre gar kein Grund mehr vorhanden für die Unterscheidung zwischen den „Eigenschaften" des Raumes und denen irgend einer Materie. Wir würden uns zu der Aussage genötigt sehen, dass die einzige Art objektiver Existenz entweder Raum oder Materie ist (wobei die Unterscheidung eine blosse Sache der Nomenklatur wäre), und dass alle Eigenschaften, die wir jetzt der Materie zuschreiben, in Wahrheit und in der That Eigenschaften des Raumes seien.

Dass alles dies der Aufmerksamkeit von Riemann und Helmholtz entgangen sein sollte, ist erstaunlich in Anbetracht der von ihnen beiden zu dem Zwecke gemachten Annahme, um die angebliche Notwendigkeit zu rechtfertigen, dem Raume ein konstantes Krümmungsmass zuzuschreiben und so die Zahl der Arten des Raumes auf die drei zu beschränken, die ihrer Behauptung nach zulässig sein sollten, nämlich auf den sphärischen Raum mit einem positiven Krümmungsmass, den pseudosphärischen mit einem negativen Krümmungsmass, und den ebenen oder homaloidalen Raum mit dem Krümmungsmass Null.[17]) Ich meine die Annahme, dass die Körper in der Sprache des bereits citierten

[17]) Felix Klein („Über die nicht-euklidische Geometrie", Mathematische Annalen, Bd. IV, S. 577) bezeichnet diese Arten des Raumes als elliptisch, parabolisch und hyperbolisch.

Riemann „unabhängig von ihrem Orte im Raume existieren", womit offenbar gemeint ist, dass sie eine vom Raume verschiedene, wenn nicht ganz unabhängige physikalische Beschaffenheit besitzen. Auf dem Boden dieser Annahme lässt sich aber kein vernünftiger Grund, der auf den Prämissen der transcendentalen Theorie beruhen oder mit denselben verträglich wäre, angeben, warum der Raum seinem Wesen nach nicht paraboloidal oder hyperboloidal oder polyhedral oder von sonst einer Form sein könnte, die die schöpferische Phantasie des nächsten nicht-homaloidalen Geistes auszusinnen vermöchte.

Dies führt mich zu der Behauptung der Transcendentalisten, dass die Eigenschaften des Raumes, wie z. B. der Grad und die Form seiner Krümmung, durch das Experiment zu bestimmen seien. Wie könnte eine solche Bestimmung ausgeführt werden? Nehmen wir an, es würde ein Astronom in geeigneten Zwischenräumen sein Fernrohr auf einen Fixstern richten — von dessen Erdabstand er sich auf irgend eine Weise (sagen wir durch das Spektroskop) überzeugt hätte, das er grösser als der des Arcturus ist — um seine Parallaxe zu bestimmen. Nehmen wir an, er würde diese Parallaxe merklich kleiner finden als die des weniger weit entfernten Sterns — mit anderen Worten, nehmen wir an, er würde den Winkel seiner Visirlinien verschieden von dem durch die bekannten Thatsachen und Gesetze der Astronomie und Optik geforderten finden: was wäre sein Schluss? Es ist nicht schwer, die Antwort auf diese Frage vorauszusagen, denn der vorausgesetzte Fall ist nicht ohne Präcedenz in der Geschichte der Astronomie. Eine Veränderung in der Lage der Visirlinien ist wiederholentlich von Astronomen beobachtet worden, die nicht im Stande waren, sie durch die ihnen bekannten Thatsachen und Naturgesetze zu erklären. Im Anfange des vergangenen Jahrhundertes machte Bradley (mit Unterstützung von MOLYNEUX) eine Reihe teleskopischer Beobachtungen über den Stern γ im Drachen, um den Betrag der scheinbaren Abweichung zu bestimmen, der durch die jährliche Bewegung der Sonne zu Stande kommt, und so die jährliche Parallaxe der Fixsterne zu entdecken — eine zu damaliger Zeit sehr wünschenswerte Leistung, um einen ständigen, dem kopernikanischen System wegen des angeblichen Fehlens einer solchen Parallaxe gemachten Vorwurf zu beseitigen. Zu seiner Überraschung fand er eine der Richtung nach verschiedene und dem Grade nach bei weitem grössere Verschiebung als er erwartet hatte. Diese Unregelmässigkeit musste erklärt werden, und BRADLEY kannte keine physikalische Ursache, der er sie hätte zuschreiben können. Er dachte einige Zeit an die Nutation, dann an die Refraktion; doch überzeugte er sich bald, dass keine dieser Thatsachen eine Erklärung zu geben im Stande sei. Er wurde endlich durch ein sorgfältiges Studium der Veränderungen in der Richtung und in dem Wachstum der Verschiebung dazu geführt, eine Lösung des Geheimnisses in der Zusammensetzung der Geschwindigkeit des Lichtes mit der der Erdbewegung zu finden, und wurde so der Entdecker dessen, was jetzt unter dem Namen der Aberration des Lichtes bekannt ist. In allen seinen Verlegenheiten kam er indessen nicht ein einziges Mal auf den Gedanken, die Unregelmässigkeit der Erscheinung könnte die Folge einer Krümmung des Raumes sein. Mit Bestimmtheit kann auch behauptet werden, dass keiner der heute lebenden Astronomen die unregelmässige Parallaxe, deren Entdeckung ich supponiert habe, einer räumlichen Pseudosphäricität zuschreiben würde. Denn abgesehen von allen anderen Betrachtungen, würde der Astronom jeden Versuch dieser Art sofort mit der Entgegnung niederschlagen, dass eine dem Raume wesentlich zukommende Krümmung Unterschiede zwischen seinen verschiedenen Teilen — Ungleichmässigkeiten seiner inneren Beschaffenheit — bedingen würde, und dass die angenommene Hypothese somit nichts geringeres zur Folge hätte als die Beilegung von Eigenschaften an den Raum, durch deren Fehlen er sich ja einzig und allein von der Materie unterscheidet.

Die Theorie der geometrischen Transcendentalisten ist somit unmöglich wegen der Absurdität ihrer Grundvoraussetzungen. Der Raum ist kein Gegenstand der Empfindung und kann es nicht sein. Dem Raume Beziehungen und sinnliche Wirkungen von der Art beizulegen, wie sie bei einer Empfindung zum Vorschein kommen, ist unmöglich ohne Verschiedenheiten zwischen seinen Bestandteilen anzunehmen, deren Leugnung die Grundlage jeden Raumbegriffes bildet, welches auch immer die logische oder psychologische Lehre sein möge, auf die der Begriff bezogen wird. Sind wir nun genötigt, die Gegenbehauptung der kantischen Idealisten anzunehmen, dass der Raum eine rein subjektive Form der Anschauung ist, die in unserem Geiste unabhängig und vor allen Empfindungsvorgängen vorhanden ist — die Lehre der metaphysischen und mathematischen Gegner? Untersuchen wir, auf welche Gründe diese Lehre sich stützt.

Der kantische Idealist behauptet, dass die Idee des Raumes nicht nur ein unveränderliches Element einer jeden einzelnen Empfindung, sondern eine der Empfindung vorausgehende Bedingung sei; dass, bevor wir im Stande sind, irgend einen subjektiven Eindruck auf eine objektive Ursache zu beziehen und somit überhaupt von der Existenz objektiv realer Dinge oder Erscheinungen zu reden, die Grundlage dieser Beziehung — der Beziehung nicht nur zwischen dem Drinnen und Draussen, sondern auch zwischen mindestens zwei Elementen des Draussen, deren gegenseitige Einwirkung die Empfindung hervorbringt — bereits im Geiste vorhanden sein müsse. Die Empfindung, sagt man, geht auf Objekte; sie ist im wesentlichen ein Schritt von einer subjektiven Affektion oder einem subjektiven Gefühl zur objektiven Realität. Wo ist der Grund für diesen Schritt? Nicht in der objektiven Welt, behauptet der Kantianer; denn die Gegenstände werden lediglich durch Vermittlung dieses Schrittes erreicht und gelangen so in die Anschauung und Empfindung. Er muss somit im Subjekt, im Geiste gelegen sein; und er muss vor der einzelnen Empfindung da sein. Dass dem so ist, geht überdies (wie behauptet wird) aus der Thatsache hervor, dass die Idee des Raumes absolut unvernichtbar ist. Wir können in Gedanken den Raum seines sinnlichen Inhaltes entleeren; der Geist vermag alles wegzudenken, was Gegenstand der Empfindung ist; doch vermag er nicht den Raum selbst wegzudenken. Der Raum ist ein integrierender Bestandteil aller möglichen Bewusstseinszustände.

Die vorhergehende Darlegung ist eine gute und hinlänglich erschöpfende Auseinandersetzung der kantischen Ansicht. Diese Ansicht hat einen gemeinsamen Zug mit der der Sensualisten, auf den ich schon gelegentlich angespielt habe — nämlich die Annahme, dass der Raum entweder als Gegenstand der Empfindung oder als eine Form der Anschauung, als eine unabhängige Thatsache existiert und somit an sich einer objektiven oder subjektiven Auffassung (apprehension) fähig ist. Ich habe bereits gezeigt, dass diese Annahme im sensualistischen Sinne unbegründet ist. Bei sorgfältiger Prüfung erweist sie sich als ebenso unbegründet im Sinne der Idealisten. Es ist nicht wahr, dass wir in Gedanken den Raum seines ganzen Inhaltes entäussern und im Geiste oder vor dem Geiste die Form oder das Bild des reinen Raumes haben können. Im Gegenteil ist die Idee des Raumes stets unwandelbar im Bewusstsein mit einer bestimmten Sinnesqualität verknüpft. Wenn wir es versuchen, uns den Raum vorzustellen, erscheint er stets mit der Gesichtsvorstellung irgend einer, wenn auch noch so schwachen Farbenempfindung verknüpft. In ähnlicher Weise erweist er sich bei dem Versuche seiner Vorstellung nach der Tastsphäre hin als ebenso untrennbar von einer Reproduktion irgend einer Form des Druckes oder des Tastsinnes.[18]) In dieser Beziehungen ist den Argumenten von HUME und BERKELEY (die notwendigerweise einfache Berufungen auf das Bewusstsein sind) nie mit Erfolg entgegengetreten worden. Die Scheidung zwischen der „Idee" der räumlichen Ausdehnung und den Erregungen, die eine Empfindung zusammensetzen, die wir im Stande — und für die Zwecke des diskursiven Denkens gezwungen — waren, auszuführen, ist nicht eine in der Anschauung gelegene, sondern eine begriffliche. Wenn wir ein objektiv reelles Ding betrachten, so können wir kraft unseres Abstraktionsvermögens auf die Eigenschaft der räumlichen Ausdehnung bei völliger Ausserachtlassung seiner sinnlichen Qualitäten unsere Aufmerksamkeit richten; doch sobald wir es versuchen, uns seine Ausdehnung als wirklich vorzustellen — ein Gedankenbild der Ausdehnung zu bilden, oder sie als eine besondere Form der Anschauung vorzustellen — sind wir sofort gezwungen, sie mit einem Datum der Empfindung zu bekleiden oder zu vergesellschaften, das wir als eine zufällige Rückwirkung eines physikalischen Prozesses deuten. Anschauung (im kantischen Sinne) ist ein wesentlicher Teil der Empfindung und erscheint als solche in den Sinnesäusserungen ebenso wie in deren gedanklichen Reproduktionen.

Dies genügt für die Beurteilung des kantischen Argumentes, dass der Raum eine subjektive Form der An-

---

[18]) Vgl. Sir WILLIAM HAMILTON's Lectures on Metaphysics, Lect. 22; STUMPF, Über den psychologischen Ursprung der Raumvorstellungen, Leipzig, Hirzel, 1873, S. 19.

16*

schauung sein müsse, weil der Geist nicht im Stande sei, ihn aus seinem Bewusstsein auszuscheiden. Eine zweite einfache Überlegung ist ebenso verhängnisvoll für die Behauptung, dass der Raum eine subjektive Form sein müsse, die vor allen einzelnen Empfindungen existiere und damit die unvermeidliche Grundlage für den Schritt sei, durch welchen der Verstand ein äusseres Objekt erreicht. Die offenkundige Antwort darauf ist die, dass, wenn der Raum rein subjektiv und ganz im Geiste gelegen ist, er ganz gewiss keinen Grund für einen Schritt abgeben kann, der aus dem Geiste heraus führt. Diese Überlegung bildet die wahre Grundlage des nachkantischen Idealismus FICHTE's und in einem gewissen Sinne auch SCHOPENHAUER's. Das ganze Argument aber, so wie die aus demselben erwachsenen idealistischen Verwicklungen beruhen auf der alten ontologischen Annahme, dass Dinge oder Wesen unabhängig von einander und anders als Glieder einer Beziehung existieren können. Dass dies von objektiv realen Dingen nicht richtig ist, ist hinlänglich auf den vorhergehenden Seiten dieses Buches gezeigt worden; es ist gleicherweise unrichtig für das Verhältnis des erkennenden Subjektes zu seinem Objekt. In jedem Akt primärer Erkenntnis entsteht die sogenannte objektive Erscheinung und ihr subjektives Gegenstück in demselben Augenblick, da die Realität des einen von der des anderen abhängig ist. Dies ist die ursprünglichste und nicht weiter zurückführbare Thatsache der Erkenntnis, die deshalb nicht weniger eine Thatsache ist, weil sie von den Metaphysikern in mannigfachster Weise missverstanden worden ist und Anlass zur Entstehung einer Schar absurder Erkenntnistheorieen gegeben hat.

Was ist denn nun die wirkliche Natur des Raumes und welches ist die wahre Quelle unserer Kenntnisse über ihn? Sind die vorausgegangenen Betrachtungen giltig und entscheidend, dann lässt diese Frage nur eine Antwort zu. Der Raum ist ein Begriff, ein Produkt der Abstraktion. Alle Gegenstände unserer sinnlichen Erfahrung zeigen die Eigenschaft der Ausdehnung in Verbindung mit einer Zahl verschiedener und veränderlicher Qualitäten der Empfindung; und wenn wir nach und nach von diesen verschiedenen Empfindungen abstrahiert haben, kommen wir schliesslich zu der Abstraktion oder dem Begriff einer Form räumlicher Ausdehnung. Ich sage ausdrücklich Form der Ausdehnung, und nicht einfach Ausdehnung oder Raum, denn das erstere und nicht das letztere ist das summum genus der hier angeführten Abstraktionskette. Wenn das Wort „Begriff" in dem Sinne gebraucht wird, in welchem es den Repräsentanten eines möglichen Gegenstandes der Anschauung vorstellt, ist eine räumlich ausgedehnte Form das letzte Resultat des Verfahrens, durch welches ein Gegenstand oder eine Erscheinung begriffen werden kann. Die Abstraktion oder der Begriff (jetzt das Wort in einem weiteren Sinne gebrauchend) Ausdehnung im allgemeinen oder Raum, wird durch eine andere Reihe von Abstraktionen erreicht, von denen ich später etwas zu sagen haben werde. Die Unterlassung des Unterscheidens dieser Begriffe, die keinen Bezug auf Grenzen und Formen haben, und den wahren summa genera der Klassifikation der sinnlichen Gegenstände ist eine der Quellen der Verwirrung, die überall die Theorie des transcendentalen Raumes erfüllt, wie wir gleich sehen werden.

Die Lehren der Idealisten (oder richtiger gesagt Intellektualisten) über die Natur des Raumes sind also ebenso unhaltbar wie die der Sensualisten. Die Meinung der Schüler von Kant und Schopenhauer, dass die Lehren der transcendentalen Geometrie durch eine Berufung auf die „Transcendentale Ästhetik" der „Kritik der reinen Vernunft" zurückgewiesen werden könnten, ist ein Irrtum. Der

Satz, dass der Raum eine rein subjektive Form der Anschauung ist, kann nicht im geringsten die Position der geometrischen Transcendentalisten erschüttern. Ihre einfache Erwiderung gegen die Kantianisten ist die, dass, wenn der Raum eine angeborene Form oder Bedingung des Geistes wäre, die die Wahrnehmung der äusseren Gegenstände nach einer gewissen Ordnung oder nach gewissen Gesetzen bedingt, es wieder eine Frage der Thatsächlichkeit wäre, zu bestimmen, welches diese Ordnung und welches diese Gesetze wären. Mag der Raum geistiger Natur sein oder nicht, die Frage, ob er eben, sphärisch oder pseudosphärisch sei, bleibt bestehen. Mag die Form der im Raume möglichen Linien und Flächen das Ergebnis physikalischer Beschaffenheit ausserhalb des Geistes, oder der inneren Beschaffenheit des Geistes selbst sein — in jedem Falle ist die Thatsache dieselbe, wie auch immer sie zu beweisen sein mag. Dies steht in völligem Einklang zu KANT's eigener bestimmter Erklärung in seinen „Noten zur transcendentalen Ästhetik", [19]) worin er erklärt, dass unsere Art der Anschauung nicht notwendig beschränkt ist auf die besondere Beschaffenheit unseres Geistes, sondern auch von anderen denkenden Wesen geteilt werden kann, „wiewohl dies eine Materie ist, die wir ausser Stande sind zu entscheiden". Aus dieser Erklärung ergibt sich der unwiderlegbare Schluss, dass die Frage nach der bestimmten Form der Anschauung in einem gegebenen Geiste lediglich eine Frage der Thatsachen ist. In dieser Beziehung ist denn HELMHOLTZ [20]) unzweifelhaft im Recht gegen LAND, KRAUSE, BECKER und die anderen Kantianer.

[19]) Kritik der reinen Vernunft (her. v. ROSENKRANZ), S. 49.

[20]) Vgl. „The Origin and Meaning of Geometrical Axioms" Mind, III. Bd., S. 212 ff. [Deutscher Text in den „Wissenschaftlichen Abhandlungen", Bd. II, S. 640; Anm. d. Herausg.], und „Die Thatsachen in der Wahrnehmung", Berlin 1879 [Vorträge und Reden, Bd. II, S. 213 ff.; Anm. d. Herausg.].

Nachdem wir so zu dem Schlusse gelangt sind, dass der Raum weder ein physischer Gegenstand der Empfindung, noch eine angeborene Form des Geistes, die unabhängig und vor aller Empfindung besteht, sondern ein Begriff ist, sind wir nun im Stande, auf eine Reihe von Betrachtungen einzugehen, die ähnlich denjenigen sind, die wir gegen die behauptete experimentelle Bestimmbarkeit der Krümmung des Raumes ins Feld geführt haben, und durch die der wahre Charakter der transcendentalen Theorie des Raumes so gründlich dargelegt wird, dass keine vernünftige Meinungsverschiedenheit mehr über deren Verdienste bestehen bleiben kann. Die erste dieser Betrachtungen ist diese: Wenn die Lehren der Transcendentalisten wirklich begründet sind, so folgt, dass dem Raume eine zwingende Kraft inne wohnt, die sich aus seiner Beschaffenheit ergibt und die andere Linien und Flächen als die, welche sich der ihm zukommenden Form anpassen, unmöglich macht. Wenn der Raum nicht „eben“ ist, sondern z. B. sphärisch — ich nehme für den Augenblick und zu dem Zwecke der Beweisführung an, dass die Behauptung einer „Ebenheit“ des gewöhnlichen „Euklidischen“ Raumes einen Sinn hat — dann folgt jede Linie in ihm notwendig einer bestimmten Bahn, an die sie durch ein inneres Gesetz gebunden ist, das die Anordnung ihrer Teile bestimmt. Eine berechtigte und unvermeidliche Konsequenz davon ist die, dass in einem Raume von einer bestimmten besonderen Krümmung selbst Linien von verschiedenen Krümmungsgraden unmöglich sind. Sobald einmal das Krümmungsmass eines solchen Raumes bestimmt ist, müssen alle Linien sich demselben anpassen. Es ist keine Antwort darauf zu entgegnen, dass Lobatschewsky und Beltrami die praktische Möglichkeit der Herstellung eines in sich konsequenten und logisch zusammenhängenden Systems der Geometrie auf Grund des Nichtparallelismus der „kürzesten Linien“ dargethan haben, und Professor Lipschitz gezeigt hat, dass die Gesetze der von bewegenden Kräften abhängigen Bewegungen konsequent auf spärische oder pseudosphärische Räume übertragen werden können, so zwar, dass der zusammenfassende Ausdruck aller Gesetze der Dynamik, das Prinzip von Hamilton, direkt auf Räume übertragen werden kann, deren Krümmungsmass von Null verschieden ist. Denn die Konstruktionen von Lobatschewsky und Beltrami (die auch als Grundlage den Untersuchungen von Lipschitz dienen), sind alle Konstruktionen von Linien und Flächen; und diese Konstruktionen beruhen auf Postulaten, die mit den Postulaten des nichteuklidischen Raumes ganz unverträglich sind. Eines dieser Postulate besteht darin, dass es im sphärischen so gut wie im pseudosphärischen Raume möglich sein soll, Linien von beliebigem Krümmungsmass und somit auch vom Krümmungsmass Null zu ziehen, d. h. gerade Linien im alten Sinne. Wie könnte in der That das „Krümmungsmass" anders bestimmt werden? Dieses Krümmungsmass hängt ab von dem Radius der Krümmung; nach Gauss ist das zu einer jeden Fläche, die die Verschiebung von auf ihr gelegenen Figuren ohne Veränderung ihrer Seiten und Winkel zulässt, gehörige Krümmungsmass konstant gleich dem Produkte der reciproken Werte des grössten und kleinsten Krümmungsradius. Diese Radien sind gerade im alten Sinne; denn wenn sie nicht gerade wären, hätten sie ein gewisses Krümmungsmass, das wieder nur durch Bezugnahme auf andere besondere Radien bestimmt werden könnte u. s. f. ad infinitum, bis wir schliesslich zu der alten Euklidischen geraden Linie kommen würden.

Die rechten Prämissen der Theorie des nichteuklidischen Raumes führen zu dem unausweichbaren Schlusse, dass die Linien solch eines Raumes, wiewohl Kurven, weder Tangenten noch Normalen haben, weder Halbmesser noch

Sehnen, und dass sie auf Grund der nichteuklidischen Postulate allein völlig unbestimmt sind. Es ist dies wieder ein bemerkenswertes Beispiel für den ontologischen Irrtum, dass Dinge und Formen an sich bestimmbar sind, ohne Bezug auf und Vergleich mit entsprechenden anderen Dingen und Formen. Was nach dieser Seite der Lehre der Transcendentalisten besonders bemerkenswert ist, ist die dem wirklichen Raum zugeschriebene wesentliche Unterscheidung zwischen den Formen seiner behaupteten Krümmung — die Behauptung, dass sein Krümmungsmass entweder positiv, oder negativ, oder Null sein müsse. Diese Behauptung ist um so bemerkenswerter, als die Transcendentalisten den Anspruch erheben, dass die neue Lehre das alte System der Geometrie von seinen willkürlichen Beschränkungen befreit hätte und eine Erweiterung, eine logische Ausdehnung der Idee des Raumes sei.

Die Quelle aller dieser Verlegenheiten, in die wir uns durch die Annahmen und Theorieen der Transcendentalisten verwickelt finden, liegt so klar auf der Hand, dass es ein Wunder ist, wie sie so gänzlich von den Gegnern der neuen Lehre nicht weniger wie von ihren Anhängern übersehen werden konnte. Der Grundfehler dieser Lehre ist die Behauptung, dass der Raum, mit dem sich die gewöhnliche „Euklidische" Geometrie abgibt, ein „ebener" und nicht ein sphärischer oder pseudosphärischer sei. In Wahrheit ist der Raum, dessen Vorstellung oder Begriff allen möglichen geometrischen Konstruktionen zu Grunde liegt, einschliesslich der der Pangeometer, weder eben, noch sphärisch, noch pseudosphärisch, noch von einer anderen bestimmten Gestalt, sondern er ist einfach die anschauliche und begriffliche Möglichkeit für die Konstruktion einiger oder aller charakteristischen Linien der ebenen, sphärischen, parabolischen, hyperbolischen u. s. f. und bis zu einem gewissen Masse der pseudosphärischen Flächen innerhalb seiner — eine Möglichkeit, die er dem Umstande verdankt, dass er nicht mehr und nicht weniger als ein Begriff ist, der durch die Weglassung unserer Gedankenbilder der physischen Gegenstände gebildet wurde und zwar nicht nur durch die Weglassung aller Merkmale, die deren physikalische Eigenschaften ausser der Ausdehnung ausmachen, sondern auch aller Gestaltsbestimmungen, durch die sie sich unterscheiden. Dies ist der einzige Sinn, in dem wir ein Recht haben, vom Raum als einem ebenen oder homaloiden zu sprechen. Der Raum besitzt keine innere Struktur oder bestimmte Gestalt, weil er kein physischer Gegenstand ist und somit keine „Eigenschaften" hat, die durch Experiment oder Beobachtung ermittelt werden könnten. Noch besitzt er irgend welche Eigenschaften, die mit Recht so genannt werden könnten und a priori durch einen Akt der Anschauung bestimmbar wären. Raum ist eines der letzten Ergebnisse der Abstraktion, bei welchem die begriffliche Unterscheidung mit der Bezeichnung zusammenfällt und somit die begriffliche Bestimmung an ihrem Ende angelangt ist. Ich wiederhole: der Raum hat keine Eigenschaften, denn als ein Wesen betrachtet besitzt er keine Beziehungen, da sein wahres Wesen in der Verneinung oder Abstraktion von allen Beziehungen besteht. Es ist aus diesem Grunde ein Missbrauch der Worte, die Geometrie (wie es so oft geschieht und erst kürzlich von Professor Henrici [21]) geschehen ist) als eine Wissenschaft zu definieren, „deren Gegenstand die Untersuchung der Eigenschaften des Raumes bildet". Gegenstand der Geometrie ist die Untersuchung der möglichen Bestimmungen oder Beschränkungen des Raumes, d. h. der

[21]) Encycl. Britan., Geometry.

Beziehungen zwischen den verschiedenen Formen der Ausdehnung oder der Eigenschaften der Figuren.[22]) Die ganze Wissenschaft der Geometrie beschäftigt sich damit, was der Begriff Raum notwendig ausschliesst, nämlich mit Grenzen. Die Geometrie nimmt in der That nur so weit Rücksicht auf den Raum, als die Grenzen, von denen sie handelt, räumliche Grenzen sind. Aus dieser Thatsache entsteht der Unterschied zwischen dem Ziel der Geometrie und jenem der anderen Zweige der reinen Mathematik und die Nichtanwendbarkeit vieler Methoden und Resultate der mathematischen Analysis auf die Beziehungen zwischen den Formen des Raumes — ein Unterschied, dessen Missachtung eine so ergiebige Quelle von Irrtümern bei jenen war, die Schlüsse über die „Eigenschaften" des Raumes (wie z. B. über die mögliche Zahl seiner Dimensionen) aus dem abstrakten Begriff „Grösse" zu ziehen versuchten. Die Geometrie ist ohne Zweifel eine empirische Wissenschaft, wiewohl nicht in dem Sinne, in dem der Ausdruck „empirisch" gewöhnlich verstanden wird und besonders nicht in dem Sinne, in dem er von Mill und den geometrischen Transcendentalisten gedeutet wurde. Sie ist eine empirische Wissenschaft insofern, als sie von einer Eigenschaft physischer Dinge, der Ausdehnung, handelt, die ein letztes oder vielmehr ein erstes und nicht weiter zurückführbares Datum des Empfindungsaktes ist — gerade so ein Datum, wie es das der Farbenempfindung ist, mit der, wie ich gezeigt habe, die Gesichtsanschauung des Raumes stets verknüpft ist. Alle Versuche, wie z. B. die von Herbart, die Idee der Ausdehnung durch eine Bearbeitung solcher Daten der Empfindung, die gewöhnlich als qualitative bezeichnet werden,

---

[22]) In diesem Sinne definiert D'Alembert (Élémens de Philosophie, § 15 — Oeuvres, tome 1, p. 268) die Geometrie als die „Wissenschaft von den Eigenschaften der Ausdehnung, insofern man diese bloss als ausgedehnt und begrenzt ansieht."

zu erhalten, sind ebenso misslungen, wie die entsprechenden Versuche, die qualitativen Elemente der Empfindung aus den Formen der Ausdehnung abzuleiten. Das primäre Datum der Ausdehnung bildet das empirische Element in der Wissenschaft der Geometrie. Dieses primäre Datum ist nicht der Raum, sondern begrenzte Ausdehnung, denn Empfindung und Anschauung haben wir nur von besonderen Körpern, und somit von begrenzter Ausdehnung, und nicht von Ausdehnung überhaupt, oder vom Raum. Formen von begrenzter Ausdehnung geben hingegen Anlass zur Entstehung des Begriffes Raum durch Anwendung des bereits erwähnten Abstraktionsprozesses. Andererseits sind die Schlüsse der Geometrie nicht aus empirischen Daten allein abgeleitet und kommen nicht durch Induktion zu Stande, wie MILL behauptet. In diesem Sinne ist die Geometrie keine empirische Wissenschaft. Es gibt auch kein geometrisches Axiom, das rein durch die Empfindung gegeben wäre, wie von den Sensualisten behauptet wird, oder durch Anschauung nach den Lehren der Idealisten oder Intellektualisten. Alle geometrischen Axiome, die als Ausgangspunkte der Deduktion dienen, enthalten zwei Elemente: ein Element der Anschauung (als Teil der Empfindung) und ein Element willkürlicher Verstandesbestimmung, das man Definition nennt. Die Thatsachen der Ausdehnung und ihre Grenzen — Oberflächen, Linien und Punkte — sind durch Anschauung gegeben; ohne sinnliche Erfahrung würden wir über geometrische Körper, Flächen, Linien und Punkte nichts wissen; es lässt sich jedoch aus der Existenz dieser Elemente, oder unserer Anschauung von denselben nichts herleiten, solange sie nicht definiert sind. Dies geht aus einer einfachen Betrachtung der geometrischen Axiome hervor. Das Axiom, das durch zwei Punkte nur eine einzige Gerade gezogen werden kann (oder was dasselbe ist, dass zwei Gerade keinen Raum einschliessen) verlangt die Definition der Geraden — eine Definition, die nebenbei bemerkt, weit schwieriger auf rein geometrischer Grundlage herzustellen ist, als die von den Parallelen.[23]) Das Axiom von den Parallelen in der ihm jetzt allgemein gegebenen Form, dass durch einen gegebenen Punkt nur eine Parallele zu einer gegebenen geraden Linie gezogen werden kann, setzt die Definition nicht nur von der geraden Linie, sondern vom Parallelsein überhaupt voraus, was in der Elementargeometrie die Schwierigkeit bietet, den Begriff der unendlichen Ausdehnung in sich zu enthalten, und das zu unzähligen Schwierigkeiten geführt hat (wie z. B. zu den unendlich fernen und doch reellen Schnittpunkten), worunter die von der pangeometrischen Sorte nicht die geringsten sind. EUKLID's Aufzählung von Definitionen, Postulaten und Axiomen leidet nicht oder zum mindesten nicht nur an dem Fehler, dass die Grenzen zwischen diesen verschiedenen Vorbedingungen geometrischen Schliessens nicht korrekt gezogen sind — dass er Definitionen mit Axiomen und Postulate mit beiden[24]) ver-

---

[23]) Die wirkliche Quelle dieser Schwierigkeit liegt in einem fundamentalen Mangel der gangbaren Erkenntnistheorieen — der mangelnden Einsicht, dass jede Art von Deduktion eine schliessliche Bezugnahme auf primäre Konstanten verlangt, die nicht durch Erfahrung gegeben, sondern durch den Verstand bestimmt sind. Diese primäre Konstante ist in der Geometrie die gerade Linie oder einfach die Richtung. Dass die sich beim 10. Axiom Euklids („zwei Gerade können keinen Raum einschliessen") aufwerfenden Schwierigkeiten derselben Art sind wie die des 12. (das gewöhnlich als das 11. bezeichnet wird — das Axiom von den Parallelen) ist schon lang erkannt worden. „La définition et les propriétés de la ligne droite," sagt D'ALEMBERT (Élémens de Philosophie, § 12 — Oeuvres, tome I, p. 280), „ainsi que des lignes parallèles sont donc l'écueil et, pour ainsi dire, le scandale des élémens de géométrie."

[24]) HANKEL (Vorlesungen über die komplexen Zahlen und ihre Funktionen, S. 52) macht darauf aufmerksam, dass diese Verwirrung

wechselt, und es ausserdem unterlässt, zwischen Axiomen der Grösse im allgemeinen und Axiomen räumlicher Grösse zu unterscheiden — sondern an seiner Unkenntnis oder Missachtung der Thatsache, auf die ich bereits hingewiesen habe, dass jedes Axiom, das geometrisch fruchtbar ist, eine Definition enthält. Und diese Unkenntnis — sehr entschuldbar zu EUKLID's Zeiten — scheint unglücklicherweise noch heute von den Verfassern geometrischer Lehrbücher geteilt zu werden.

Einer der Punkte, auf den die Debatte zwischen HELMHOLTZ und seinen Gegnern in ausgedehntem Masse eingegangen ist, besteht in der Frage, ob BELTRAMI's pseudosphärischer Raum vorstellbar ist oder nicht; und um diese im bejahenden Sinne zu beantworten, schlägt HELMHOLTZ eine bemerkenswerte Definition der Vorstellbarkeit vor. Er definiert das Vermögen, sich räumliche Formen vorzustellen, als „die Fähigkeit, sich vollständig die Sinneseindrücke vorzustellen, welche der Gegenstand in uns nach den bekannten Gesetzen der Sinnesorgane unter allen denkbaren Bedingungen der Beobachtung erregen würde und durch die er von anderen ähnlichen Gegenständen unterschieden werden könnte.“ [25]) Wie immer auch der allgemeine Wert

nicht EUKLID, sondern seinen Herausgebern und Kommentatoren zur Last zu legen ist. „In allen Manuskripten,“ sagt HANKEL, die F. PEYRARD bei der Vorbereitung seiner ausgezeichneten Ausgabe EUKLID's (Oeuvres d'Euclide trad. en Latin et en Français, tome I, p. 454) gesammelt hat, erscheint das berühmte 11. Prinzip der Paralleletheorie nicht unter den κοιναὶ ἔννοιαι, die sich auf gleiche und ungleiche Grössen beziehen, sondern als das 5. Postulat (αἴτημα). Ebenso erscheint das 10. Axiom in allen diesen Manuskripten als das 4. Postulat, während die Manuskripte in Betreff des 12. Axioms von einander abweichen, wodurch es evident wird, dass die drei Axiome den Platz, den sie unverantwortlicher Weise noch in der Liste der Axiome inne haben, einem Missverständnisse verdanken.“

[25]) „Origin and Meaning of Geometrical Axioms“, Mind, vol. III, p. 215 [Wiss. Abh., Bd. II, S. 640 ff., Anm. d. Herausg.].

dieser Definition beschaffen sein mag, so verfällt sie doch sicherlich dem Vorwurfe der Unerheblichkeit für die betreffende Sache. In der Sprache der alten Logiker beruht dieselbe auf einer ignoratio elenchi, einem Missverständnis der Fragestellung. Geben wir zum Zwecke der Beweisführung zu, dass der Akt der Vorstellung einer räumlichen Form richtig als eine Anticipation von Sinneseindrücken beschrieben wird, so geht die Frage nach dem Vorhandensein der gesuchten Fähigkeit nicht dahin, worin die Natur dieser Eindrücke besteht, sondern ob sie in der Vorstellung in der verlangten räumlichen Ordnung und in der Form, die den bekannten Gesetzen des Vorstellungsvermögens entspricht, existieren können oder nicht. HELMHOLTZ beruft sich auf die Versuche von BELTRAMI, den pseudosphärischen Raum durch Projektion seiner Punkte, Linien und Flächen auf das Innere einer gewöhnlichen Kugeloberfläche, „deren Punkte den unendlich fernen Punkten des pseudosphärischen Raumes entsprechen", vorstellbar zu machen und behauptet, dass dieser Versuch erfolgreich sei. In demselben Sinne bemerkt Professor SYLVESTER in der Note zu seiner bereits erwähnten Exeter Ansprache, dass „jede perspektivische Darstellung einer vierdimensionalen räumlichen Figur eine Figur des wirklichen Raumes sei, und dass die Eigenschaften der Figuren in ausgedehntem Masse, wenn nicht gar vollständig an deren perspektivischen Darstellungen studiert werden können." So wurde es eine ständige Behauptung der Pangeometer, dass die Raumformen irgend einer gegebenen Dimension in einen Raum der nächst niederen Dimension projiciert werden könne. Wenn eine gerade Linie orthogonal auf eine andere Gerade projiciert wird, die zu ihr senkrecht steht, so erscheint sie als ein Punkt; eine Form der ersten Dimension erscheint so gewissermassen auf die nullte Dimension reduziert. Der sie darstellende Punkt befähigt uns aber an sich nicht, die Linie wieder zu erzeugen und über sie zu urteilen, von der er die Projektion ist. Man könnte sagen, dass wir zum mindesten wissen, dass die Linie eine gerade ist; das ist aber ein Schluss, der nur aus den von anderswo uns bekannten Eigenschaften der Linien folgt; aus der blossen Betrachtung des Punktes lässt sich nicht einmal schliessen, dass er eine Projektion einer Linie überhaupt ist. In ähnlicher Weise kann eine Ebene so auf eine andere projiciert werden, dass sie als eine Linie erscheint, wodurch eine Form von zwei Dimensionen auf eine von einer Dimension reduziert erscheint; doch folgt daraus nicht, dass wir die Eigenschaften der Ebene durch blosse Betrachtung oder Analyse der Linie studieren können. Die sogenannten Projektionen von Körpern auf Flächen sind in Wirklichkeit Projektionen verschiedener Flächen, die mit einander verschiedene Winkel einschliessen, auf eine Normalfläche, und die Schlüsse aus solch' einer Projektion auf die Eigenschaften geometrischer Körper hängen von unseren Associationen der Gesichts- mit den Tasteindrücken ab, auf der unsere Auffassung der geometrischen Körperlichkeit beruht. Nachdem es eingestandenermassen keine Tast- oder andere Eindrücke gibt, welche die Existenz einer vierten Dimension beweisen, ist die Analogie, auf der die behauptete Vorstellbarkeit transcendentaler Raumformen beruht, ohne Grund.

Es kommt aber wenig darauf an, welcher Grund für die (kürzlich in anderer Form durch Felix Klein[26]) vorgebrachte) Behauptung vorhanden ist, dass die Hilfsmittel

---

[26]) „Über die nicht-euklidische Geometrie", Math. Ann., Bd. 4, S. 573. In diesem Artikel wird wie in fast allen Schriften der Pangeometer, die ad libitum von imaginären und unendlich fernen Punkten handeln, die analytische Darstellbarkeit (mit Hilfe von Symbolen, wobei unendliche und imaginäre Elemente als gleichberechtigt mit reellen behandelt werden) mit der Vorstellbarkeit verwechselt.

der projektiven Geometrie ausreichend sind, uns eine Vorstellung der Eigenschaften des mehr als dreidimensionalen Raumes im dreidimensionalen Raume zu verschaffen; denn die Frage nach der Vorstellbarkeit ist dem erörterten Gegenstande völlig fremd. Wenn z. B. gezeigt würde, dass eine pseudosphärische Fläche in Gedanken oder wirklich im Raume konstruiert werden könnte, so würde dies sicherlich nicht beweisen oder zu beweisen trachten, dass der Raum an sich pseudosphärisch ist. Es liegt kein Zweifel über die Vorstellbarkeit einer sphärischen Fläche vor, es folgt daraus aber nicht, dass der Raum an sich sphärisch ist. Als Grundbedingung des Schlusses auf die wesentliche Pseudosphäricität des Raumes würde die Behauptung notwendig sein, dass nur pseudosphärische Flächen existieren und demnach (in Gemässheit der Lehren des Sensualismus) in demselben als existierend vorgestellt werden können. Und in Anbetracht dessen hört nicht nur das ganze Argument von HELMHOLTZ auf, als Stütze des geometrischen Transcendentalismus verwendbar zu sein, sondern prallt auf ihn selbst zurück. Wenn pseudosphärische Flächen als existierend vorgestellt werden können und somit auf Grund seiner eigenen Prinzipien in einem „ebenen“ Raume möglich sind, warum können nicht gewöhnliche gerade Linien und ebene Flächen im pseudosphärischen Raume existieren? Und was wird dann aus dem teleskopischen Nachweis der Krümmung des Raumes? Oder missverstehe ich HELMHOLTZ' wahre Meinung? — behauptet er einfach, dass pseudosphärische Oberflächen vorstellbar sein würden durch pseudosphärische Wesen mit pseudosphärischen Sinnesorganen und daraus sich ergebendem pseudosphärischen Verstande in einem pseudosphärischen Raume, falls er existierte? Das wäre eine Behauptung, die selbst LAND und KRAUSE schwerlich bezweifeln würden.

Die Geschichte der Erkenntnis bietet vielleicht kein

zweites Beispiel dar, das für die Unüberwindbarkeit intellektueller Überlieferungen instruktiver wäre als die Lehren der transcendentalen Geometrie. Werfen wir noch einen Blick zurück auf den Inhalt dieses Kapitels, so sehen wir, dass selbst die Wissenschaft der Mathematik — die exakteste von allen, deren Methoden ebenso unfehlbar sein sollen, als ihre Grundlagen ewig, und die stets seit den Zeiten des Erwachens menschlicher Intelligenz ihre gerade Bahn durch alle Wechsel der Spekulation hindurch verfolgt hat — von den Vorurteilen des ontologischen Realismus nicht ausgenommen ist. Die Verselbstständigung des Raumes durch die Mathematiker steht in einer strikten Analogie zu der Verselbständigung der Masse und Bewegung durch die Physiker.

Der ganze Umfang der Verwirrung, in die die Sinne der zeitgenössischen Mathematiker durch das falsche Licht der Ontologie geführt worden sind, kann indessen in noch viel helleres Licht durch eine weitere Prüfung des spekulativen Hintergrundes der Transcendentalgeometrie gerückt werden, wie er in der berühmten bereits citierten Abhandlung von Riemann zu Tage tritt.

XIV.

Der metageometrische Raum im Lichte der modernen Analysis. — RIEMANN's Abhandlung.

Die Abhandlung BERNHARD RIEMANN's „Über die Hypothesen, welche der Geometrie zu Grunde liegen" verdankt ihre grosse Berühmtheit der Thatsache, dass ihr Verfasser ein Mathematiker ersten Ranges, einer der Lieblingsschüler von GAUSS war. Unter dem Einfluss seiner Lehren, wenn nicht auf seinen besonderen Rat hin, ist sie geschrieben worden und von ihm kurz vor seinem (GAUSS') Tode 1854 der philosophischen Fakultät von Göttingen vorgelegt worden. Ihre Hauptsätze wurden ausdrücklich als Ausdruck seiner eigenen spekulativen Ideen anerkannt. Jeder verständige Leser dieser Abhandlung wird mit mir, denke ich, darin übereinstimmen, dass ihr wahrer Wert in keinem richtigen Verhältnis zu der Aufmerksamkeit steht, mit der sie aufgenommen wurde und dem Interesse, das ihr noch allgemein entgegengebracht wird. Nicht nur, dass ihre Darlegungen sowohl bezüglich des Problems, wie der vorgeschlagenen Lösungsmethoden, roh und verworren sind, tragen sie durchaus den Stempel von RIEMANN's sehr unvollkommener Vertrautheit mit der Natur logischer Prozesse und selbst mit der Bedeutung logischer Ausdrücke an sich. Aus dem ganzen Gedankengang der Abhandlung geht hervor, dass ihr Verfasser den Diskussionen über die Natur des Raumes, die von den besten Denkern unserer Zeit seit den Tagen KANT's so eifrig betrieben wurden, völlig fremd gegenüberstand, und dass er so wenig mit der Geschichte der Logik vertraut war, dass er weder den geringsten Argwohn gegen die Vieldeutigkeit solcher Ausdrücke wie „Begriff" und „Grösse", noch die Notwendigkeit empfand, dass ihre exakte Definition der Untersuchung über die wahren Grundlagen menschlicher Erkenntnis vorhergehen müsse.[1])

Der Beweisgang der Abhandlung ist im allgemeinen der, dass die Natur des Raumes aus seinem Begriffe herzuleiten ist; dass die Bildung eines solchen Begriffes notwendig die Subsumption unter einen höheren Begriff verlangt; dass dieser höhere Begriff der einer „mehrfach ausgedehnten Grösse ist"; dass, um zu bestimmen, wie viele

---

[1]) RIEMANN selbst entschuldigt sich bescheiden wegen der philosophischen Mängel seiner Abhandlung auf Grund seiner Unerfahrenheit in philosophischen Dingen. Die Plumpheit seiner Spekulationen bietet meines Erachtens ein sehr schlagendes Beispiel für die wohlbekannte Thatsache, dass die ausschliessliche Hingabe an analytische Arbeiten die Neigung hervortreten lässt, gewisse besondere Verstandeskräfte auf Kosten der Allgemeinheit und Stärke des Verstandes zu entwickeln. Wiewohl Sir WILLIAM HAMILTON ohne Zweifel die Sachlage zu Ungunsten der Mathematiker übertrieben hatte, glaube ich, dass seine Vermutungen der Aufmerksamkeit nicht völlig unwert sind, und dass eine gewisse Stärke in den (von Sir WILLIAM HAMILTON citierten) Worten D'ALEMBERT's gelegen ist, die wohl am besten im Original ohne Übersetzung angeführt werden mögen: „Il semble que les grands géomètres devraient être excellens metaphysiciens, au moins sur les objets dont ils s'occupent; cependant il s'en faut bien qu'ils le soient toujours. L a l o g i q u e d e q u e l q u e s u n s d ' e n t r e e u x e s t r e n f e r m é e d a n s l e u r s f o r m u l e s e t n e s ' é t e n d p a s a u d e l a. On peut les comparer à un homme qui aurait le sens de la vue contraire à celui du toucher, ou dans lequel le second de ces sens ne se perfectionnerait qu'aux dépens de l'autre. Ces mauvais métaphysiciens dans une science où il est si facile de ne le pas être, le seront à plus forte raison infailliblement, comme l'expérience le prouve, sur les matières ou ils n'auront pas le calcul pour guide. Ainsi la géométrie qui mesure les corps, peut servir en certains cas à mesurer les esprits même." D'ALEMBERT, Élément de Philosophie, § 11; Oeuvres, tome I, p. 276.

Arten des Raumes möglich sind, es notwendig ist zu ermitteln, auf wie viel Arten eine Grösse „mehrfach ausgedehnt" sein könne; und dass, nachdem die Zahl der begrifflich möglichen Arten mehrfacher Ausdehnung auf diese Art festgestellt worden ist, es eine Sache der experimentellen Untersuchung ist, festzustellen, welche dieser Arten durch unseren Raum dargestellt ist, d. h. durch den Raum, in dem sich die Welt, wie wir sie kennen, befindet. Nachdem auf diese Weise RIEMANN versichert hat, dass der Begriff „Raum" unter den Begriff „Grösse" zu subsumieren sei, geht er zu der Erklärung über, dass alle Grössen ihrer Natur nach Mannigfaltigkeiten sind, welche stetig heissen, wenn ein stetiger Übergang von einer „Bestimmungsweise" zu einer anderen stattfindet, und diskret, wenn ein solcher nicht vorhanden ist; dass ferner die „Bestimmungsweisen" diskreter Grössen „Punkte" heissen und die der stetigen „Elemente" dieser Mannigfaltigkeit; und dass stetige Grössen durch Messung, diskrete durch Zählung bestimmt werden. Der Raum ist nach RIEMANN, wiewohl eine stetige Grösse, eine Grösse n facher Ausdehnung und ist somit eine Mannigfaltigkeit und daher eine Grösse trotz seiner Stetigkeit. Der Grad der Mannigfaltigkeit seiner Ausdehnung — d. h. ob derselbe einfach, zweifach, dreifach oder allgemein n-fach ausgedehnt ist — bestimmt den logischen Umfang des Begriffes Raum.

Wir haben hier fünf verschiedene Sätze, die aus Gründen der Zweckmässigkeit der Bezugnahme und Erörterung, in deutlich geschiedener Form, wie folgt, hier aufgezählt werden mögen:

1. Die Natur des Raumes ist aus dem Begriff desselben abzuleiten.

2. Der Begriff des Raumes kann nur durch Subsumption unter einen höheren Begriff gebildet und bestimmt werden.

3. Unser Raum ist eine dreifach ausgedehnte Mannig-

faltigkeit; der höhere Begriff, unter den dieser Begriff zu subsumieren kommt, ist der einer n-fach ausgedehnten Mannigfaltigkeit; der Umfang dieses höheren Begriffes bestimmt, wenn man RIEMANN's Ausdrucksweise auf ihre einfache logische Bedeutung zurückführt, die Zahl der möglichen Arten des Raumes.

4. Die begriffliche Möglichkeit des Raumes ist gleichbedeutend mit seiner empirischen Realität.

5. Stetige und diskrete Grössen sind einander beigeordnet, d. h. sie sind Arten derselben Gattung, indem beide ihrer Natur nach Mannigfaltigkeiten sind.[2]

---

[2]) Die Ordnung und Aufzählung dieser Sätze ist natürlich meine eigene; in RIEMANN's Abhandlung erscheinen sie in sehr gemischter Reihenfolge. Zum Beweise der Korrektheit meiner Darstellung der RIEMANN'schen Lehren im allgemeinen wird es vielleicht gut sein, wenn ich den einleitenden Teil seiner Abhandlung im Original citiere und dabei die wichtigsten Stellen durch gesperrten Druck hervorhebe:

„Über die Hypothesen, welche der Geometrie zu Grunde liegen."

„Plan der Untersuchung."

„Bekanntlich setzt die Geometrie sowohl den Begriff des Raumes, als die ersten Grundbegriffe für die Konstruktionen im Raume als etwas Gegebenes voraus. Sie gibt von ihnen nur Nominaldefinitionen, während die wesentlichen Bestimmungen in Form von Axiomen auftreten. Das Verhältnis dieser Voraussetzungen bleibt dabei im Dunkeln; man sieht weder, ob und in wie weit ihre Verbindung notwendig, noch a priori, ob sie möglich ist."

„Diese Dunkelheit wurde auch von EUKLID bis LEGENDRE, um den berühmtesten neueren Bearbeiter der Geometrie zu nennen, weder von den Mathematikern, noch von den Philosophen, welche sich damit beschäftigten, gehoben. Es hatte dies seinen Grund wohl darin, dass der allgemeine Begriff mehrfach ausgedehnter Grössen, unter welchen die Raumgrössen enthalten sind, ganz unbearbeitet blieb. Ich habe mir daher zunächst die Aufgabe gestellt, den Begriff einer mehrfach ausgedehnten Grösse aus allgemeinen Grössenbegriffen zu konstruieren. Es wird daraus hervorgehen, dass eine mehrfach ausgedehnte Grösse verschiedener Massverhältnisse fähig ist, und der Raum also nur einen

Ich gehe nun daran, diese Sätze der Reihe nach in Betracht zu ziehen.

---

besonderen Fall einer dreifach ausgedehnten Grösse bildet. Hiervon ist aber eine notwendige Folge, dass die Sätze der Geometrie sich nicht aus allgemeinen Grössenbegriffen ableiten lassen, sondern dass diejenigen Eigenschaften, durch welche sich der Raum von anderen denkbaren dreifach ausgedehnten Grössen unterscheidet, nur aus der Erfahrung entnommen werden können. Hieraus entsteht die Aufgabe, die einfachsten Thatsachen aufzusuchen, aus denen sich die Massverhältnisse des Raumes bestimmen lassen — eine Aufgabe, die der Natur der Sache nach nicht völlig bestimmt ist; denn es lassen sich mehrere Systeme einfacher Thatsachen angeben, welche zur Bestimmung der Massverhältnisse des Raumes hinreichen; am wichtigsten ist für den gegenwärtigen Zweck das von EUKLID zu Grunde gelegte. Diese Thatsachen sind wie alle Thatsachen, nicht notwendig, sondern nur von empirischer Gewissheit, sie sind Hypothesen, man kann also ihre Wahrscheinlichkeit, welche innerhalb der Grenzen der Beobachtung allerdings sehr gross ist, untersuchen, und hiernach über die Zulässigkeit ihrer Ausdehnung jenseits der Grenzen der Beobachtung sowohl nach der Seite des Unmessbargrossen, als nach der Seite des Unmessbarkleinen urteilen."

„I. Begriff einer n-fach ausgedehnten Grösse."

„Indem ich nun von diesen Aufgaben zunächst die erste, die Entwicklung des Begriffes mehrfach ausgedehnter Grössen, zu lösen versuche, glaube ich um so mehr auf eine nachsichtige Beurteilung Anspruch machen zu dürfen, da ich in dergleichen Arbeiten philosophischer Natur, wo die Schwierigkeiten mehr in den Begriffen, als in den Konstruktionen liegen, wenig geübt bin, und ich ausser einigen ganz kurzen Andeutungen, welche Herr Hofrat GAUSS in der zweiten Abhandlung über die biquadratischen Reste, in den göttingischen gelehrten Anzeigen, und in seiner Jubiläumsschrift darüber veröffentlicht hat, und einigen philosophischen Untersuchungen HERBART's durchaus keine Vorarbeiten benutzen konnte.

„Grössenbegriffe sind nur da möglich, wo sich ein allgemeiner Begriff vorfindet, der verschiedene Bestimmungsweisen zulässt. Je nachdem unter diesen Bestimmungsweisen von einer zu einer anderen ein stetiger Übergang stattfindet oder nicht, bilden sie

1. Der erste Satz ist in klaren Worten ein Ausdruck des allgemeinen ontologischen Irrtums (der im neunten

---

eine stetige oder diskrete Mannigfaltigkeit; die einzelnen Bestimmungsweisen heissen im ersten Fall Punkte, in letzterem Elemente dieser Mannigfaltigkeit. Begriffe, deren Bestimmungsweisen eine diskrete Mannigfaltigkeit bilden, sind so häufig, dass sich für beliebig gegebene Dinge wenigstens in den gebildeteren Sprachen immer ein Begriff auffinden lässt, unter welchem sie enthalten sind (und die Mathematiker konnten daher in der Lehre von den diskreten Grössen unbedenklich von der Forderung ausgehen, gegebene Dinge als gleichartig zu betrachten), dagegen sind die Veranlassungen zur Bildung von Begriffen, deren Bestimmungsweisen eine stetige Mannigfaltigkeit bilden, im gemeinen Leben so selten, dass die Orte der Sinnengegenstände und die Farben wohl die einzigen einfachen Begriffe sind, deren Bestimmungsweisen eine mehrfach ausgedehnte Mannigfaltigkeit bilden. Häufigere Veranlassung zur Erzeugung und Ausbildung dieser Begriffe findet sich erst in der höheren Mathematik."

„Bestimmte, durch ein Merkmal oder eine Grenze unterschiedene Teile einer Mannigfaltigkeit heissen Quanta. Ihre Vergleichung der Quantität nach geschieht bei den diskreten Grössen durch Zählung, bei den stetigen durch Messung ... Für den gegenwärtigen Zweck genügt es, aus diesem allgemeinen Teile der Lehre von den ausgedehnten Grössen, wo weiter nichts vorausgesetzt wird, als was in dem Begriffe derselben enthalten ist, zwei Punkte hervorzuheben, wovon der erste die Erzeugung des Begriffs einer mehrfach ausgedehnten Mannigfaltigkeit, der zweite die Zurückführung der Ortsbestimmungen in einer gegebenen Mannigfaltigkeit auf Quantitätsbestimmungen betrifft, und das wesentliche Kennzeichen einer n fachen Ausdehnung deutlich machen wird."

Ich muss bemerken, dass meine Auffassungen mehrerer Stellen dieses Textes mehr oder weniger Mutmassungen sind. Es ist Raum für ernste Zweifel vorhanden, z. B. ob der Ausdruck „Bestimmungsweisen" in dem Sinne gemeint ist, dass er die zu einer Gattung gehörige Art bezeichnet, oder aber die Teile eines Ganzen. — Eine schlechte Übersetzung der RIEMANN'schen Abhandlung, die durch ihre plumpe Buchstäblichkeit viel zur Erhöhung der Dunkelheit und Ver-

Kapitel hinlänglich zur Sprache gekommen ist), dass Dinge und deren Eigenschaften aus den Begriffen von denselben abzuleiten sind. Wie ich bereits hervorgehoben habe, definiert RIEMANN den Ausdruck „Begriff" nicht; noch untersucht er die Frage, wie Begriffe gebildet werden oder wie sie Eigentum des Verstandes werden. Er behauptet in der That, dass Grössenbegriffe nur möglich sind, wenn sie unter höhere Begriffe subsumiert werden können, oder wie er sich ausdrückt, „wenn sich ein allgemeiner Begriff vorfindet, der verschiedene Bestimmungsweisen zulässt". Die Frage aber, wo dieser Prozess der Subsumption beginnt oder endet, und worin die Natur und der Ursprung der höchsten Begriffe oder des summum genus gelegen ist, von dem alle niederen Gattungen oder Arten Spezialisierungen sein müssen, fällt ihm nicht auf. Es ist indessen eine unvermeidliche Schlussfolgerung aus RIEMANN's erstem Satz, dass er den allgemeinsten Begriff für eine a priori'sche Form oder einen a priori'schen Besitz des Geistes hält, und dass er den Prozess der Deduktion, durch welchen seine „Bestimmungsweisen" abgeleitet werden, für eine Reihe synthetischer Urteile a priori (im Sinne KANT's) ansieht. Angesichts dessen erscheint eine weitere Betrachtung des Satzes überflüssig; er wird durch den ganzen Gedankengang der vorhergehenden Kapitel dieses Buches widerlegt. Es mag indessen gestattet sein zu bemerken, dass er in der ganzen

---

worrenheit des Originals beiträgt, ist 1873 von W. K. CLIFFORD veröffentlicht worden (Nature, vol. VIII, p. 14 u. 36 seq.). Diese Übersetzung ist ohne Zweifel nicht von, sondern für Professor CLIFFORD von irgend wem gemacht worden, der eine höchst unzureichende Kenntnis des Deutschen besessen hat. Die Verdienste dieser Übersetzung werden nicht schlecht illustriert durch die Wiedergabe des RIEMANN'schen Ausdruckes „Mannigfaltigkeiten" (HELMHOLTZ übersetzt „aggregates") durch „manifoldnesses", der „Grössenbegriffe" durch „magnitude-notions", etc. An einer Stelle ist der ganze Sinn verkehrt, indem „könnten" statt „konnten" gelesen wurde.

Geschichte des Intellektualismus (gewöhnlich Idealismus genannt) ohne Parallele dasteht; Kant z. B. verwirft ausdrücklich jeden Glauben an die Lehre, dass der Geist von allem Anfange an mit fertigen Begriffen versehen sei.

2. Der zweite Satz, dass Grössenbegriffe nur durch Subsumption unter allgemeinere Begriffe gebildet werden können, ist wahrscheinlich eine vage Reminiscens der alten logischen Regel, nach der alle Definition per genus et differentiam zu geschehen habe. Trotz des von Riemann im zweiten Satze seiner Abhandlung ausgesprochenen Bedauerns, dass die Wissenschaft der Geometrie bis jetzt nur Nominaldefinitionen des Raumes und der räumlichen Konstruktionen gegeben habe — ein Bedauern das, beiläufig bemerkt, so weit es die räumlichen Konstruktionen angeht, unbegründet ist — scheint er keine besonders klare Einsicht in die Natur des Unterschiedes zwischen Definitionen und Begriffen zu besitzen. Denn wenn er wirklich sich diesen Unterschied vergegenwärtigt haben würde, hätte er nicht umhin können, sich die Frage zu stellen, was bei seiner Definition aus dem summum genus „Grösse" geworden ist, das den logischen Endpunkt des von ihm besprochenen Prozesses der Subsumption vorstellt. Ist dieses summum genus auch ein Begriff? Dann müsste es in Gemässheit seiner Regel unter einem noch höheren Begriff subsumierbar sein, der ex vi termini nicht vorhanden sein kann, da er selbst dann der höchste wäre. Oder ist dieses Etwas ein Gegebenes der Erfahrung? Wenn es dies ist, wie ist dann der zweite Satz mit dem ersten in Einklang zu bringen, nach dem alles aus dem Begriff herzuleiten ist, ebensowohl wie es unter einen solchen zu subsumieren ist? Oder ist dies der alte Fall der Henne von Newmarket, die ein Ei legt, aus dem dieselbe Henne eben als ein Küchlein hervorkommt?

Der hier zur Sprache gebrachte Satz bringt unseren

Autor von allem Anfang an in die unerträglichste Verlegenheit. „Begriffe", erklärt er, „deren Bestimmungsweisen eine diskrete Mannigfaltigkeit bilden, sind so häufig, dass sich für beliebig gegebene Dinge wenigstens in den gebildeteren Sprachen immer ein Begriff auffinden lässt, unter welchem sie enthalten sind". Der Sinn dieser Stelle ist meines Erachtens der, dass von diskreten Mannigfaltigkeiten stets mehrere ähnliche oder verwandte Arten bestehen, die sich leicht unter einen höheren Begriff bringen lassen. „Dagegen", fährt RIEMANN fort, „sind die Veranlassungen zur Bildung von Begriffen, deren Bestimmungsweisen eine stetige Mannigfaltigkeit bilden, im gemeinen Leben so selten, dass die Orte der Sinnengegenstände und die Farben wohl die einzigen einfachen Begriffe sind, deren Bestimmungsweisen eine mehrfach ausgedehnte Mannigfaltigkeit bilden" — das heisst, wie ich annehme, es gibt nur eine Art stetiger Mannigfaltigkeit ausser dem Raume, die mit ihm eine Coordination und Subsumption unter den Begriff einer „mehrfach ausgedehnten Mannigfaltigkeit" gestattet, nämlich die Farbe. Diese sonderbare Behauptung (die, wie nebenbei bemerkt werden mag, das gerade Gegenteil der Wahrheit ist, die, wie wir später sehen werden, die ist, dass es nur eine Art diskreter Grössen, nämlich Zahlen, gibt, hingegen unzählige Arten stetiger) ist mit einem ausserordentlichen Aufwande analytischer Kunst von BENNO ERDMANN ausgearbeitet worden [3]), der zu dem Ergebnisse kommt, dass es zwei dreifach ausgedehnte Mannigfaltigkeiten gibt, die dem dreidimensionalen Raum beigeordnet sind und sich mit ihm unter den Begriff einer stetigen mehrfach ausgedehnten „Mannigfaltigkeit" unterordnen lassen, nämlich Ton und Farbe. Ton ist nach ERDMANN eine Funktion dreier unabhängiger Variablen, der Höhe, Stärke und Klangfarbe.

---

[3]) Die Axiome der Geometrie, Leipzig 1877, p. 40 seq.

Ähnlich hängt die Farbe von den Variablen Farbenton, Sättigungsgrad und Stärke ab.[4])

Dies alles ist einfach kindisch. Sich einzubilden, dass Schlüsse über die Natur des Raumes und den Ursprung seiner Begriffe aus der blossen Thatsache, dass der Raum eine Funktion dreier Variablen ist, gezogen werden können und derselbe daher in eine Linie mit ähnlichen Funktionen gestellt werden könne, ist ein Hohn auf alles vernünftige Schliessen, von dem sich ein alter Scholastiker mit der verächtlichen Bemerkung abgewandt hätte, dass Coordination und Subsumption zum Zwecke einer wirksamen Hilfe bei der Bildung eines besonderen Begriffes nicht nur unter ein genus, sondern unter das genus proximum stattfinden müsse.[5]) WEISSENBORN's Bemerkung,[6]) dass aus denselben logischen Gründen der Raum mit dem von einem Kapital gelieferten Zinsenbetrage in eine Reihe gestellt werden könnte, der eine Funktion der drei Variablen Kapital, Prozentsatz und Zeit ist, ist vollkommen zutreffend. Die Zahl der dem Raume in demselben Sinne gleichgestellten Arten kann ins Unendliche vermehrt werden. So kann z. B. der Raum mit der Geschwindigkeit eines Eisenbahnzuges auf einer geraden Strecke in eine Linie gestellt werden, da ja diese Geschwindigkeit eine Funktion der bewegenden

---

[4]) Es ist in diesem Zusammenhange bezeichnend, dass nach HELMHOLTZ (der mit der RIEMANN'schen Theorie der Begriffsbildung übereinstimmt) die drei Variablen der Funktion „Farbe" die drei Grundfarben sind, von denen jede andere eine Mischung darstellen soll. „The Origin and Meaning" etc., Mind, vol. I, p. 309.

[5]) Davon scheint ERDMANN eine gewisse Ahnung zu haben, denn er bemerkt, dass sich der Raum von Farbe und Schall durch den Umstand der unbedingten Gleichwertigkeit seiner drei Dimensionen unterscheidet, während die „Dimensionen" von Farbe und Schall nicht gleichbedeutend sind.

[6]) „Über die neueren Ansichten vom Raum", Vierteljahrsschrift für wissenschaftliche Philosophie, 2. Band, S. 321.

Kraft der Maschine, des Zuggewichtes und der Steigung des Geleises ist; oder mit der Verdunstung einer Flüssigkeit, die eine Funktion der Natur dieser Flüssigkeit, ihrer Temperatur und des athmosphärischen Druckes ist; oder mit der Arbeitsfähigkeit eines Mannes, die von seiner allgemeinen Gesundheit und Stärke, der Menge der eingenommenen Nahrung und des genossenen Schlafes abhängt; u. s. w. bis ins Unendliche. All' dies ist ganz absurd, doch nicht mehr als die Gleichstellung des Raumes mit Ton und Farbe auf Grund der blossen gemeinsamen Abhängigkeit von drei Variablen, die willkürlich „Dimensionen" genannt werden.

3. Ich komme nun zu RIEMANN's drittem Satze, dass der Raum „eine mehrfach oder n-fach ausgedehnte Mannigfaltigkeit" sei. Der Ausdruck „Mannigfaltigkeit", wie er hier zur Verwendung kommt, bildet eine standige Verlegenheit für die Leser der RIEMANN'schen Abhandlung. WEISSENBORN, der mit Recht den Gebrauch eines Eigenschaftswortes zur Bezeichnung eines Substantivums tadelt, vermutet, dass der Ausdruck von RIEMANN eigens zu dem Zwecke ersonnen worden ist, um den Begriff „Raum" dem zweiten seiner Sätze gemäss unter einen zweiten Begriff unterordnen zu können.[7]) Dies ist indessen ein Irrtum. RIEMANN übernahm den Ausdruck von GAUSS, der wahrscheinlich der Erfinder seines Gebrauches zur Bezeichnung des „allgemeinen Raumes" (zum Unterschied vom „flachen Raume" im metageometrischen Sinne) gewesen ist.[8]) GAUSS wieder entnahm den

---

[7]) l. c., S. 320.

[8]) In seiner Anzeige der Theoria residuorum biquadraticorum, Commentatio secunda, sagt GAUSS: „Der Verfasser hat sich vorbehalten, den Gegenstand, welcher in der vorliegenden Abhandlung eigentlich nur gelegentlich berührt ist, künftig vollständig zu bearbeiten, wo dann auch die Frage, warum die Relationen zwischen Dingen, die eine Mannigfaltigkeit von mehr

Ausdruck ohne Zweifel HERBART[9]), dessen Versuche, die Vorstellung des Raumes aus den mannigfach verschiedenen Sinnesempfindungen zu konstruieren, ich bereits erwähnt habe, und dessen Philosophie grösstenteils eine Art von Reproduktion der alten eleatischen Schwierigkeiten „über das Eine und das Viele" darstellt. HERBART endlich hat den Ausdruck von KANT übernommen, dessen Schüler er war oder zu sein glaubte, und dessen Phrase „Mannigfaltigkeiten der Empfindung" sich zu verschiedenen Malen nicht nur in seinen eigenen Schriften, sondern auch in denen seiner Nachfolger findet.

Der einzige Kommentar, den ich über diesen Satz für nötig erachte, ist die Bemerkung, dass der Raum überhaupt keine Mannigfaltigkeit ist, sondern dass sein wahres Wesen in der Stetigkeit besteht. Dies folgt, wie mehr als zur Genüge gezeigt worden, sowohl aus der Natur seines Begriffes, wie aus seiner Relativität. Die Bestimmung von Punkten im Raume oder von „Elementen" des Raumes erfolgt durch die Aufstellung quantitativer Beziehungen zwischen seinen Teilen, d. h. rein willkürlichen Zerteilungen, mit Hilfe von Zahlen auf die sofort in Betracht zu ziehende Weise. Ich habe bereits im letzten Kapitel gezeigt, dass der Raum nicht in irgend einem vernünftigen Sinne als Grösse bezeichnet werden kann.

4. RIEMANN's vierter Satz beruht auf einer Verwechselung begrifflicher mit reeller oder empirischer Mög-

---

als zwei Dimensionen darbieten, nicht noch andere, in der allgemeinen Arithmetik zulässige Arten von Grössen liefern können, ihre Beantwortung finden wird." GAUSS, Werke, 2. Bd., S. 178. Diese Note erschien ursprünglich in den Göttingischen Gelehrten Anzeigen vom 25. April 1831.

9) In seiner Synechologie spricht HERBART über „die Mannigfaltigkeit der irrationalen Fortschreitungen in Bezug auf den Raum." HERBART's Werke, 4. Bd., S. 153.

lichkeit. Die begriffliche Möglichkeit ist lediglich durch die Übereinstimmung oder Nichtübereinstimmung der Elemente des zu bildenden Begriffes bestimmt — sie wird einfach durch das logische Gesetz des Widerspruches geprüft; während die empirische Möglichkeit von der Verträglichkeit des wahrzunehmenden Dinges mit verschiedenen Bedingungen der Sinneswelt oder, was dasselbe bedeutet, den Naturgesetzen abhängt. Auch dieser Gegenstand ist schon im letzten Kapitel einigermassen erörtert worden, woselbst hervorgehoben wurde, dass Begreifbarkeit eines Dinges oder einer Erscheinung (im strengen Sinne des Wortes) kein Beweis ihrer Vorstellungs- oder Darstellungsmöglichkeit unter den Bedingungen unserer physischen und intellektuellen Organisation ist. Auf dieser Unterscheidung beruht die Nützlichkeit und der Zweck des in gewissen analytischen Untersuchungen nicht selten angewandten Kunstgriffes, die Existenz einer vierten Dimension des Raumes anzunehmen, um gewisse Funktionen auf eine symmetrische Form zu bringen; und diese Unterscheidung bildet auch die Grundlage der von BOOLE[10]) vor 26 Jahren gemachten Beobachtung:

„Der Raum stellt sich uns in der Wahrnehmung in den drei Dimensionen der Länge, Breite und Tiefe dar. Bei einer grossen Zahl von Problemen, die sich auf die Eigenschaften krummer Flächen, die Rotation starrer Körper um Axen, die Schwingung elastischer Medien u. a. ä. beziehen, scheint diese Beschränkung in der analytischen Untersuchung von einem willkürlichen Charakter zu sein, und, wenn auf die Auflösungsverfahren allein das Augenmerk gerichtet wird, kann kein Grund entdeckt werden, weshalb der Raum nicht auch in vier oder mehr Dimensionen existieren könnte. Das Verfahren des Verstandes in dieser so entstandenen imaginären Welt

---

10) Laws of Thought, S. 175 Anm.

kann durch Analogie in völlig durchsichtiger Weise verstanden werden.“ Aus demselben Grunde und in demselben Sinne hat HERMANN GRASSMANN, der zuweilen als einer der Gründer der transcendentalen Geometrie angeführt wird, die Theorie der Ausdehnung in ihrer allgemeinen Anwendung auf eine unendliche Zahl von Dimensionen entwickelt, wiewohl er sicher nicht (wie es VICTOR SCHLEGEL[11]) vorauszusetzen scheint) sich der Täuschung hingibt, dass dies zu einer Quelle von Schlüssen über die Zahl der wirklichen oder empirisch möglichen Dimensionen des Raumes werden könnte. Diesbezüglich liegt GRASSMANN's eigene ausdrückliche Erklärung vor[12]): „Es ist klar“, sagt er, „wie der Begriff des Raumes keineswegs durch das Denken erzeugt werden kann, sondern demselben als ein Gegebenes gegenübertritt. Wer das Gegenteil behaupten wollte, müsste sich der Aufgabe unterziehen, die Notwendigkeit der drei Dimensionen des Raumes aus den reinen Denkgesetzen abzuleiten — eine Aufgabe, deren Lösung sich sofort als unmöglich darstellt.“

5. Nahe verwandt dem dritten und vierten ist der fünfte Satz RIEMANNS, dass stetige Grössen den diskreten beigeordnet sind, indem beide ihrer Natur nach Mannigfaltigkeiten und somit Arten derselben Gattung vorstellen. Dieser verderbliche Trugschluss ist einer der gangbaren traditionellen Irrtümer der Mathematiker und ist die Quelle zahlloser Täuschungen gewesen. Dieser Irrtum ist es, der der Bildung einer vernünftigen, verständigen und konsequenten Theorie der irrationalen und imaginären Grössen im Wege gestanden ist, und der die wahren Prinzipien der Lehre von den „komplexen Zahlen“ und der Quaternionenrechnung in unergründlichen Nebel gehüllt hat.

---

[11]) System der Raumlehre, Vorrede, S. VI.

[12]) Die lineare Ausdehnungslehre (1844), Einleitung S. 20 ff.

Der Satz, dass diskrete und stetige Grössen beigeordnete Arten derselben Gattung sind, läuft auf nichts weniger als den Satz hinaus, dass die Zeichen logisch gleichwertig mit dem Bezeichneten sind. Es gibt keine anderen „diskreten Grössen" als die, welche in der besondern (gewöhnlichen) und allgemeinen Arithmetik behandelt werden, nämlich die Zahlen. Nun ist eine Zahl ein Aggregat oder eine Vereinigung von Einheiten, von denen jede einfach einen Akt der Apprehension vorstellt, wie auch immer die Ausdehnung und die Natur des vorgestellten Objektes beschaffen sein mag. Wird dieses Objekt als Grösse bezeichnet, so ist die Zahl überhaupt keine Grösse, noch auch ein Mass der Grösse, sondern nur ein Hilfsmittel des Geistes zur Aufnahme von Grössen, — ein rein subjektives Instrument für deren Vergleichung und Messung. All die Unsicherheit und Verwirrung, die für die zahlreichen Versuche Grössen zu definieren und zu klassifizieren charakteristisch ist, verdanken ihre Entstehung der Unkenntnis oder Vernachlässigung dieser elementaren Wahrheit. Grösse („quantity") ist definiert worden als das, „was einer Vermehrung, Verminderung und Teilung fähig ist", und als die „Gattung, von der Ausdehnung („magnitude") und Vielheit Arten sind"; oder es sind Grössen vorerst in extensive (Raum) und intensive (Kräfte, Farben, Töne und alle subjektiven Empfindungen) und die extensiven hernach in stetige und diskrete geteilt worden. Thatsache ist nun, dass alle Gegenstände der Wahrnehmung, einschliesslich aller Daten der Sinne an sich, d. i. beim Akt der Wahrnehmung wesentlich stetig sind. Sie werden bloss dadurch diskret, dass sie, willkürlich oder notwendig, mehreren Akten der Wahrnehmung unterworfen und dadurch in Teile geschieden oder anderen auf ähnliche Weise als Ganzes wahrgenommenen Gegenständen beigeordnet werden. Die Behauptung, dass ein Gegebenes der Empfindung oder des subjektiven Gefühls an sich diskret ist, ist gleichbedeutend mit der Aussage, dass es absolut ist, und mit der Verleugnung der prinzipiellen Relativität der Grösse. Und (mit denen, die von positiven, negativen, gebrochenen, irrationalen, imaginären, komplexen, linearen oder gerichteten Zahlen sprechen) zu behaupten, dass die Zahl stetig sein kann, heisst die klarste und nichtmisszuverstehendste Thatsache aller unserer Denkhandlungen zu ignorieren und alle Lehren der Geschichte der Mathematik zu missdeuten. Zahlen an sich, die ja nur Gruppen oder Reihen intellektueller Apprehensionen ohne Bezug auf deren Inhalt sind, sind nicht positiv oder negativ, noch weniger gebrochen, irrational oder imaginär und können es nicht sein. Sie können in Wirklichkeit nicht nur auf die Daten der Empfindung und des subjektiven Gefühls, sondern auch durch Analogie auf Beziehungen zwischen ihnen, einschliesslich der durch den Verstand aufgestellten, angewandt werden. Sie können demnach nicht nur für Dinge, sondern auch für deren Wirkungen und Gegenwirkungen und für die Operationen stehen, denen sie unterworfen werden. Eine Zahl kann Bewegung in einer gegebenen Richtung und in der ihr entgegengesetzten darstellen und erhält dementsprechend die Vorzeichen plus und minus; diese Zeichen bedeuten aber keine Veränderung in der Natur der Zahlen, sondern bloss eine Besonderheit ihrer Anwendung. In ähnlicher Weise können Zahlen Verhältnisse darstellen und die Form von Brüchen annehmen; doch hören die Zahlen deshalb nicht auf zu sein, was sie sind, nämlich Einheiten oder Verbindungen von Einheiten und somit ihrem Wesen nach Ganze. Brüche können eigentlich nur Zahlen genannt werden in dem Sinne, als sie auf eine Teilung nicht der anfänglichen, die ursprünglichen Akte der Apprehension darstellenden Einheiten, sondern der aufgefassten

Objekte in Untereinheiten ausgehen. Dann können Zahlen Zeichen für Grössenoperationen sein, die nicht wirklich ausgeführt werden können, wie die Zurückführung der Diagonale und der Seite eines Quadrates auf ein gemeinsames Mass — mit anderen Worten die Aufstellung eines bestimmten Zahlenverhältnisses zwischen zwei Grössen, die kein solches Verhältnis zulassen. In diesem Falle findet die Vergeblichkeit des Versuches Ausdruck in einem der Zahl vorgesetzten Zeichen, welches zugleich mit dem dadurch Bezeichneten gewöhnlich als eine irrationale Grösse hingestellt wird; die Irrationalität liegt aber nicht in der Zahl, sondern in dem Versuche ihrer Anwendung auf inkommensurable Grössen. Dasselbe lässt sich mutatis mutandis von den „imaginären Grössen" und den „komplexen Zahlen" sagen. Der Gegenstand des Apprehensionsaktes, der durch eine numerische Einheit dargestellt wird, kann nicht nur geradlinige Bewegung oder Übertragung nach einer gegebenen Richtung, sondern auch eine Drehung sein; wie sich die Quaternionenrechnung ausdrückt, kann die Einheit der Operation ein Tensor oder ein Versor oder beides sein; woraus sich ergibt, dass, sobald der Versuch gemacht wird, solch eine Operation in Ausdrücken linearer Einheiten mit ihren positiven oder negativen Vorzeichen darzustellen, die eine bestimmte Richtung der Bewegung anzeigen, deren Mass diese Linien sind, dieser Versuch misslingt und diese Thatsache in der Form eines Symbols zum Vorschein kommt, das (weil es nur einen Teil eines symbolischen Systems bildet, der nicht umfassend genug ist, die neue Operation mit zu enthalten) eine sogenannte imaginäre Form annimmt. Aber auch hier ist es wieder nicht die Zahl, die imaginär ist, sondern die Operation, die nach den konventionellen Regeln der symbolischen Darstellung gedeutet wird, infolgedessen diese Regeln auf sie auszudehnen und der Sinn der

Symbole zu erweitern ist. Dies bedingt aber wieder eine Änderung, nicht der Natur der Zeichen d. i. der Zahlen, sondern der Natur und Bedeutung des Bezeichneten. Auf diese Weise wird der Spielraum der arithmetischen (und natürlich auch der algebraischen) Symbole beständig erweitert nicht nur durch Ausdehnung, sondern auch durch völlige Veränderung der Dinge, Beziehungen oder Operationen, die nach und nach zu Gegenständen der intellektuellen Apprehension werden. Alles dieses ist vollkommen richtig und berechtigt, sofern nur die Veränderung in der Bedeutung der Symbole in Gemässheit des logischen Gesetzes der Einstimmigkeit vor sich geht und mit gebührender Rücksichtnahme auf die Wirkung geschieht, welche eine solche Änderung auf die Regeln ausübt, denen die Synthese und Analyse der Symbole unterliegt. So ist z. B. in dem Verfahren der gewöhnlichen arithmetischen oder algebraischen Multiplikation das Gesetz der Vertauschbarkeit der Faktoren von allgemeiner Giltigkeit. Da die Multiplikation nichts anderes als eine abgekürzte Addition ist, können der Multiplikand und der Multiplikator ihre Plätze oder Funktionen ohne Einfluss auf das Ergebnis vertauschen. In der Quaternionenrechnung verallgemeinert der Mathematiker das Prinzip der Multiplikation dahin, dass er sie als das Verfahren der Aufsuchung einer Grösse definiert, die auf demselben Wege aus dem Multiplikand entsteht oder sich zu ihm verhält, wie der Multiplikator aus der positiven Einheit entsteht oder sich zu ihr verhält. Unter Zugrundelegung dieser neuen Definition multipliziert er Linien und andere Grössen mit einander; jetzt aber wird das Gesetz der Vertauschbarkeit nicht mehr allgemein anwendbar. Der Grund dafür liegt darin, dass die scheinbare Ausdehnung des Prinzips der Multiplikation in Wirklichkeit auch eine Beschränkung, oder vielmehr eine Veränderung des Sinnes der arithmetischen oder algebraischen Symbole bedeutet —

eine Entfernung der Bedingung, von der die Giltigkeit des Vertauschungsgesetzes abhängt. Ich will hier nebenbei bemerken, dass es ein Irrtum ist, mit KELLAND und anderen zu sagen, dass der Quaternionenkalkül aus dem gewöhnlichen arithmetischen oder algebraischen Kalkül durch Beseitigung der Beschränkungen hervorgehe. Das eben angeführte Beispiel zeigt, dass er ebenso wohl eine Auferlegung von Beschränkung in sich schliesst. Aus diesem Grunde erfordert PEACOCK's Gesetz, [18]) das er das „Prinzip von der Permanenz aequivalenter Formen“ nennt in dem Sinne, dass „alle die algebraischen Formen, die aequivalent sind, wenn die Symbole von allgemeiner Form und besonderem Werte sind, es auch sind, wenn die Symbole sowohl dem Werte als der Form nach allgemein sind“, um als Grundprinzip für die „Theorie der komplexen Zahlen“ verwendbar zu sein, eine viel tiefergreifende Abänderung als ihm in HANKEL's neuer Formulierung als „Prinzip von der Permanenz der formalen Rechengesetze“ zu Teil wird. Denn der Ausdruck „formale Gesetze“ ist zweideutig und lässt dem Zweifel Raum, ob die Gesetze in dem Sinne formal sind, dass sie sich auf alle Operationen anwenden lassen, die in irgend einer Weise durch arithmetische oder algebraische Symbole darzustellen sind.

Der Irrtum über die wahre Natur und Rolle der arithmetischen und algebraischen Grössen ist beinahe unausrottbar geworden durch den eingewurzelten Gebrauch des Wortes „Grösse“ zum Zwecke der unterschiedslosen Bezeichnung ausgedehnter Gegenstände, oder Formen der Ausdehnung und abstrakter numerischer Einheiten, oder Aggregate, durch die ihre Massverhältnisse bestimmt werden. Die Wirkung dieses unterschiedslosen Gebrauches ist ein weiteres Beispiel für die in der Geschichte der Erkenntnis wohlbekannte

---

[18]) PEACOCK, Symbolical Algebra, S. 59.

Thatsache, dass Worte einen mächtigen Einfluss auf die Gedanken der Menschen geübt haben, und dadurch zu einer ergiebigen Quelle unberechenbarer Irrtümer und Verwirrungen geworden sind. Es ist natürlich nicht zu erwarten, dass die Mathematiker heutigen Tages aufhören würden, von arithmetischen oder algebraischen Symbolen als „Grössen" zu reden; doch dürfte eine kleine Hoffnung für die Befolgung des Rates bestehen, zu dem alten Ausdruck „geometrische (und andere) Grössen" zurückzukehren. Der Unfug liegt nicht so sehr in dem Gebrauche eines besonderen Wortes, als in der Verwendung desselben Wortes zur Bezeichnung von Gegenständen, die von einander toto genere verschieden sind.[14])

Die Unkenntnis oder das Vergessen dieses eben hervorgehobenen Unterschiedes illustriert auch eine Phase in der Geschichte des Irrtums, von dem ich bereits zu wiederholten Malen in den vorhergehenden Seiten auf Beispiele gestossen bin: die Vermengung rein konventioneller Formen des Denkens und der Sprache mit Formen oder Gesetzen objektiver Existenz. Diese Vermengung, die der alten Annahme zu Grunde liegt, dass unsere willkürlichen oder konventionellen Klassifikationen der Naturerscheinungen mit wirklichen Unterschieden derselben übereinstimmen und als Quelle von Schlüssen über ihre Natur und ihren Ursprung benützt werden können — dass, wie sich irgend wer aus-

---

[14]) Die durch den Gebrauch ungeeigneter und irreführender Ausdrücke in der Mathematik hervorgerufenen Verlegenheiten sind von GAUSS selbst in der bereits citierten Notiz (Werke, 2. Bd., S. 178) bemerkt worden, woselbst er von der der Deutung „negativer und imaginärer Zahlen" anhaftenden Schwierigkeit spricht und bemerkt: „Wenn $+1$, -1, $\sqrt{-1}$ nicht positive, negative, imaginäre (oder selbst unmögliche) Einheiten, sondern z. B. direkte, inverse, laterale Einheiten genannt würden, so würde diese Dunkelheit verschwinden."

gedrückt hat, der Plan der Schöpfung des Herrn wie die Partitur der Schöpfung von HAYDN in Takte geteilt ist [that, as some on has said, the score of the Lord's creation, like that of Haydn's Creation, is crossed with bars] — hat eine endlose Reihe wunderlicher Einbildungen zur Folge, durch die der Fortschritt der Wissenschaft unaufhörlich gehemmt wird.

Aus den hier auseinander gesetzten Gründen sind auch die Ausdrücke „abstrakte und konkrete Zahlen" trügerisch und irreführend. Die Zahlen sind an sich ihrem Wesen nach abstrakt. In einem anderen Sinne sind sie notwendig konkret: sie stehen stets für irgend ein besonderes Objekt, eine Beziehung oder Operation. Sie sind nichts an sich. Diese Bemerkung ist doppelt wahr von algebraischen Symbolen, die zuerst einer Deutung durch Beilegung besonderer numerischer Werte bedürfen, die wieder ohne Bedeutung bleiben, so lange nicht die Einheiten, aus denen sie bestehen, auf besondere Gegenstände, Beziehungen oder Operationen bezogen werden können. Dies ist ohne Zweifel die Ansicht DÜHRING's, wenn er irgendwo in seiner Geschichte der Prinzipien des Mechanik bemerkt, dass das System der algebraischen Symbole an einem Grundfehler leidet, insofern es nicht die numerischen Einheiten zur Schau trägt, welche die wesentlichen Koeffizienten eines jeden Buchstabensymbols ausmachen. Er hätte diese Bemerkung dahin ausdehnen können, dass der Gebrauch von Buchstaben als algebraischer Symbole d. h. als Stellvertreter von Zahlen an sich schon eine ernstliche (wenn auch vielleicht unvermeidliche) Schwäche der mathematischen Bezeichnungsweise ist. In der einfachen Formel, die z. B. die Geschwindigkeit eines sich bewegenden Körpers in ihrer Abhängigkeit von Raum und Zeit ausdrückt ($v = \frac{s}{t}$), haben die Buchstaben eine Tendenz, dem Mathematiker zu suggerieren, dass er vor sich direkte Stellvertreter der Dinge oder Elemente hat, mit denen er sich beschäftigt und nicht bloss deren in Zahlen ausgedrückte Verhältnisse. In jeder algebraischen Operation verdunkelt der Gebrauch von Buchstaben die wirkliche Natur sowohl des Prozesses wie des Resultates und ist geneigt, ontologische Vorurteile zu stärken.

Die richtige Theorie von den Beziehungen arithmetischer oder algebraischer Grössen und Ausdehnungsgrössen ist schon vor langer Zeit in Deutschland von Martin Ohm und in England von George Peackok (dem Dekan von Ely), August de Morgan, D. F. Gregory u. a. aufgestellt worden; die Schriften dieser Denker haben indes wenig Eindruck auf die zeitgenössischen und die nachfolgenden Generationen der Mathematiker ausgeübt. Dies erscheint namentlich sonderbar in den Büchern und Artikeln, welche die Theorien über „imaginäre Grössen“ und „komplexe Zahlen“ und die Lehren der Quaternionenrechnung auseinandersetzen. Die ungeheuere Ausdehnung des Bereichs der Analysis seit Descartes' neuer Anwendung der Algebra zur Bestimmung geometrischer Grössen ist grösstenteils der wachsenden Einsicht in den wahren Charakter der „arithmetischen Grössen“ und der fortschreitenden Entwickelung der wesentlichen Verwickelungen der Zahlen zugeschrieben worden. Man nahm an, dass Euklid's Leugnung der Existenz numerischer Verhältnisse zwischen inkommensurablen Grössen, ebenso wie die Proteste der frühen abendländischen Arithmetiker und Algebraiker gegen die negativen oder irrationalen Zahlen als „numeri absurdi infra nil“ oder „numeri ficti“, oder Girolamo Cardano's Bezeichnung der negativen Wurzeln einer Gleichung als „aestimationes fictae“, als Lösungen „vere sophisticae“, insgesamt einfach als Beweise für die Unkenntnis dieser verschiedenen Schriftsteller über die wahre Natur der Zahlen hinzunehmen sind. Es ist nichts Ungewöhnliches, in Lehrbüchern über die Theorie der

„komplexen Zahlen“ auf das Dogma zu stossen, dass Arithmetik und Algebra wesentlich linear sind, da das Zählen nur durch das Fortschreiten um gleiche Schritte in Richtung einer Geraden möglich sei.[15]) Ich kann noch hinzufügen, dass der Glaube keineswegs ungewöhnlich ist, die Metageometrie wäre ein Fortschritt über die alten Lehren betreffs der Beziehungen der geometrischen Formen im gewöhnlichen Raum in demselben Sinne und nach derselben Logik, nach der die Quaternionenrechnung einen Fortschritt über die gewöhnliche analytische Geometrie bedeutet.

Die vorausgegangene Diskussion hat uns bis zu dem Punkte geführt, wo, wie ich hoffe, der Leser in der Lage ist, die grosse fundamentale Absurdität des RIEMANN'schen Versuches sich zu vergegenwärtigen, Schlüsse über die Natur des Raumes und den Umfang seines Begriffes aus algebraischen Darstellungen von „Mannigfaltigkeiten“ zu ziehen. Ein algebraisch Mannigfaltiges und eine räumliche Grösse sind völlig disparat. Dass kein Schluss über Formen räumlicher Ausdehnung oder Grösse aus Formen algebraischer Funktionen möglich ist, erhellt aus den elementarsten Betrachtungen. Dieselbe algebraische Formel kann für die verschiedensten Dinge gelten. Gleichungen zweiten Grades können z. B. entweder geometrische Flächen oder Kurven darstellen. Die Gleichung $y = x^2$ kann entweder den Flächeninhalt eines Quadrates mit der Seite x oder eine (auf ein Koordinatensystem bezogene) Parabel mit dem Parameter 1 vorstellen. Wäre RIEMANN's Beweisführung im Grunde richtig, so könnte sie in eine sehr bündige und einfache Form gekleidet werden. Sie würde weiter nichts bedeuten als einen Hinweis darauf, dass, weil algebraische Grössen ersten, zweiten und dritten Grades beziehungsweise geometrische Grössen erster, zweiter und dritter Dimension

[15]) Vgl. RIECKE, Die Rechnung mit Richtungszahlen, Stuttgart 1856.

bezeichnen, es auch geometrische Grössen von vier, fünf, sechs u. s. f. Dimensionen geben muss, die den algebraischen Grössen vierten, fünften, sechsten Grades u. s. w. entsprechen.[16])

Es ist kaum nötig nach all' dem zu bemerken, dass das analytische Argument zu Gunsten der Existenz oder der Möglichkeit eines transzendentalen Raumes ein weiteres offenkundiges Beispiel für die Verdinglichung von Begriffen bietet.

---

[16]) Es ist hier nicht unwert einer Bemerkung, dass die Gewohnheit, x^2 und x^3 als „x Quadrat" und „x zum Kubus" zu lesen, statt x zur zweiten oder dritten Potenz, auf der stillschweigenden oder ausdrücklichen Annahme beruht, dass einer algebraischen Grösse eine eigene geometrische Bedeutung zukommt. Die Gewohnheit ist daher eine irreführende und verdiente ausser Gebrauch zu kommen. Principiis obsta!

XV.

Kosmologische und kosmogenetische Spekulationen. Die Nebularhypothese.

Wie alle metaphysischen Theorien hat auch die mechanische Atomtheorie ihre Kosmogonien. Alle metaphysischen Kosmogonien sind Versuche, das Weltall und seine Erscheinungen aus ein oder mehreren Urelementen durch Verwendung einiger allgemeiner Prinzipien abzuleiten. Die Kosmogonien der mechanischen Atomtheorie sind Versuche, das Weltall und seine Erscheinungen aus den Elementen der Masse und Bewegung durch Anwendung mechanischer Prinzipien, welche die einfachen Bewegungsgesetze ausdrücken, abzuleiten. Wie gezeigt worden ist, bildet das letzte Problem der mechanischen Atomtheorie, dessen schliesslicher und vollständiger Lösung die heutigen Physiker mit einem grösseren oder geringeren Grad von Vertrauen entgegensehen — wiewohl manche unter ihnen einsichtig genug sind, dieses Streben für ein nie erfüllbares zu halten — die Darstellung aller organischer und aller Lebenserscheinungen als Resultate gewöhnlicher chemischer und physischer Wirkung, und die der chemischen und physischen Wirkung wieder als Austausch und Übertragung mechanischer Bewegung zwischen konstanten und gleichförmigen Massenelementen.

Eine notwendigerweise kosmologischen Spekulationen jedweder Art vorausgehende Frage ist kürzlich von Mathematikern wie von Physikern sehr ausführlich diskutiert worden — die Frage über die Endlichkeit oder Unendlichkeit des Weltalls in Zeit, Raum und Masse.[1]) Eine Kosmologie im eigentlichen Sinne des Wortes enthält unvermeidlicherweise die Annahme in sich, dass das Weltall wenigstens der Zeit nach endlich ist, denn sie ist ja eine Theorie über den Ursprung oder Beginn des Weltalls. Der Blick kosmogenetischer Theoretiker wendet sich zurück entweder bis zum absoluten Nichts oder bis zu einem Zustande physischer Gleichförmigkeit, der völlig bar aller Unterschiede und Veränderungen in den Erscheinungen ist, die ein wesentliches Vorerfordernis des Zeitbegriffes bilden. Diese allgemeine kosmogenetische Annahme der endlichen Dauer des Weltalls in der Vergangenheit ist vor kurzem durch die Behauptung einer endlichen Dauer in der Zukunft ergänzt worden — eine Behauptung, die sich auf verschiedene physikalische Betrachtungen stützt, von denen die bemerkenswerteste die Lehre von der fortschreitenden Zerstreuung der Energie ist. Diese Lehre ist vielleicht in ihrer vernünftigsten Form von Lord Kelvin (Sir William Thomson) [2]) aufgestellt worden und besteht aus folgenden Sätzen:

1. „In der materiellen Welt ist eine allgemeine Tendenz zur Zerstreuung mechanischer Energie vorhanden."

2. „Eine Wiederherstellung mechanischer Energie ist ohne Verbrauch eines das Äquivalent übersteigenden Betrages derselben, in keinem unbelebten materiellen Prozesse möglich und hat wahrscheinlich auch nie bei materiellen Massen stattgefunden, die mit vegetativem Leben ausgestattet oder dem Willen eines belebten Wesens unterworfen sind."

3. „In einer endlichen Zeit der Vergangenheit muss die Erde ungeeignet gewesen sein und innerhalb einer end-

---

[1]) Vgl. Wundt, „Über das kosmologische Problem," Viertelj. f. wiss. Philos., 1. Bd., S. 80 ff.

[2]) „On a Universal Tendency in Nature to the Dissipation of Mechanical Energy," Phil. Mag., series IV, vol. IV, p. 304 seq.

lichen Zeitperiode muss sie wieder ungeeignet werden als Wohnsitz von Menschen gegenwärtiger Beschaffenheit, wenn nicht Vorgänge stattgefunden haben oder stattfinden werden, die unter der Herrschaft der Gesetze, denen jetzt die bekannten Vorgänge in der materiellen Welt unterworfen sind, unmöglich hätten geschehen können."

Das Schlussverfahren, durch welches man zu diesen Schlüssen (die, nebenbei bemerkt, vorsichtig und ausdrücklich auf unseren Planeten oder wenigstens unser Planetensystem beschränkt sind) gelangt ist, besteht in der Erwägung, dass alle Vorgänge der Natur, die ihr Leben und Treiben bilden, auf Transformationen der Energie beruhen, und jede solche Transformation in Gemässheit des zweiten Hauptsatzes der Thermodynamik in Wirklichkeit (um einen Ausdruck von P. G. TAIH zu gebrauchen) ein Sinken von einem höheren auf ein tieferes Niveau der Umformbarkeit oder Disponibilität bedeutet, so dass der schliessliche Effekt in einer Verwandlung aller Energie der Welt in Wärme und einer Zurückführung ihrer Temperatur auf vollständige Gleichförmigkeit bestehen muss. Von diesem Zustande der Gleichförmigkeit in der Verteilung der Wärme aus ist keine Wiederherstellung verwandelbarer Energie möglich; denn die Wärme gestattet keine andere Umwandlung in andere Energieformen als durch Übergang von einem Körper höherer zu einem Körper tieferer Temperatur.[3])

---

[3]) Die Lehre von der Zerstreuung der Energie ist ausführlich von CLAUSIUS entwickelt worden, welcher die Summe der möglichen Umformungen der Energie der Welt ihre „Entropie" nennt und verkündet, dass „die Entropie der Welt einem Maximum zustrebe". (Pogg. Ann., Bd. 121, S. 1; Abhandlungen über die mechanische Wärmetheorie, Bd. 2, S. 44). Es ist zu bedauern, dass TAIT, während er das Wort „Entropie" annimmt, es, wie er selbst sagt (Thermodynamics, § 14; ib., § 178), „in dem entgegengesetzten Sinne wie CLAUSIUS" gebraucht; und dass MAXWELL (Theory of Heat, pp. 186, 188) ihm folgt. Nichts ist verwerflicher als ein willkürlicher Wechsel

Es ist klar, dass, wenn das Gesetz von der Zerstreuung der Energie auf das Weltall im allgemeinen angewandt wird — d. h. wenn es erlaubt ist, die Dynamik eines endlichen materiellen Systems auf den Kosmos als unendliches Ganzes auszudehnen, es früher oder später ein Ende finden wird, so wie es, nach der mechanischen Atomtheorie, einen Anfang gehabt hat. Die Vorgänge in der Natur endigen in eine gänzliche Gleichförmigkeit ihrer Elemente — in eine völlige Abwesenheit von Unterschieden und Veränderungen, welche Zeugen ihrer realen oder wirklichen Existenz sind. Diesem Schlusse hat man durch die Annahme einer Endlichkeit des Weltalls der Masse oder dem Raume nach oder durch beide Annahmen zu entgehen gesucht. Der erste Antrieb in dieser Richtung kam wahrscheinlich von einem Artikel von W. M. RANKINE[4]) (der kurz vor dem Erscheinen des von LORD KELVIN veröffentlicht wurde), in welchem dargelegt wird, dass „wenn sich zwischen den Atmosphären der himmlischen Körper ein interstellares vollkommen durchsichtiges und wärmedurchlässigen Medium vorfinden würde, — d. h. ein solches, das nicht imstande wäre, Licht und Wärme aus der strahlenden Form in die der sogenannten körperlichen Wärme überzuführen und das somit ausser Stande wäre, irgend einen Temperaturgrad zu erreichen —, und wenn dies interstellare Medium Grenzen hätte, jenseits deren leerer Raum sein würde, die strahende Wärme der Welt vollständig reflektiert und zuletzt in

---

in der wissenschaftlichen Terminologie, namentlich wenn mit Vorbedacht der überlieferte Sinn eines Ausdruckes geändert wird. Ich kann noch hinzufügen, dass TAIT bei seinem Versuche, den CLAUSIUSschen Sinn umzukehren, nicht einmal glücklich ist, und dass MAXWELL sich im Irrtum befindet, wenn er sagt, dass „CLAUSIUS das Wort (Entropie) gebrauche, um den nicht verwandelbaren Teil der Energie zu bezeichnen."

[4]) „On the Reconcentration of the Mechanical Energy of the Universe," Phil. Mag. (IV), vol. IV, p. 358 seq.

Brennpunkte rückkonzentriert werden würde, in denen ein Stern (d. i., eine erloschene Masse träger Zusammensetzung) verdampft und in seine Bestandteile aufgelöst werden würde, und auf diese Weise chemische Kraft auf Kosten eines entsprechenden Betrages strahlender Wärme aufgespeichert werden würde."

Die Annahme der Endlichkeit der Masse des Weltalls war nicht neu; sie ist oft zuvor gemacht worden. Hier aber bot sie sich in einer neuen Form dar. Bisher ging die Annahme dahin, dass die Masse, wiewohl begrenzt, durch den unbegrenzten Raum zertreut sei; und in dieser Form ist sie von WUNDT wiederbelebt worden, der sich vorstellt, dass die Endlichkeit der Masse sich mit der Unendlichkeit ihres Volumens vereinbare lasse durch die Annahme einer endlos fortschreitenden Abnahme ihrer Dichte derart, dass die Masse als die endliche Summe einer unendlichen konvergenten Reihe zu nehmen wäre. Hingegen verlangt RANKINE vom Physiker das Zugeständnis, dass die Masse des Weltalls auch ihrer Ausdehnung nach endlich und überall von leerem Raume begrenzt sei. Der Begriff eines solcherart im unbegrenzten Raume abgegrenzten materiellen Weltalls bietet offenbar unüberwindbare Schwierigkeiten; und angesichts dieser Schwierigkeiten haben viele Astronomen und Physiker den Satz der Metageometer mit Vergnügen begrüsst, dass der Raum selbst, wiewohl infolge der ihm anhaftenden Krümmung unbegrenzt, nicht unendlich ist, dass daher die Masse des Weltalls trotz ihrer Zerstreuung endlich sein müsse. Dieser Satz war doppelt willkommen, weil er auf den ersten Blick die Mittel zu enthalten schien, einer anderen von den Astronomen aufgeworfenen Schwierigkeit zu entkommen. Im Jahre 1826 bemerkte OLBERS [5]), dass, wenn die Zahl der im Weltraum

[5]) BODE's astron. Jahrbuch, 1826, S. 110 f. Citiert bei ZÖLLNER.

Wärme und Licht ausstrahlenden Körper unendlich ist, jeder Punkt des Raumes eine unendliche Zahl von Licht- und Wärmestrahlen empfangen und somit unendlich heiss und glänzend sein müsste — wobei er allerdings hinzufügte, dass diese Folge durch die Annahme einer Absorption des grössten Teiles dieser Strahlen durch die dunklen und kalten Körper im Raume vermieden werden könnte. Doch diese Rettung erschien mit einem Male fraglich durch die Überlegung, dass die zwischen den leuchtenden Sternen verstreuten dunklen und kalten Körper rasch die Glühhitze erreichen müssten, und ihr Absorptionsvermögen bald erschöpft sein müsste.

Eine weitere Schwierigkeit ähnlicher Art soll noch, wie angenommen wurde, aus der Thatsache der Gravitation entspringen, insbesondere wegen ihrer augenblicklichen Wirkungsweise. Es ist gesagt worden, dass ein Weltall, das aus einer unendlichen Anzahl von einander gegenseitig anziehenden Körpern besteht, nicht nur ohne einen bestimmten Schwerpunkt wäre, auf welchen alle kosmischen Bewegungen bezogen werden könnten — da ja sein Schwerpunkt überall und somit nirgends wäre — sondern auch dass sich in jedem Punkte des Raumes ein unendlicher Druck ergeben würde. (Ich folge hier der Ausdrucksweise von Wundt wiewohl es vielleicht korrekter wäre, von einer unendlichen Spannung zu reden.) Diese Schwierigkeit ist speziell von Wundt als eine solche hingestellt worden, die unüberwindbar ist, solange man die Masse des Weltalls für eine unendliche ansieht; sie kann seiner Meinung nach nur durch die Annahme der Begrenztheit der Masse überwunden werden.

Es ist nicht notwendig, auf eine eingehende Prüfung der Giltigkeit dieser Betrachtungen, die zur Stütze der Theorie von der Endlichkeit des materiellen Weltalls herangezogen worden sind, einzugehen. Was die letzte derselben betrifft, die sich auf die Wirkung der Strahlung und Gravitation bezieht, so ist leicht zu sehen, wie von LASSWITZ hervorgehoben wurde [6]), dass sie ihre Kraft verlieren, sobald wir uns erinnern, dass die Intensität beider, der Strahlung und der Gravitation, abnimmt, wie das Quadrat der Entfernung wächst, und dass die unendlichen Reihen, welche die verschiedenen Wirkungen der Wärme, des Lichtes und der Gravitation ausdrücken, konvergent sind, ihre Summation somit zu endlichen Resultaten führt. Was die Anwendung der Lehre von der Zerstreuung der Energie auf ein unendliches Weltall betrifft, so ist von ihr zu bemerken, dass sie ganz und gar unzulässig ist. Diese Lehre ist ohne Zweifel in ihrer Anwendung auf ein endliches materielles System nicht zu verwerfen. Ein jedes solches System muss ein Ende nehmen, sowie es einen Anfang gehabt hat. Das gilt von jedem solchen System, so ausgedehnt es auch sein mag. Es ist aber nicht wahr von einem absolut unbegrenzten Weltall. Weder das Gesetz von der Erhaltung der Energie, noch dass von ihrer Zerstreuung kann rechtmässigerweise darauf angewendet werden. Das Weltall, aufgefasst als absolute Unendlichkeit, ist kein konservatives System und ist in keinem eigentlichen Sinne physikalischen Gesetzen unterworfen. Wir können mit dem Unendlichen nicht rechnen, wie mit einem physischen reellen Ding, weil eine bestimmte physische Realität an die Gleichzeitigkeit von Wirkung und Gegenwirkung gebunden ist, und physikalische Gesetze auf dasselbe nicht angewendet werden können, da sie ja Bestimmungen der Art der gegenseitigen Wirkung zwischen bestimmten endlichen Körpern sind. Das sogenannte Weltall ist kein bestimmter Körper, und es gibt keine Körper ausserhalb desselben, mit denen es in Wechselwirkung treten könnte. Operationen mit dem Ausdruck „Unendlich" analog den Operationen mit endlichen Aus-

---

6) Viertelj. f. wiss. Philos., Bd. 1, S. 329 ff.

drücken sind in der Physik ebensowenig berechtigt wie in der Mathematik. Das Unendliche ist einfach ein Ausdruck der wesentlichen Relativität aller materiellen Dinge und ihrer Eigenschaften und haftet somit in einem gewissen Sinne jeder endlichen Form an. Es bildet die Grundlage aller Beziehungen, welche die sinnliche Wirklichkeit ausmachen, aber es ist nicht selbst eine Gruppe solcher Beziehungen. Es bildet den Hintergrund aller materieller Wirkungen und Formen; kein System von Elementen oder Kräften kann ohne dessen bestehen, oder ist ohne Bezug darauf erkennbar; und in diesem Sinne, aber auch in diesem Sinne allein ist das Weltall notwendig unendlich der Masse wie dem Raume und der Zeit nach.

Daraus folgt, dass alle Kosmogonieen, die zu ihrem Inhalte Theorieen über den Ursprung des Weltalls als eines absoluten Ganzen haben, im Lichte physikalischer oder dynamischer Gesetze als völlig absurd erscheinen. Die einzige Frage, zu der eine Reihe oder Gruppe von Erscheinungen berechtigten Anlass gibt, bezieht sich auf deren Verzweigung und wechselseitige Abhängigkeit; und die Versuche, die Grundlage dieses Zusammenhanges und der gegenseitigen Abhängigkeit zu überschreiten — die Bedingungen des Auftauchens der Naturerscheinungen jenseits der Grenzen des Raumes und der Zeit zu bestimmen — sind ebenso eitel als (um ein glückliches Gleichniss Sir William Hamilton's zu gebrauchen) die Versuche des Adlers, sich aus der Atmosphäre emporzuschwingen, in der er schwebt und durch die er allein getragen wird.

Dies führt mich zur Diskussion einer kosmogenetischen Theorie, die unter dem Namen der Nebularhypothese grosse Berühmtheit und sehr allgemeine Anerkennung erlangt hat. In ihrer heute allgemein üblichen Form kann diese Theorie kurz wie folgt skizziert werden:

Im Uranfange waren die Stoffe, welche sich jetzt,

wenigstens zum Teile, in den Körpern der Stern-, Sonnen-, Planeten-, Satelliten- und Meteoritensysteme aufgehäuft vorfinden, gleichförmig durch den Raum ausgebreitet. Auf irgend eine Weise kam es durch die Wirkung kosmischer (Anziehungs- oder anderer) Kräfte dazu, dass diese gleichförmig zerteilte und sehr verdünnte Materie sich in grosse nebelige Kugeln teilte, die sich langsam zu drehen begannen, nachdem die Drehung vielleicht bei der Teilung oder aus inneren Unterschieden ihrer Dichten und Unregelmässigkeiten in der Form, welche die Richtungen der Schwere von den gerade radialen ablenkten, entstanden war, so dass die Mittelpunkte der Anziehung nicht mehr mit den geometrischen Mittelpunkten übereinstimmten. In dem Masse als diese Kugeln ihre Wärme verloren, zogen sie sich zusammen; diese Zusammenziehung hatte aber wieder ein Wachsen der Umdrehungsgeschwindigkeit zur Folge in Gemässheit eines unter dem Namen des Gesetzes der Erhaltung der Flächen oder des Winkelmomentes bekannten mechanischen Satzes. Dieses Gesetz ist in seinem allgemeinsten Ausdruck einfach eine Folge des Trägheitsgesetzes, aus welchem folgt, dass das resultierende Winkelmoment irgend eines materiellen Systems weder der Grösse noch der Richtung der Axe nach durch die gegenseitige Einwirkung seiner Bestandteile geändert werden könne.[7])

[7]) Alle mechanischen oder dynamischen Gesetze der Erhaltung — die Erhaltung des Moments, des Winkelmomentes und der Energie — sind (wie ich bereits im sechsten Kapitel gezeigt habe) im Grunde nichts anderes, als Anwendungen des Trägheitsprinzips auf zusammengesetzte materielle Systeme. Es ist das grosse Verdienst von POINSOT, die formalen Analogieen zwischen den Gesetzen der drehenden und der fortschreitenden Bewegung (die bis zu einem gewissen Masse in EULER's Schriften vorgebildet wurden) ans Licht gebracht zu haben. Es ist kaum notwendig hinzuzufügen, dass das Gesetz der Erhaltung der Flächen seiner Form nach eine Verallgemeinerung des zweiten KEPLER'schen Gesetzes ist.

Zum Zwecke seiner Anwendung auf eine rotierende Nebelmasse mag indessen das Gesetz besser in einer anderen Form aufgestellt werden, nämlich in der, dass, welche Veränderung des Volumens oder der Form auch immer in einem materiellen System durch die gegenseitige Wirkung seiner Bestandteile hervorgerufen werden mag, die Summe aus allen von den Radienvektoren der verschiedenen Elemente oder Teile um den Mittelpunkt der Rotation in der Zeiteinheit beschriebenen Flächen konstant ist. Nachdem nun die Flächen den Quadraten der Durchmesser proportional sind, folgt, dass die Winkelgeschwindigkeit mit grosser Beschleunigung wächst, wie die Kontraktion der Nebelmasse fortschreitet. Eine unmittelbare Folge des Wachstums der Geschwindigkeit war eine proportionale Zunnahme der Fliehkraft in den äquatorialen Gegenden der rotierenden Kugel, so dass im Verlaufe der Zeit diese Kraft der centripetal wirkenden Gravitation das Gleichgewicht hielt und sie hernach übertraf. Dies führte zunächst zu einer unverhältnismässigen Zusammenziehung der Kugel an den Polen und zur Annahme einer an den Polen abgeplatteten sphärischen oder linsenförmigen Form und eventuell auch nach und nach zu einer fortdauernden Abscheidung äquatorialer Ringe oder Zonen, die zuerst um die übrige Masse in der Richtung der ursprünglichen Rotation rotierten, später aber — infolge der Unbeständigkeit im Falle der geringsten Abweichung von der vollständigsten Regelmässigkeit der Form und Beschaffenheit — sich in Teile auflösten und eine oder mehrere kleinere Kugeln oder Sphäroide bildeten. Diese fuhren fort sich um die Sonne mit einer Geschwindigkeit zu drehen, die nahezu der Umdrehungsgeschwindigkeit ihres Materials im Momente seiner Abscheidung und Zusammenballung gleich kam. In den meisten Fällen vereinigte sich die ganze Masse eines solchen Ringes in einen einzigen Körper, d. i. in einen Planeten, während in einigen Fällen mehrere

Körper gebildet wurden, wie sie uns z. B. in dem Planetensystem in der Zone der Asteroiden entgegentreten. Jeder dieser Planeten begann während der Umdrehung um die übrige Masse, deren Kondensation die Sonne erzeugt haben soll, sich auch um eine eigene Axe zu drehen, wobei die Richtung dieser Rotation mit jener der Bewegung in seiner Bahn übereinstimmte. Er wurde so denselben dynamischen Bedingungen unterworfen, welche die Entwicklung des ihn erzeugenden Systems bestimmten; auch aus ihm schieden sich Ringe ab, die entweder ihre Form behielten (wie im Falle der Ringe des Saturns) oder sich in kleinere Satelliten umbildeten.

Die Gründe, welche zur Stütze dieser Hypothese ins Feld geführt worden sind, sind so allgemein bekannt, dass es kaum notwendig ist, sie zu wiederholen. Zu ihnen zählt die Existenz von Nebelmassen in den Sternregionen von verschiedenen Graden der Kondensation; die Beweise vom Wachstum der Temperatur von der Oberfläche unseres Planeten gegen das Innere; die nahe Übereinstimmung der Umdrehungen der verschiedenen Planeten, sowohl der Richtung als der Ebene nach, und die weitere Übereinstimmung ihrer Bahnbewegung mit der Richtung und Ebene der Rotation der Sonne; die ähnliche Übereinstimmung der Richtungen der Bahnbewegung der Satelliten mit den Axendrehungen ihrer Planeten; die an den Polen abgeplattete Form der Erde und, so weit als wir davon Kenntnis haben, auch die der anderen Planeten, die nicht nur theoretisch, sondern auch experimentell durch Plateau als die besondere Form nachgewiesen worden ist, die ein rotierender Körper im flüssigen oder halbflüssigen Zustande annehmen muss. Diese Betrachtungen wurden zumeist in derselben Reihenfolge und Form von Kant und Laplace angeführt und sind seither durch eine Mannigfaltigkeit anderer mehr oder weniger plausibler Betrachtungen ergänzt worden, von denen die

Übereinstimmung der theoretischen Konsequenzen der Thatsache, dass das Wegschleudern der planetarischen Massen von der sie erzeugenden Kugel mit stets wachsender Geschwindigkeit entsprechend dem Fortschreiten der Zusammenziehung der Kugel stattgefunden haben muss, mit gewissen wohlbekannten Eigentümlichkeiten unseres eigenen Planetensystems hervorgehoben werden mag. Nicht ganz erfolglose Versuche sind auch gemacht worden, um aus den Elementen dieser Theorie das empirische Gesetz über die Entfernung der verschiedenen Planeten von der Sonne, das unter dem Namen des Gesetzes von BODE oder TITIUS bekannt ist, herzuleiten.

Die Nebularhypothese, als eine Theorie von dem Ursprunge nicht nur unseres Planetensystems, sondern der Planeten- und Sternsysteme im Weltall überhaupt, wird gewöhnlich LAPLACE zugeschrieben, dem die Thatsache unbekannt gewesen sein soll, dass die Hypothese, welche er vorführt, von KANT in seiner „Naturgeschichte des Himmels" im Jahre 1755 fast ein halbes Jahrhundert vor dem ersten Erscheinen der „Exposition du Système du Mond" im Jahre 1796 veröffentlicht wurde. In Wahrheit ist aber die Nebularhypothese in ihrer jetzt allgemein angenommenen Form KANT zu verdanken und unterscheidet sich in verschiedenen wesentlichen Einzelnheiten von der Hypothese LAPLACE's. Diese letztere Hypothese beschränkt sich ausschliesslich auf unser Planetensystem, und es findet sich keine Andeutung in irgend einer der Schriften des französischen Astronomen — ganz gewiss keine in seiner „Exposition du Système du Monde" — vor, dass er dazu gelangt wäre, sie auf das ganze Weltall auszudehnen, wie es ausdrücklich von KANT geschehen ist. Aber auch ein noch viel wichtigerer Unterschied findet sich zwischen den Hypothesen der zwei Denker. KANT's Annahme ging dahin, „dass alle Materien, daraus die Kugeln, die zu unserer Sonnenwelt gehören, alle Planeten und Kometen bestehen, im Anfange aller Dinge in ihren elementarischen Grundstoff aufgelöset, den ganzen Raum des Weltgebäudes erfüllt haben, darin jetzt diese gebildeten Körper herumlaufen." [8]) Diese Annahme ist allen neuen Formen der Nebularhypothese, die mir bekannt geworden sind, gemeinsam, — sie alle verlangen eine Zerstreuung der ganzen Masse der Sonne, Planeten, Kometen und Satelliten, die unser Planetensystem ausmachen, durch den ganzen Planetenraum. Die Annahme LAPLACE's besteht hingegen einfach darin, dass die Atmosphäre der Sonne sich einstens bis über die Bahnen der äussersten Planeten hinaus erstreckt habe, und dass die Bildung der Planeten mit ihren Satelliten ebenso wie die der Kometen der allmählichen Abkühlung und Zusammenziehung dieser Atmosphäre zu verdanken ist. [9])

Es ist kaum nötig hinzuzufügen, dass die LAPLACE'sche Form der Nebularhypothese viel zu eng ist, um den Zwecken einer allgemeinen kosmologischen Theorie dienen zu können. Eine solche Theorie verlangt die Ableitung der verschiedenen Zusammenballungen kosmischer Materie aus einer ursprünglichen homogenen Materie. Diese Forderung wird durch die Hypothese von KANT erfüllt; sie wird aber nur sehr zum Teil, wenn überhaupt, durch die von LAPLACE befriedigt. Und dies zeigt uns das Vorhandensein einer sehr bedenklichen Schwierigkeit. Es steht zu fürchten, dass die Nebularhypothese in dem Masse, als sie auf kosmogenetische Dimensionen erweitert wird, ihre Giltigkeit als

---

[8]) „Naturgeschichte des Himmels," KANT's Werke [her. v. ROSENKRANZ] 6. Bd., S. 95.

[9]) „La considération des mouvemens planétaires nous conduit donc à penser qu'en vertu d'une chaleur excessive l'atmosphère du soleil s'est primitivement étendue au dela des orbes de toutes les planètes, et qu'elle s'est resserrée successivement jusqu'à ses limites actuelles." Système du Monde (2me éd.), p. 345.

physikalische Theorie verliert. Diese Sache ist vor fast zwanzig Jahren von BABINET in einem Artikel über die Kosmogonie des Laplace[10]) untersucht worden, in welchem er zeigt, dass die wirklichen Rotationsgeschwindigkeiten der verschiedenen Planeten thatsächlich bedeutend grösser sind als die mit Hilfe des Gesetzes von der Erhaltung der Flächen aus der Nebularhypothese abzuleitenden, wenn diese Hypothese die Annahme einer Zerstreuung der Sonnenmasse durch den ganzen Raum unseres Planetensystems in sich schliesst. „Verschiedene Personen," sagt BABINET, „haben gedacht, dass die Sonne selbst sich ursprünglich so weit erstreckt habe, dass sie den ganzen jetzt von den Planeten eingenommenen Raum erfüllt hat, wiewohl LAPLACE ausdrücklich erwähnt, dass im Augenblicke der Bildung dieser Körper es einzig und allein d i e A t m o s p h ä r e der Sonne war, die eine so weite Ausdehnung hatte. Wir sind im Stande, diese Frage mathematisch zu prüfen, indem wir aus der wirklichen Umdrehungszeit der Sonne, die 25⅓ Tage beträgt, die berechnen, welche statthaben müsste, wenn unter Erhaltung der Summe der von allen materiellen Punkten beschriebenen Flächen die Sonne sich soweit ausgedehnt hätte, dass ihr Radius, der jetzt 112 mal so gross als der der Erde ist, gleich der Entfernung der Erde von der Sonne, oder gleich der des Neptuns von der Sonne geworden wäre . . . . . Die Berechnung auf Grund der ersten Annahme ergibt eine Umdrehungsdauer von 1,162 000 Tagen, d. h. mehr als dreitausend (3181) Jahre. Die auf Grund der zweiten Annahme berechnete Umlaufszeit würde

---

10) „Note sur un Point de la Cosmogonie de Laplace," Comptes Rendus, vol. 52, p. 481 seq. Meine Aufmerksamkeit wurde auf diesen Artikel durch eine Stelle in einer interessanten kleinen Broschüre von Dr. E. BUDDE aus Bonn „Zur Kosmogonie der Gegenwart" (Bonn, Weber, 1872) gelenkt, auf die ich noch später Gelegenheit haben werde zurückzukommen.

offenbar 900 000 mal grösser sein, d. h. mehr als 27 000 Jahrhunderte umfassen."

„Da diese Zahlen unendlich grösser als die der wirklichen Umlaufszeiten der Erde und des Neptuns sind, ist es offenbar unmöglich, die Annahme zuzulassen, dass diese Planeten aus der über die Planetenbahnen hinausreichenden Sonnenmasse gebildet worden wären. Dies schliesst indessen nicht den Gedanken aus, dass die Sterne sich auf Kosten einer allgemeinen kosmischen Materie gebildet hätten, die mit ausserordentlich schwachen Rotationsbewegungen um den Schwerpunkt jeder Masse ausgestattet war, die im Prozess der Bildung als unabhängige Sonne begriffen war."

Daraus ergibt sich der Schluss, dass, wenn die ganze Masse der Sonne sich bis zu den Grenzen des Planetensystems erstreckt hätte, sie eine so schwache Rotationsbewegung gehabt haben müsste, dass die Fliehkraft im Stande war, der Schwerkraft derart Gleichgewicht zu halten, dass die Abscheidung eines äquatorialen Ringes von der ganzen Masse stattfinden konnte."

Die hier ans Licht tretenden Widersprüche zwischen den wirklichen Umlaufszeiten der Planeten und den ihnen entsprechenden, durch Rechnung in Übereinstimmung mit den Forderungen der Nebularhypothese gefundenen sind so gross, dass keine Möglichkeit vorhanden zu sein scheint, dieselbe durch die Annahme einer fortschreitenden Kontraktion der Bahnen der verschiedenen Planeten seit ihrer Bildung und die daraus folgende Verstärkung ihrer Umlaufsbewegungen zu erklären.

Die Berechnungen von Babinet bilden nicht die einzige Schwierigkeit, welche die Nebularhypothese, sei es in ihrer allgemein kosmogenetischen oder in ihrer speziell Laplace-schen Form besitzt. Im Fortschritte der astronomischen Entdeckungen hat es sich gezeigt, dass mehrere der vorausgesetzten Übereinstimmungen zwischen den Thatsachen und der Hypothese nicht zutreffen. So gibt es eine Ausnahme zu der Gleichförmigkeit der Richtung der Umdrehungs- und Umlaufsbewegungen der Planeten und Satelliten in dem Falle des Uranus, bei dem die Bahnebenen seiner Satelliten nahezu senkrecht zur Ekliptik stehen, während die Bewegungen der Satelliten um den Planeten, wie die Achsendrehung des Planeten retrograd sind — eine Thatsache, die schon lange vorher von Sir William Herschel entdeckt und durch verschiedene nachfolgende Beobachtungen bestätigt worden ist. Eine andere Schwierigkeit entstand durch die kürzliche (1877) Entdeckung zweier Marssatelliten durch Professor Asaph Hall und die annähernde Bestimmung ihrer bezüglichen Entfernungen vom Hauptplaneten, sowie auch durch die ihrer Umlaufszeiten. Es stellte sich heraus, dass die Entfernungen des inneren und äusseren Satelliten vom Mittelpunkt des Planeten dreimal, beziehungsweise sechsmal so gross als der Radius desselben sind, und dass die Umlaufszeit beziehungsweise 7·65 und 30·25 Stunden beträgt, während die Zeit einer Umdrehung des Planeten (Mars) selbst 24·623 Stunden ausmacht. Es scheint so, dass der eine der Satelliten um den Planet in weniger als ein Drittel der für die Achsendrehung desselben erforderlichen Zeit einen Umlauf vollendet.

Auf den ersten Blick scheint diese Thatsache mit der Nebularhypothese ganz unverträglich zu sein. Im Lichte dieser Hypothese erscheinen die Umlaufszeiten der Satelliten als Fortsetzungen der Achsendrehungen der Materie, aus der die Satelliten gebildet wurden; ihre Umlaufszeit müsste somit, wenigstens annäherungsweise, der Dauer gleich sein, in der der Planet zur Zeit der Bildung des Satelliten seine Achsendrehung ausgeführt hatte. Diese Zeitdauer ist aber wegen der durch die nachfolgende Zusammenziehung erzeugten Beschleunigung notwendigerweise grösser als die Dauer der gegenwärtigen Umdrehung des Planeten.

Bisher sind zwei Versuche gemacht worden, um diese Unregelmässigkeit mit den Anforderungen der Nebularhypothese zu versöhnen. Einer derselben gründet sich auf die Annahme, dass die Bahnen der Satelliten durch den Widerstand des Äthermediums, von dem man früher annahm, dass er die Umlaufsdauer des ENCKE'schen Kometen verkürzt hätte, zusammengezogen worden seien. Dieser Widerstand ist jedoch ganz und gar unzureichend, diese Unregelmässigkeit zu erklären, selbst wenn die sehr zweifelhafte Existenz eines interstellaren und interplanetarischen Mediums, das der Bewegung der Planeten einen wesentlichen Widerstand entgegenstellen könnte, begründet wäre. Der zweite Versuch sucht die Unregelmässigkeit auf eine Verzögerung oder Umdrehung des Planeten und eine entsprechende Verstärkung der Umlaufsbewegung der Satelliten durch die Wirkung von Ebbe und Flut zurückzuführen. Während zugegeben wird, dass die Verzögerung der Rotationsdauer des Planeten durch die Wirkung der durch den Satelliten an ihm erzeugten Ebbe und Flut im Stande ist, eine Übereinstimmung dieser Dauer mit der Umlaufszeit des Satelliten hervorzubringen, wird von G. H. DARWIN behauptet, dass die Rotationsdauer des Planeten über die Umlaufszeit des Satelliten hinaus durch die Reibung der von der Sonne erzeugten Gezeiten verlängert werden könne. Die Wirkung, auf die hier angespielt wird, bildet das Ergebnis einer Umwandlung der Energie der Planetendrehung in Wärme und einer Übertragung des Winkelmomentes der Drehung auf das des Umlaufes jener Körper, durch deren gegenseitige Anziehung die Gezeiten um ihren gemeinsamen Massenmittelpunkt erregt werden; da aber ein grosser Planet mehr Rotationsenergie und ein grösseres Winkelmoment besitzt als ein kleiner, werden die schnellsten

Veränderungen in der Dauer der Umdrehung und des Umlaufes im Falle des kleinsten Planeten hervorgerufen werden. Da nun Mars der kleinste von Satelliten begleitete Planet ist, so wurde behauptet, dass die Langsamkeit seiner Rotation im Vergleich mit der Umlaufszeit seines inneren Satelliten auf die eben angeführte Art innerhalb des Zeitraumes, den die Verteidiger der Nebularhypothese für die Geschichte unseres Planetensystems zulassen, bewirkt worden sei.

Welches nun auch immer das Gewicht der verschiedenen gegen gewisse mehr oder weniger wesentliche Eigentümlichkeiten der Nebularhypothese erhobenen Einwendungen sein mag, so gibt es doch einen Vorwurf, der von grundlegender Bedeutung ist: die bereits hervorgehobene Unzulässigkeit aller Spekulationen über den Ursprung des Weltalls als eines unbegrenzten Ganzen. Aber auch abgesehen davon ist es klar, dass die Ableitung der Formen und Bewegungen der Stern- und Planetensysteme aus einer ursprünglichen homogenen durch den Raum verstreuten Masse unmöglich ist. Erstens müsste sich eine solche Masse entweder in Ruhe oder in gleichförmiger Bewegung befinden; dieser Zustand der Ruhe oder gleichförmigen Bewegung könnte aber in Gemässheit der elementarsten Prinzipien sich nur durch äussere Antriebe oder Anziehungen ändern. Und nachdem es kein „Ausserhalb" dem allumfassenden Kosmos oder Chaos gegenüber gibt, müsste der ursprüngliche Zustand der Ruhe oder der gleichförmigen Bewegung notwendigerweise ewig bestehen bleiben.[11]) Zweitens würde ein solches Nebelweltall von völlig gleichförmiger Temperatur sein; alle Teile würden gleich heiss (oder kalt) sein, und es könnte keine Strahlung oder Verlust an Wärme

---

[11]) Wie sich DÜHRING ausdrückt (Kritische Geschichte der allgemeinen Prinzipien der Mechanik, 2. Aufl., § 151): „Wenn je ein vollkommenes Gleichgewicht zwischen den Teilen (der Nebelmasse) bestanden hat, müsste es fortfahren, auch jetzt zu existieren."

stattfinden, der zu einer Zusammenziehung irgend eines Teiles der Nebelmasse führen würde. Sein thermodynamischer Zustand würde aus dem gleichen Grunde konstant bleiben wie sein dynamischer.

Die Häufung der in der Nebularhypothese sich darbietenden Schwierigkeiten wurde so gross und begann sich in so ausgedehntem Masse fühlbar zu machen, dass eine Neigung entstand, sie durch eine andere Hypothese abzuändern oder zu ergänzen, welche die Hypothese der meteorischen Anhäufung genannt wurde. Diese Hypothese empfiehlt sich dem modernen Physiker als Fall einer augenscheinlichen Dokumentierung der allgemeinen Lehre, dass, sobald es sich darum handelt, die Natur der Agentien zu ermitteln, welche ein besonderes physikalisches System oder eine besondere Form gebildet haben, wir zuerst nach Agentien Umschau halten müssen, die an ihrer Erhaltung oder Zerstörung beteiligt sind — eine Lehre, die in die Regel gefasst werden kann: quod sustinet vel delet, formavit. Diese Lehre ist in Wirklichkeit nichts anderes als eine neue Aufstellung des alten Gesetzes der Ökonomie [the old law of parsimony], welches die unnötige Mehrung erklärender Elemente und Agentien verbietet. Es ist in ausgedehntem Masse mit Erfolg in der Geologie zur Verwendung gelangt, welche nun alle vergangenen Phasen der Erdgeschichte durch die regelmässige und gewöhnliche Wirkung der Kräfte zu erklären sucht, die gegenwärtig an der Arbeit sind, die jetzige Gestalt der Erde zu erhalten oder abzuändern. Die Theorie der meteorischen Anhäufung ist zuerst von Julius Robert Mayer [12]) aufgestellt und auf die Überlegung gegründet worden, dass der grosse jährliche Fall meteorischer Massen auf die Erde die Cirkulation oder Bewegung einer grossen Zahl kleiner Körper innerhalb

[12]) In seinen „Beiträgen zur Mechanik des Himmels" (1848 zuerst veröffentlicht), Mechanik der Wärme [1. Aufl.], S. 157.

unseres Planetenraumes anzeigt und dass ein grosser Körper, wie die Sonne, in einer bedeutend grösseren Zahl als die Erde getroffen werden muss, da die Zahl sowohl mit der Oberfläche wie mit der Masse der grösseren Körper wächst. Diese Meteore bilden nach MAYER in einem gewissen Sinne die Feuerung der Sonne, und sind alle Körper innerhalb unseres Planetensystemes Zuwüchsen sowohl an Masse wie an Temperatur infolge ihrer Zusammenstösse mit ihnen unterworfen. Nun wird angenommen, dass in astronomisch frühen Epochen das Verhältnis dieser meteorischen Massen zu den Massen der grossen Sonnen- und Planetenkörper weit grösser gewesen sein mag als jetzt — dass in der That es eine Zeit gegeben haben mag, in welcher der jetzt von unserem Planetensystem eingenommene Raum den Anblick eines Schwarmes solcher Meteore aller möglichen Gestalten und Grade des Zusammenhangs geboten hat, die sich mit allen möglichen Geschwindigkeitsgraden, nach allen Richtungen hin und in Bahnen jedweden Grades von Excentrizität bewegt haben. Diese Massen hätten sich konsolidiert und aus deren Zusammenstoss seien in den so gebildeten Körpern Drehungs- wie Umlaufsbewegungen entstanden.

Hier drängt sich von selbst die Frage auf: Wie kann eine Theorie, welche die geordnete, symmetrische und harmonische Welt, wie wir sie kennen, aus dem wüstesten Durcheinander ursprünglicher Unterschiede und Unregelmässigkeiten — aus einer Quelle äusserster Ungefügtheit und Unordnung — abzuleiten sucht, Rechenschaft geben für die Regelmässigkeiten und Übereinstimmungen, deren einfache und natürliche Erklärung das deutlich ersichtliche Verdienst der Hypothese von LAPLACE gewesen ist?

Auf diese Frage ist von den Verteidigern der neuen Theorie eine Antwort in der Berufung auf ein Prinzip gesucht worden, das lange vorher von LAPLACE selbst aufgestellt worden ist. Dieses Prinzip bezieht sich auf die Thatsache, dass bei allen durch die gegenseitige Anziehung planetarischer Massen verursachten Störungen es eine unveränderliche durch den Schwerpunkt des ganzen Systems hindurchgehende Ebene gibt, um welche diese Körper beständig mit nur beiderseits geringen Abweichungen auf und ab schwingen. Wenn wir auf diese unveränderliche Ebene die von den Radienvektoren der verschiedenen Massenelemente in einer gegebenen Zeit beschriebenen Flächenräume projizieren und jede Masse mit der Grösse des bezüglichen Flächenraumes multiplizieren, so ist die Summe dieser Produkte ein Maximum, und der Grad ihres Wachstums ist konstant.[13]) Solch' eine Ebene existiert nicht nur für das Sonnensystem, sondern für jedes System von Körpern, die nur ihrer gegenseitigen Anziehung unterliegen. Nun ist es evident, dass sowohl die Summe der Produkte der Massen in die Projektionen der von ihren Radienvektoren beschriebenen Flächenräume wie das Mass ihres Wachstums kleiner als die Summe der Produkte der Massen in die von den Radienvektoren selbst beschriebenen Flächenräume, bez. das Mass ihres Wachstums sein müssen, da ja diese Radien (ausgenommen den Fall, wo sie parallel sind) durch die Projektion verkürzt werden; ferner steht die Differenz zwischen diesen beiden Summen im direkten Verhältnis zu den Abweichungen der Bewegungen von der Richtung der totalen Zunahme, wobei diese Richtung zum Zwecke der Bezugnahme als positiv, die entgegengesetzte natürlich als negativ genommen wird. Wenn nun einige der Bewegungen auf Widerstand stossen, werden einige Komponenten der Geschwindigkeiten der bewegten Massen notwendigerweise zerstört, so dass

---

[13]) Vgl. LAPLACE, Mécanique Céleste, 1 ère partie, liv. II, chap. VII. („Des inegalités séculaires des mouvemens célestes"). Die Theorie ist zuerst im „Journal de l'Ecole Polytechnique" 1798 veröffentlicht worden.

die fragliche Differenz verkleinert und eventuell vernichtet wird. Wenn dies geschehen ist, werden die absoluten Werte der von den Radienvektoren der Massen in einer gegebenen Zeit beschriebenen Flächenräume ihren Maximalprojektionen gleich; mit anderen Worten, ihre Ebenen fallen in die LAPLACEsche unveränderliche Ebene oder werden ihr parallel. Daraus ergibt sich das allgemeine Prinzip, dass die Bewegungen der irgend ein endliches System zusammensetzenden Körper, wie auch immer die ursprüngliche Abweichung der Richtung sei (mit Ausnahme sehr weniger besonderer Fälle), infolge irgend welchen Widerstandes gegen diese Bewegungen parallel oder übereinstimmend zu werden strebt mit einer unveränderlichen Ebene. [14])

Bevor ich diesen Gegenstand verlasse, will ich bemerken, dass das eben aufgestellte Prinzip, welches eine weitere Verallgemeinerung zulässt, so dass es die Form annimmt — dass alle Bewegungen von Elementen endlicher materieller Systeme, die von der gegenseitigen Wirkung solcher Elemente abhängen, infolge irgend welcher ständiger Beeinflussungen oder Beschränkungen dieser Bewegungen von aussen, von Unregelmässigkeit und Unordnung zur Regelmässigkeit und Ordnung streben — meines Erachtens eines der bedeutendsten Prinzipien im ganzen Bereiche der mathematischen Physik ist. Denn die hier bezeichnete Bedingung — dass die inneren Bewegungen des Systems ständiger Beeinflussung von aussen unterworfen seien — ist thatsächlich von jedem materiellen System unzertrennlich, da es kein solches System gibt, das zu irgend einer Zeit

[14]) Mögliche Ausnahmen von diesem Gesetz sind natürlich jene Fälle, in denen die zerstörten Komponenten genau gleich und entgegengesetzt sind. Die Unwahrscheinlichkeit des Eintreffens solcher Fälle ist so gross, dass BUDDE, der das Gesetz im wesentlichen so aufstellt, wie ich es im Texte gethan habe (l. c., S. 30) nicht einmal auf die Möglichkeit einer Ausnahme anspielt.

unter dem ausschliesslichen Einflusse seiner eigenen inneren Kräfte stünde. Infolgedessen herrscht in jedem endlichen Teile der Welt eine angeborene Neigung vom Unregelmässigen zum Regelmässigen, eine innewohnende Tendenz vom Chaos zum Kosmos; eine Tendenz, welche die einfache und direkte Folge der Relativität aller materiellen Formen ist — der Thatsache, dass jedes endliche Ganze stets ein Teil eines noch grösseren Ganzen ist — kurz der Thatsache, dass das Endliche bloss als der stets zurückweichende Hintergrund des Unendlichen existiert. Es ist sogar möglich, dass dieses Prinzip umfassender ist und über den Bereich der Physik hinaus gilt, und dass es bis zu einem gewissen Masse seine Anwendungen innerhalb der Domäne jener Wissenschaften finden mag, die gewöhnlich als historische bezeichnet werden. Wiewohl Versuche einer Übertragung von Gesetzen über die gegenseitige Abhängigkeit von Erscheinungen, deren Zusammenhang einfach und leicht zu verfolgen ist (wie z. B. von Bewegungen anorganischer Massen), auf eine Gruppe von Erscheinungen, deren Beziehungen kompliziert und unvollkommen verstanden sind (wie z. B. die organischen und die Lebenserscheinungen), äusserst gefährlich sind und niemals ohne sorgfältiger Bezugnahme auf die Natur und den Grund der Analogieen, durch die sie sich Eingang verschaffen, unternommen werden sollen, bleibt es dessen ungeachtet richtig, dass ein grosser Teil des Fortschrittes, der jetzt in verschiedenen Abteilungen der Wissenschaft stattfindet, dem freien Austausch nicht nur der Ergebnisse, sondern auch der Prinzipien und Methoden zu verdanken ist.[15])

[15]) Beispiele für die Anwendung dynamischer und, allgemein, physikalischer Gesetze nicht nur auf die Lebens-, sondern auch auf die psychischen Erscheinungen sind kürzlich durch die Auseinandersetzungen von AVENARIUS über die Entwicklung des Denkens gemäss dem Prinzip des kleinsten Kraftmasses (Die Philosophie als Denken

Die Theorie von der meteorischen Zusammenballung unternimmt es, noch weitere Elemente des allgemeinen Problems der Erklärung der wirklichen Gestalt unseres Planetensystems in Angriff zu nehmen, wie z. B. die verhältnismässige Kleinheit der der Sonne zunächst stehenden Planeten. Die Schlussweise ist ungefähr diese: Irgendwo innerhalb des Raumes, der die verschiedenen Bewegungen der Körper umfasst, deren Materien sich im Ballungsprozesse befinden, wird sich wahrscheinlich eine Masse bilden, welche die anderen überragt. Diese Masse — der Kern der künftigen Sonne des Systems — muss nach und nach in seine Nähe die Perihele aller bewegten meteorischen Massen oder Gruppen von solchen ziehen. In dieser Gegend müssen somit die Bewegungen aller Körper die grösste Geschwindigkeit besitzen; hier müssen die Meteore an einander mit grösster Schnelligkeit vorbeifliegen, und ihre Annäherung und Zusammenballung am schwierigsten sein — ein Umstand, der auch das rasche Wachstum der Körper dieser Gegend nach ihrer anfänglichen Bildung verhindert. An den Grenzen des Systems hingegen, wo die Bewegungen der Meteore träge sind, sind die Bedingungen für die Bildung grosser Massen verhältnismässig günstig. In ähnlicher Weise lässt sich eine grobe Erklärung der Thatsache geben, dass die Dichten der Planeten im allgemeinen ihrer Grösse verkehrt proportional sind. Ein grösserer Körper zieht einen Meteor mit grösserer Stärke an als ein kleiner; seine Zunahme erfolgt somit durch heftigere

---

der Welt gemäss dem Prinzip des kleinsten Kraftmasses, Leipzig 1876) und die vorausgegangenen Auseinandersetzungen von SCHLEICHER über die Entwicklung der Sprache im Lichte der Lehre von der natürlichen Zuchtwahl — die, wie nebenbei bemerkt werden mag, nicht ohne Analogie zu dem im Texte auseinandergesetzten Prinzipe ist — beigebracht worden. (Die Darwin'sche Theorie und die Sprachwissenschaft, Weimar 1863.)

Stösse, die eine höhere Temperatur und eine dementsprechende Ausdehnung erzeugen.

Es ist nicht meine Absicht, die Verdienste dieser Theorie im einzelnen durchzugehen, oder eine Meinung über ihre Richtigkeit und Zulänglichkeit auszudrücken; doch finde ich es für schicklich zu erklären, dass sie mir in einem vorteilhaften Gegensatz zur Nebularhypothese gerade wegen des Fehlens einiger charakteristischer Eigenheiten der letzteren erscheint, denen diese Hypothese ihren Anschein der Wahrheit verdankt. Die Nebularhypothese fand willige und zumeist begeisterte Aufnahme nicht so sehr aus physikalischen wie aus metaphysischen Gründen. Die Geneigtheit, das Vielfältige aus dem absolut Einfachen, das Mannigfache aus dem absolut Gleichförmigen abzuleiten, hat ihre Wurzel in dem zweiten der grossen Strukturfehler, die ich im 9. Kapitel erörtert habe — nämlich in der Annahme, dass das abstrakte Resultat einer Verallgemeinerung, d. i. ein allgemeiner Begriff vorteilhaft zum Ausgangspunkt für die Entwicklung der besonderen unter ihm subsumierten Dinge gemacht werden könne. Der Enthusiasmus für die Nebularhypothese war in dieser Beziehung eine ontologische Nachwirkung. Und in einer anderen Beziehung war er selbst noch mehr als das — bedeutete er ein Wiederaufleben der alten Traditionen über den Ursprung des Weltalls aus dem Nichts. Der anfängliche Nebel der Nebularhypothese wird von äusserster Feinheit angenommen — von einer Dichte, die kleiner als ein hunderttausendstel der des Wasserstoffes, des leichtesten der dem Chemiker bekannten gasförmigen Körper, ist. Infolge dieser ätherischen Feinheit wurde er leicht in den Begriffen des gewöhnlichen Volkes an die Stelle des alten leeren Raumes gesetzt, aus dem die Welt entstanden ist, und in den Einbildungen jener, welche die Materie als eine Art von Verdichtung des Geistes ansehen, an Stelle des allumfassenden, vorweltlichen, unpersönlichen Geistes. So hat er sich der Annahme einer jeden Weltbildungshypothese angepasst, nach der es im Anfange ein Etwas „ohne Form und Gehalt“ gegeben haben muss und hat zur gleichen Zeit dem mystischen Gejammer nach dem Ätherischen und „Spiritualistischen“ entsprochen, das ein besonderes Kennzeichen jener breiten Klasse von Philosophen bildet, deren Philosophie dort beginnt, wo klares Denken aufhört.

XVI.

Schluss.

Die Betrachtungen der vorhergehenden Seiten führen zu dem Schlusse, dass die mechanische Atomtheorie die wahre Grundlage der modernen Physik weder ist noch sein kann. Bei näherer Prüfung erscheint diese Theorie nicht nur, wie allgemein zugegeben wird, als unzureichend für die Erklärung der Erscheinungen des organischen Lebens, sondern sie erweist sich gleicherweise auch als unzulänglich, um als Grundlage für die Erklärung der allergewöhnlichsten Fälle unorganischer physischer Wirkung dienen zu können. Ihr Anspruch, dass sie im Gegensatze zu metaphysischen Theorien keine Annahmen zulässt und mit keinen anderen Elementen rechnet als mit den Daten der sinnlichen Erfahrung, erweist sich als ganz und gar unbegründet. Bei der Verkündigung dieses Schlussergebnisses ist es indessen von nöten, sich vor zwei fundamentalen Missverständnissen zu hüten. In erster Linie schliesst die Leugnung der Theorie von der atomistischen Konstitution der Materie, wie sie allgemein von Physikern und Chemikern angenommen wird, keine Behauptung über die wirkliche Konstitution der Körper in sich — der Elemente wie der chemischen Verbindungen — und sicherlich enthält sie nicht die metaphysische Behauptung von der absoluten Kontinuität der Materie in sich. Welches die wirkliche Beschaffenheit besonderer Körper ist, ist eine Frage, die in jedem einzelnen Falle durch Experiment und Beobachtung zu entscheiden ist. Es gibt ohne Zweifel eine grosse Klasse von Körpern, die eine molekulare Konstitution besitzen; daraus folgt jedoch nicht, dass diese Molekeln ursprüngliche, unveränderliche Einheiten sind, die unabhängig und vor aller physischen Wirkung existieren und folglich von jeder Veränderung unbedingt ausgeschlossen sind. Auf Grund empirischer Betrachtungen ist der Schluss aus der molekularen Struktur eines Körpers auf die beständige Existenz absolut unveränderlicher und unzerstörbarer Atome oder Molekeln ebenso unvernünftig, als es die Behauptung sein würde, dass ursprünglich und vor aller Bildung organischer Körper eine unbestimmte Zahl von Elementarzellen vorhanden gewesen wäre, weil alle organischen Körper aus Zellen zusammengesetzt sind.

In zweiter Linie darf die Abweichung von dem Satze, dass alle physische Wirkung in dem Sinne eine mechanische sei, als sie in einer Übertragung von Bewegung zwischen verschiedenen Massen durch Stoss oder Berührung bestehe, nicht als ein Zweifel an der Beständigkeit physikalischer Gesetze oder der Allgemeinheit ihrer Anwendung aufgefasst werden. Nicht die allgemeine Giltigkeit und die beherrschende Stellung des Gesetzes physischer Verursachung ist es, die geleugnet wird, sondern die Lehre, dass die einzige Form dieser Verursachung die Übertragung von Bewegung durch unmittelbare Berührung von Massen sei, die an sich absolut träge sind. Bezeichnet man physische Wirkungen, die nach beständigen und gleichförmigen Gesetzen vor sich gehen, als mechanische, dann ist alle physische Wirkung unzweifelhaft eine mechanische.

Es könnte eingewendet werden, dass ein physikalischer Vorgang völlig unbestimmbar ist, wenn nicht eine molekulare oder atomistische Konstitution der Materie vorausgesetzt wird. Dies ist nur in dem Sinne richtig, als wir ausser Stande sind, Formen physikalischer Vorgänge anders in Betracht zu ziehen wie als Wirkungen zwischen verschiedenen physischen Teilen. Ein physischer Vorgang kann nicht quantitativen Bestimmungen unterworfen werden ohne logische Isolierung der begrifflichen Elemente der Materie und ohne schliessliche Bezugnahme auf die begrifflichen Konstanten der Masse und Energie. Alles diskursive Denken beruht auf der Bildung von Begriffen, auf der intellektuellen Scheidung und Gruppierung von Merkmalen — mit anderen Worten, auf der Betrachtung von Erscheinungen von einer besonderen Seite aus. In diesem Sinne bestehen die Schritte zur Erreichung einer wissenschaftlichen, so gut wie einer anderen Erkenntnis in einer Reihe logischer Fiktionen, die bei den Operationen des Denkens ebenso berechtigt wie unvermeidlich sind, deren Beziehungen zu den Erscheinungen, von denen sie nur eine teilweise und nicht selten bloss symbolische Darstellung bilden, nie aus den Augen gelassen werden dürfen. Wenn der alte Grieche die Eigenschaften eines Kreises zu bestimmen suchte, so begann er mit der Konstruktion eines Polygons, dessen Seiten so lange immer wieder geteilt wurden, bis sie als unendlich klein angenommen werden konnten; und seiner Ansicht nach war jede Linie von bestimmter Grösse und Gestalt — d. h. jede Linie, die Gegenstand einer mathematischen Untersuchung werden konnte — aus einer unendlichen Zahl unendlich kleiner gerader Linien zusammengesetzt. Doch fand er rasch, dass, während diese Fiktion ihn in den Stand setzte, eine Regel zur Berechnung des Flächeninhaltes des Kreises abzuleiten und ausserdem eine Reihe seiner Eigenschaften zu bestimmen, dessenungeachtet der Kreis und sein geradliniger Durchmesser im Grunde inkommensurabel sind, und die Quadratur des Kreises unmöglich ist. Der moderne Analytiker bestimmt in ähnlicher Weise den Ort einer Kurve durch das Verhältnis kleiner beliebig gewählter Zuwüchse der Koordinaten; doch bleibt er dabei dessen wohl eingedenk, dass die Kurve selbst mit dieser willkürlichen Darstellung nichts zu thun hat, und anerkennt ganz ausdrücklich die Kontinuität der Kurve durch die Differentiierung oder den Grenzübergang dieser Zuwüchse — wobei er zu gleicher Zeit seine Koordinaten durch Veränderung des Anfangspunktes oder ihres Neigungswinkels umformt oder selbst ihr System, z. B. vom bilinearen zum polaren, ändert, wenn er es für passend findet, ohne daran zu denken, dass es im geringsten die Natur der Kurve berühren kann, deren Eigenschaften unter Diskussion stehen. Der Astronome beginnt bei der Berechnung der Anziehung einer homogenen Kugel auf einen materiellen Punkt mit der Annahme der atomistischen oder molekularen Konstitution der anziehenden Kugel; hernach nimmt er aber die Reihe als unendlich und die Differenzen als unendlich klein an und entledigt sich völlig des molekularen Gerüstes, indem er integriert, anstatt die Summe einer Reihe endlicher Differenzen zu bilden. Man beachte: Der Astronom beginnt mit zwei Fiktionen — der Fiktion eines „materiellen Punktes“ (der in Wirklichkeit eine contradictio in adjecto bedeutet), um so die Anziehungskraft zu isolieren und sie als von der Kugel allein herrührend zu betrachten, und der Fiktion endlicher Differenzen, welche die molekulare Konstitution der Kugel darstellen; die Giltigkeit seines Resultates hängt aber von der schliesslichen Aufhebung dieser Fiktionen und der Wiederherstellung der Thatsache her. In ähnlicher Weise stellt der Chemiker die Gewichtsverhältnisse, in denen sich die Substanzen verbinden, als Atome von bestimmtem Gewichte und die aus ihnen gebildeten Verbindungen als Gruppen solcher Atome dar; und diese mythische Münze ist in mannigfacher Weise dienlich gewesen. Abgesehen jedoch davon, dass die Symbole zu einem ganz unzulänglichen Mittel für eine natürliche Darstellung der Thatsachen geworden sind, ist es wichtig, sich stets vor Augen zu halten, dass das Symbol nicht die Thatsache ist. NEWTON leitete viele Hauptsätze der Optik aus der Corpusculartheorie des Lichtes und aus seiner Hypothese von den „Anwandlungen leichten Durchganges und leichter Reflexion“ ab. Seine Theorie diente eine Zeit lang einem guten Zwecke; dessen ungeachtet war sie aber nicht mehr als eine passende Art von Symbolisierung der bekannten Erscheinungen und hätte verworfen werden müssen, nachdem die Erscheinung der Interferenz beobachtet worden war. Im Jahre 1824 leitete SADI CARNOT das noch heute nach seinem Namen benannte Gesetz der Wirkungsweise der Wärme aus einer Hypothese über die Natur der Wärme ab (die von ihm, wie fast von allen Physikern seiner Zeit als ein unwägbarer Stoff angesehen wurde), welche gegenwärtig als irrig anerkannt oder allgemein angesehen wird. Für gewisse Zwecke wie für die mathematische Bestimmung des Druckes und der Ausdehnung der Gase finden die thermischen Erscheinungen eine passende Darstellung durch die Hypothese, dass ein Gas aus einer Gruppe von Atomen oder Molekeln im Zustande unaufhörlicher Bewegung besteht. Einige von den Eigenschaften der Gase sind mit Erfolg von CLAUSIUS und anderen aus auf dieser Hypothese beruhenden Formeln abgeleitet worden und MAXWELL glückte es selbst, die Erscheinung der allmählichen Abnahme der schwingenden Bewegung einer zwischen zwei anderen aufgehängten Scheibe, die sich infolge der Reibung des gasförmigen Mediums und unabhängig von dem Grade seiner Dichte vollzieht, vorherzusagen, was seitdem durch das Experiment bestätigt worden ist; aber weder CLAUSIUS' Formeln noch MAXWELL's Experimente beweisen etwas über die wirkliche Natur der Gase. Dass kein giltiger Schluss auf die wirkliche Beschaffenheit der Körper und die wahre Natur physischer Wirkung aus den Formen gezogen werden kann, in denen man es für nötig oder passend findet, sie darzustellen oder zu begreifen, wird durch die Thatsache illustriert, dass wir gewöhnlich und zwar nicht nur beim gewöhnlichen

Denken und Sprechen, sondern auch für Zwecke wissenschaftlicher Diskussion auf Darstellungsarten von Naturerscheinungen zurückgreifen, die auf längst als unhaltbar aufgegebene Ansichten und Hypothesen gegründet sind. Gerade so wie wir gewöhnlich von den Bewegungen der Sonne und der Sterne in Ausdrücken der alten geocentrischen Lehre denken und sprechen, wiewohl niemand in unseren Tagen die Wahrheit der heliocentrischen Theorie bezweifelt. so würde es auch der moderne Astronome für schwierig finden, sich dieser geocentrischen Fiktionen zu enthalten, wenn er diese Bewegungen der Rechnung unterwirft. Selbst die alten Epicykeln leben in einigen der analytischen Formeln, durch die jene Berechnung ausgeführt wird, wieder auf.

Der Fortschritt der modernen theoretischen Physik besteht in der allmählichen Zurückführung der verschiedenen Formen physikalischer Vorgänge auf das Prinzip von der Erhaltung der Energie. Behufs didaktischer Darlegung dieses Prinzips nehmen wir unsere Zuflucht zu erdichteten Systemen von Molekeln oder Partikeln, deren Bewegungen einfache Funktionen ihrer gegenseitigen Entfernungen sind. Wie wir gesehen haben, ergibt sich jedoch sofort ein Widerstreit dieser Fiktion mit den Thatsachen der Erfahrung, wenn wir eine durchgreifende Unterscheidung zwischen den Molekeln und ihren Bewegungen durchzuführen suchen. Die Erhaltung der Energie würde sich als unmöglich herausstellen, wenn die letzten Bestandteile eines materiellen Systems an sich vollständig träge wären. Genau das Nämliche hat sich auch in schlagender Weise bei den jüngsten Versuchen einer Ausdehnung des Prinzips von der Erhaltung der Energie auf die chemischen Erscheinungen herausgestellt. Diese Versuche sind durch die Beobachtung eingegeben worden, dass jeder chemische Vorgang von der Absorption oder Entwicklung von Wärme abhängt oder doch wenigstens von einer solchen begleitet wird, und dass der Betrag der absorbierten oder frei gewordenen Wärme das Mass solcher Wirkung abgibt. Die Bestimmung chemischer Erscheinungen mit Hilfe ihrer thermischen Begleitumstände, die bis vor kurzem unter dem Namen der Thermochemie bekannt war und als ein verhältnismässig unbedeutender Teil der chemischen Wissenschaft behandelt wurde, ist nun nahe daran, als die wahre Grundlage der theoretischen Chemie angesehen zu werden. Die Prinzipien dieser neuen Wissenschaft sind bereits bis zu einem gewissen Grade in verschiedenen Lehrbüchern systemisiert worden, unter denen MOHR's „Mechanische Theorie der chemischen Affinität", [1]) NAUMANN's „Grundriss der Thermochemie" [2]) und BERTHELOT's „Chemische Mechanik auf Grund der Thermodynamik" [3]) erwähnt werden mögen. [4])

Die Wichtigkeit der Rolle, welche der Wärme bei chemischen Umwandlungen zukommt, hat sich zum ersten Male deutlich herausgestellt bei der Verkündigung des empirischen Gesetzes von DULONG und PETIT im Jahre 1819, nach dem die spezifischen Wärmen der Elemente umgekehrt proportional ihren Atomgewichten sind, oder wie man sich in der Sprache der Atomtheorie gewöhnlich ausdrückt, die Atome aller elementaren Körper dieselbe spezifische Wärme haben. Wiewohl es augenfällige Ausnahmen dieses Gesetzes gibt (wie in dem Falle von Kohlenstoff, Bor und Silicium), bewährt es sich in so vielen Fällen so gut, dass Hoffnung auf eine solche Erklärung dieser Ausnahmen vorhanden ist, die dieselben schliesslich als Bestätigungen des Gesetzes

---

[1]) Braunschweig 1868.

[2]) Braunschweig 1869.

[3]) M. BERTHELOT, Essai de Mécanique Chimique fondée sur la Thermochimie, Paris 1879.

[4]) Die Fortschritte, welche seither die Termochemie über BERTHELOT hinaus gemacht hat, sind in dem Folgenden nicht berücksichtigt. Anm. d. Her.

erweisen wird; thatsächlich ist auch einiger Fortschritt in dieser Richtung bereits geschehen. NEUMANN, REGNAULT und KOPP haben gezeigt, dass das Gesetz nicht nur auf Elemente, sondern auch auf Verbindungen anwendbar ist, indem sich die spezifische Wärme einer Verbindung gleich der Summe der spezifischen Wärmen ihrer Elemente ergibt.

Das Gesetz von DULONG und PETIT würde, falls es allgemein giltig wäre, auf ein bemerkenswertes Gesetz chemischer Verbindung führen. Denn es ist offenbar identisch mit dem Satze, dass sich chemische Elemente nur dann verbinden, wenn sie bei der Verbindung die gleiche Temperaturerhöhung erfahren. Es ist nicht unwahrscheinlich, dass, wenn das wahre Verhältnis der Temperatur eines Körpers zu seiner gesamten physikalischen und chemischen Energie völlig bekannt wäre, dieses Gesetz eines der Grundprinzipien der theoretischen Chemie werden würde.

Das nächste bemerkenswerte Ergebnis thermochemischer Forschung war die Entdeckung, dass die Natur chemischer Reaktionen zwischen verschiedenen Substanzen von den Verhältnissen zwischen den spezifischen Energien der Reagentien, wie sie durch die Mengen der beim Prozesse entwickelten oder verbrauchten Wärmen gegeben sind, abhängig ist. Es stellte sich heraus, dass es gewisse Elemente gibt, wie z. B. Sauerstoff und Wasserstoff — die sich leicht und unter gewissen Bedingungen von selbst mit einander verbinden, deren Verbindung, wie sich BERTHELOT ausdrückt, direkt vor sich geht, ohne Zuhilfenahme äusserer Energie, und von einer Entwicklung von Wärme oder Licht oder beider begleitet ist. Derartige Verbindungen bezeichnet BERTHELOT als exothermische. Sie führen zur Bildung von Verbindungen, die nicht wieder in ihre ursprünglichen Elemente ohne Zurückerstattung der bei ihrer Verbindung verloren gegangenen Energie aufgelöst werden können. Andererseits gibt es Fälle endothermischer Verbindung, in denen umgekehrt die Vereinigung der Elemente von einer Absorption, und die Zerlegung der erhaltenen Verbindung von einem Freiwerden der Wärme begleitet ist. Die Verbindung von Kohle und Schwefel ist z. B. endothermisch. Schwefelkohlenstoff bildet sich beim Vorüberstreichen schwefliger Dämpfe über rotglühende Kohlen; die Vereinigung von Schwefel und Kohle ist nur unter der Bedingung fortwährender Zufuhr an Wärme während der Verbindung möglich, die wieder bei der Auflösung der Verbindung in ihre Elemente frei wird. Diese Thatsachen werden von der modernen Chemie auf Grund der Theorie erklärt, dass die chemische Affinität umgewandelte Wärme ist, indem beide, Wärme wie chemische Affinität, Formen der Energie vorstellen, dass im Falle exothermischer Verbindung die Summe der spezifischen Energien der Elemente die spezifische Energie der gebildeten Verbindung übersteigt, während bei einer endothermischen Verbindung die spezifische Energie der Verbindung grösser ist als die vereinigten spezifischen Energien der Komponenten. Es hat sich herausgestellt, dass, wenn wir eine Anzahl von Elementen oder Verbindungen durch eine Reihe von chemischen Reaktionen verfolgen, der Gesamtbetrag an Energie (der vor der Absorption oder nach dem Freiwerden in Form von Wärme erscheint), der frei wird oder verschluckt wird, genau gleich der Differenz zwischen den spezifischen Energien der anfänglichen und der schliesslichen Verbindungen oder Elemente ist. Zu beachten ist, dass diese Regel nicht nur auf die Fälle sogenannter chemischer Verbindung oder Zerlegung, sondern auch auf die der Allotropie und des Polymerismus anwendbar ist, da es sich ja gezeigt hat, dass allotropische Formen der Elemente und isomerische Formen der Verbindungen in einander durch Hinzufügung oder Entziehung bestimmter Wärmemengen verwandelbar sind.

Ein drittes Ergebnis des Studiums der thermischen

Verhältnisse von Elementen und Verbindungen bildet die Aufstellung des bemerkenswerten Prinzipes, dass der Übergang irgend eines Körpers oder Körpersystemes von geringerer zu grösserer Stabilität stets von einer Wärmeentwicklung begleitet ist, „mag nun," wie sich ODLING ausdrückt, „solch' eine Veränderung für gewöhnlich als Verbindung oder als Zerlegung bezeichnet werden," und dass jeder chemische Vorgang, der ohne Vermittlung einer äusseren Energie vor sich geht, die Erzeugung eines oder mehrerer Körper anstrebt, deren Bildung den grössten Betrag an Wärme frei werden lässt.[4])

Diese kurze Skizze zeigt zur Genüge die Thatsachen und Verallgemeinerungen, auf die man die neue Theorie einer „chemischen Mechanik" zu gründen suchte. Wenig Gebrauch ist bisher vom Gesetze von DULONG und PETIT gemacht worden; die anderen Ergebnisse experimenteller Induktion auf dem Felde der Thermochemie sind aber von BERTHELOT in der Einleitung seines Werkes[5]) in folgender Weise übersichtlich zusammengestellt worden:

„1. Das Prinzip der Molekulararbeit. — Die bei irgend einer Reaktion auftretende Wärmemenge bildet

---

[4]) Eine Art Anticipation dieses Prinzipes findet sich in einem der wohlbekannten Gesetze, die BERTHOLLET am Anfang dieses Jahrhunderts in seiner „Statique Chimique" aufgestellt hat — nämlich in dem Gesetze, nach dem sich zwei in einer Lösung befindliche lösbare Salze zersetzen, sobald die entstehende Verbindung oder Mischung von Verbindungen unlöslich oder weniger löslich als die gemischten Salze ist. Die Beziehung dieses Gesetzes zu dem im Texte aufgestellten Prinzip vom Maximum der Wärmeentwicklung wird bei Berücksichtigung der Thatsache verstanden werden, dass sich — allgemein gesprochen — die Löslichkeit der Substanzen bei Anwendung von Wärme vermehrt. BERTHOLLET's Gesetz ist indes Ausnahmen unterworfen; es gibt Fälle, in denen lösbare Basen durch unlösbare ersetzt werden und das Ergebnis trotzdem die Bildung löslicher Salze ist.

[5]) Mécanique Chimique, pp. XXVIII, XXIX.

ein Mass der bei dieser Reaktion geleisteten chemischen oder physikalischen Arbeit."

„2. Das Prinzip der Wärmeäquivalenz chemischer Umwandlungen. — Wenn ein System einfacher oder zusammengesetzter Körper, die sich unter bestimmten Bedingungen befinden, physischen oder chemischen Veränderungen unterworfen wird, die im Stande sind, es in einen neuen Zustand zu versetzen, ohne irgend einen mechanischen Effekt ausserhalb des Systemes hervorzurufen, hängt die durch diesen Wechsel erzeugte oder verbrauchte Wärmemenge bloss von dem Anfangs- und Endzustande des Systems ab; sie bleibt die gleiche, welches auch immer die Natur und die Aufeinanderfolge der Zwischenzustände sein mag."

„3. Das Prinzip des Arbeitsmaximums. — Alle chemischen Veränderungen, die sich ohne Dazwischenkunft äusserer Energie vollziehen, streben die Erzeugung jenes Körpers oder Körpersystems an, das den grössten Betrag an Wärme frei werden lässt."

Dieses dritte Prinzip kann auch, wie BERTHELOT bemerkt, in der Form aufgestellt werden, dass „jede chemische Reaktion, die ohne Mitwirkung vorgängiger Arbeit und ohne Dazwischenkunft äusserer Energie ausführbar ist, mit Notwendigkeit stattfindet, sobald sie zu einer Entwicklung von Wärme führt."

Die Beziehung dieser Sätze zur Lehre von der Erhaltung der Energie liegt auf der Hand. Sie bilden offenbar Anwendungen der zwei Hauptsätze dieser Theorie auf die Erscheinungen der chemischen Umwandlung, indem die beiden ersten Sätze von BERTHELOT das Prinzip der Wechselwirkung, Äquivalenz und gegenseitigen Verwandelbarkeit der verschiedenen Arten der Energie und das dritte die Tendenz aller Energie zur Zerstreuung darstellt.

Das Studium der chemischen Veränderungen unter

dem Gesichtspunkte der Lehre von der Erhaltung der Energie lässt diese Veränderungen in einem völlig neuen Lichte erscheinen. Es zeigt, dass die Frage über die Möglichkeit einer chemischen „Verbindung“ oder „Zersetzung“ ebenso eine Frage bestimmter Energie-, wie bestimmter Massenverhältnisse ist; dass jedes Element so gut wie jede Verbindung ebenso einen bestimmten und unveränderlichen Betrag an Energie, wie an „Materie“ (d. i. Masse) enthält, und dass diese Energie ein ebenso wesentlicher Bestandteil der Existenz eines solchen Elementes oder einer solchen Verbindung ist, wie deren Gewicht.

Und nun erhebt sich die Frage: Wie ist all dies zu deuten mit Hilfe der gewöhnlichen Bewegungsgesetze und der mechanischen Prinzipien überhaupt, in Übereinstimmung mit der Annahme, dass alle Erscheinungen chemischer Umwandlung auf Bewegungen absolut träger Atome oder Massenelemente zurückführbar sind? Denn dies ist die Annahme, welche der neuen Theorie chemischer Mechanik zu Grunde liegt. NAUMANN erklärt ausdrücklich sowohl in einem der ersten, wie in dem allerletzten Satze seines Buches, dass „die Chemie in der für sie zu erstrebenden Gestaltung eine Mechanik der Atome sein müsse.“ [6]) Und wiewohl BERTHELOT den Gebrauch des Wortes Atom vermeidet, erklärt er nicht weniger deutlich, dass zwei Daten zur Erklärung der Mannigfaltigkeit chemischer Stoffe ausreichend sind: Die Massen der Elementarteile und die Natur ihrer Bewegung. [7])

---

[6]) Thermochemie, S. 150.

[7]) „La matière multiforme dont la chimie étudie la diversité obéit aux lois d'une mécanique commune ... Au point de vue mécanique, deux données fondamentales caractérisent cette diversité en apparence indéfinie des substances chimiques, savoir: la masse des particules élémentaires, c'est-à-dire leur équivalent, et la nature de leurs mouvements. La connaissance de ces deux données doit suffir pour tout expliquer.“ Mécanique Chimique, tome II, p. 757.

Die Erklärung chemischer Erscheinungen durch die Theorie der chemischen Mechanik hätte also durch Zurückführung derselben auf Masse und Bewegung zu geschehen. Auf Grund welcher mechanischen Prinzipien ist diese Zurückführung möglich? Die zu erklärende fundamentale Thatsache ist die Umwandlung von Wärme in chemische Energie. Diese Umwandlung hat aber nicht nur eine Veränderung der einen Art von Bewegung in eine andere im Gefolge, sondern auch eine Einschränkung einer bestimmten Bewegungsgrösse auf eine bestimmte Masse. Nach der mechanischen Theorie besteht die Wärme wenigstens in der Form, in der sie allgemein Gasen bei chemischen Prozessen zugeführt wird, in geradlinigen atomistischen oder molekularen Bewegungen von allen möglichen Geschwindigkeiten und Richtungen. Der Bereich dieser Bewegungen ist lediglich durch die Zusammenstösse der bewegten Massen beschränkt. Durch diese Zusammenstösse ändern sich die Ordnung, die Geschwindigkeit und die Richtung der Bahn eines jeden Atoms oder Molekels unaufhörlich. Welches auch immer nun die Natur jener Bewegungsform sein mag, welche wir chemische Energie nennen, so wissen wir doch wenigstens, dass ein bestimmter unwandelbarer Betrag derselben zu einer bestimmten Masse oder Atomenanzahl einer gegebenen Substanz gehört. Wenn sich daher Wärme in chemische Energie verwandelt, muss die oben beschriebene Bewegung sich notwendigerweise derart ändern, dass ein bestimmter Betrag derselben in eine Art von Synthese oder Vereinigung mit einer bestimmten Zahl von Partikeln gebracht wird. Das ist aber sicherlich unmöglich, wenn die Partikeln bloss träge Massen sind, deren Bewegungen nur durch den Stoss anderer Massen bestimmt sind, wie es die mechanische Theorie annimmt. Die verlangte Spezialisierung oder Individualisierung von Bewegung kann in keiner anderen

Weise erklärt werden als dadurch, dass man den Massen selbst eine ihnen innewohnende einschränkende Kraft beilegt. Selbst wenn eine Individualisierung der Wärmebewegung sich in mechanischer Weise aus dem Zusammenstosse träger Partikel — z. B. durch Umwandlung geradliniger in drehende Bewegung infolge schiefer Stösse — ergeben könnte, würde noch immer die Unmöglichkeit bestehen bleiben, die Thatsache zu erklären, dass eine solche Umwandlung stets in dem Augenblicke aufhört, wo jedes Atom oder Molekel den ihm zukommenden Betrag an Energie erreicht hat.

Angesichts aller dieser Umstände berührt es sonderbar, in den Schriften ausgezeichneter Physiker Sätze wie diese zu lesen: „Die allein wirklichen Dinge im physischen Weltall sind Materie und Energie, und von diesen ist die Materie rein passiv,“ [8]) und „Wir sehen, dass, während (wenigstens nach unserer jetzigen Kenntnis) die Materie überall dieselbe ist, wiewohl sie sich in verschiedenen Verbindungen verbirgt, die Energie fortwährend die Form wechselt, in der sie uns entgegentritt. Das eine ist wie das ewige unveränderliche Fatum oder die Necessitas der Alten; das andere der Proteus selbst in der Mannigfaltigkeit und Schnelligkeit seiner Verwandlungen.“ [9])

Es besteht nicht viel Zweifel daran, dass das Prinzip von der Erhaltung der Energie sich als das grosse theoretische Hilfsmittel zur Erklärung der chemischen wie der physischen Erscheinungen erweisen wird; bisher wenigstens haben sich aber die Versuche, die Gesetze der chemischen Vorgänge in Ausdrücken der Masse und Bewegung oder der kinetischen Energie darzustellen, in der Chemie ebenso als misslungen herausgestellt wie in der Physik. Bis zu welchem Grade

---

[8]) The Unseen Universe, § 104.

[9]) Ib., § 103.

es möglich sein möchte, später die Erscheinungen der Chemie unter die Herrschaft der die gegenseitige Wirkung fester Körper bestimmenden mechanischen Gesetze zu bringen, ist schwer zu sagen. Es gibt indessen verschiedene wohlbekannte Thatsachen, die zu zeigen scheinen, dass, welches auch immer die Natur der chemischen Energie sein möge, sie sich schwerlich aus dem Stosse fester Teilchen ergeben dürfte. Die chemischen Energien der Elemente sind weder ihren nach dem Gewichte noch nach dem Volumen gemessenen Massen proportional; und ihre mechanischen Äquivalente sind so ungeheuer gross, dass sie sich ausser aller Analogie zur gewöhnlichen mechanischen Wirkung zu befinden scheinen. Im Jahre 1856 veröffentlichten W. WEBER und R. KOHLRAUSCH die Ergebnisse einer Reihe von Untersuchungen, durch die sie zu einem mechanischen Masse für die Stärke eines elektrischen Stromes zu gelangen suchten. Sie wandten diese Resultate auf die elektrolytische Zersetzung des Wassers an, um so die durch die chemische Vereinigung von Sauerstoff und Wasserstoff dargestellte Energie zu bestimmen. Sie verkündeten nun ihre Schlüsse mit den folgenden Worten:[10]) „Wenn alle Wasserstoffteilchen von 1 Milligramm Wasser, die in einem Würfel von der Länge eines Millimeters enthalten sind, auf ein Band befestigt werden würden, und die Sauerstoffteilchen auf ein anderes, müsste sich jedes Band unter einem Zuge befinden, der dem des anderen entgegengesetzt gerichtet wäre und 147830 kg betragen müsste, um eine Zersetzung des Wassers mit einer Geschwindigkeit von 1 Milligramm für die Sekunde zu bewirken.“ Sucht man aber nach dem Äquivalente der chemischen Energie in Wärmeeinheiten, so findet man, dass die Verbindung von 1 g Wasserstoff mit 35,5 g Chlor, die 36,5 g Chlorwasserstoff gibt, von

---

[10]) Pogg. Ann., Bd. 99, S. 24.

einer Wärmeentwicklung begleitet ist, durch welche die Temperatur von 24 kg Wasser um 1° erhoben werden kann; da nun die zu einer Temperaturerhöhung von 1 kg Wasser um 1° erforderliche Wärmemenge im mechanischen Masse 425 Kilogrammetern äquivalent ist, gibt die Bildung von 36,5 g Chlorwasserstoffgas Anlass zur Entstehung einer Kraft, durch die ein Gewicht von 10 000 kg zur Höhe eines Meters in einer Sekunde erhoben werden kann.

Register.